Zusammenarbeit von Klinik
und Klinischer Chemie

Anwendung immunologischer Methoden

Herausgeber
H. Lang · W. Rick · L. Róka

Mit 72 Abbildungen und 57 Tabellen

Deutsche Gesellschaft für Klinische Chemie
Merck-Symposium 1975

Springer-Verlag Berlin·Heidelberg·New York 1975

Dr. HERMANN LANG, Biochemische Forschung E. Merck, Darmstadt

Prof. Dr. WIRNT RICK, Institut für Klinische Chemie
und Laboratoriumsdiagnostik der Universität Düsseldorf

Prof. Dr. LADISLAUS RÓKA, Institut für Klinische Chemie
an den Universitätskliniken Gießen

Merck-Symposium
der Deutschen Gesellschaft für Klinische Chemie
Mainz, 16.–18. Januar 1975
Leitung: L. RÓKA

Das Symposium wurde von der Merck'schen Gesellschaft für Kunst
und Wissenschaft unterstützt

ISBN-13: 978-3-540-07481-6   e-ISBN-13: 978-3-642-80984-2

DOI: 10.1007/978-3-642-80984-2

Begrüßung

Meine sehr verehrten Damen und Herren!

Es ist mir eine besondere Freude das dritte Merck-Symposium der Deutschen Gesellschaft für Klinische Chemie eröffnen zu können. Die Tatsache, daß dieses Symposium zu einer Institution zu werden beginnt, sowie die positiven Äußerungen von seiten der Teilnehmer der beiden ersten Symposien zeigen den Veranstaltern wie auch der die Veranstaltung tragenden Fachgesellschaft, daß wir uns auf dem rechten Wege befinden. Das Merck-Symposium der Deutschen Gesellschaft für Klinische Chemie entstand aus der Überlegung, daß die Klinische Chemie als neues Fach nach der Verselbständigung und Abtrennung von ihren "Nährmüttern", der Inneren Medizin und der Physiologischen Chemie, nicht in die Isolation geraden darf, sondern dringend des Dialoges mit der Klinik bedarf.

Dieses Gespräch ist uns in den beiden bisherigen Merck-Symposien, wie ich meine, gut gelungen, und ich hoffe, daß wir auch dieses Mal zu einer fruchtbaren Diskussion kommen. Hinzu kommt, daß die Publikation der Symposien einschließlich der Diskussion dank der Bemühungen der Herausgeber und des gastgebenden Hauses Merck eine ganz besondere Beachtung gefunden hat. Ich hoffe, daß auch dem diesjährigen Symposium und seiner Publikation ein ähnlicher Erfolg beschieden sein wird. Das sichere Fundament zu diesem Erfolg ist wie in den vergangenen Jahren durch die Großzügigkeit des Hauses Merck und der Merck'schen Gesellschaft für Kunst und Wissenschaft sowie durch den unermüdlichen Einsatz von Herrn LANG gelegt worden. Hierfür möchte ich mich im Namen der Deutschen Gesellschaft für Klinische Chemie sehr herzlich bedanken.

Damit eröffne ich das Merck-Symposium 1975.

H. BÜTTNER

Begrüßung

Meine sehr verehrten Damen und Herren!

Im Namen der Patenfirma heiße ich Sie zum dritten Merck-Symposium unserer Gesellschaft herzlich willkommen. Ich darf diesmal eine besonders große Zahl von Teilnehmern begrüßen, die über den für unser Symposium üblichen Rahmen hinausgeht; dies liegt daran, daß unser Thema ein unerwartet großes Echo fand.

Die große Zahl soll aber den Workshop-Charakter der Veranstaltung nicht beeinträchtigen, damit wir unser Ziel erreichen können, einige praktische Ergebnisse zu erarbeiten. Wir haben die Manöverkritik des letzten Treffens genau beachtet: es gab - vor allem bei den jüngeren Teilnehmern - ein gewisses Bedauern, daß wir bei den Diskussionen teilweise zu sehr im Unverbindlichen geblieben seien. Da sich gezeigt hat, daß unser Symposienbericht - in aller Bescheidenheit gesagt - eine gewisse normierende und standardisierende Kraft besitzt, sollten wir die Möglichkeit ausnutzen, Empfehlungen für die diagnostische Routine zu geben.

Wir haben versucht, den Weg zu solchen Empfehlungen zu erleichtern, indem wir die Referenten angeregt haben, ihre Meinung in Thesen zusammenzufassen, und indem wir zu den einzelnen Themen Fragen formuliert haben, deren Klärung wir für besonders wichtig halten. Ich darf Sie alle - und ganz besonders die Moderatoren - bitten, die Diskussion in dieser Richtung zu führen. Wir haben im Sinne des Fortschritts das Recht, wissenschaftlichen Individualismus zu pflegen; aber wir haben im Sinne des Patienten die Pflicht, einen Konsensus über die Vereinheitlichung der diagnostischen Methodik anzustreben.

In diesem Sinne wünsche ich allen Teilnehmern Gewinn aus den Gesprächen der kommenden anderthalb Tage und lege die Leitung des Symposiums in die bewährten Hände von Herrn RÓKA.

H. LANG

Einleitung

Sehr verehrte Kolleginnen und Kollegen!

Die Partnerschaft Klinik und Klinische Chemie bewährt sich, wenn es
gelingt, mehr Erkrankungen früher und sicherer zu erkennen, die Ursachen für das Zustandekommen der Störungen besser zu verstehen und
damit die Voraussetzungen für die richtige Behandlung und Vermeidung
zu finden. Als einen Weg zu diesem Ziel möchten wir wiederum unser
diesjähriges Symposium verstehen.

Die Forschung der letzten Jahrzehnte hat gezeigt, daß der Körper immunologische Werkzeuge herstellt und diese benutzt, um molekulare Strukturen außerordentlich spezifisch zu erkennen. Je besser wir verstehen,
wie die Natur diese Werkzeuge synthetisiert und wie sie damit die jeweils
passenden Strukturen mit hoher Spezifität und Affinität erkennt, um so
eher können wir hoffen, mit ebensolchen Werkzeugen von uns gesuchte
Strukturen unter Millionen anderer Moleküle spezifisch nachzuweisen.
Wie weit sind wir heute auf diesem Weg? Welche Moleküle interessieren
uns, welche können wir bereits mit immunologischen Werkzeugen erkennen, wie spezifisch, wie zuverlässig?

Wir haben nur wenige Stunden, um diese Fragen zu diskutieren, daher
haben wir drei Modelle herausgesucht, an denen wir prüfen sollten, ob
wir auf der Suche nach den richtigen Molekülen sind und ob die Werkzeuge, die wir dafür entwickelt haben, funktionieren. Verlangen Sie bitte
nicht, daß ich mich rechtfertige, warum wir gerade diese Modelle aus-
gesucht haben; andere wären ebenso gut gewesen. Ich kann nur hoffen,
daß es uns gelungen ist, Beispiele auszuwählen, an denen sich eine
fruchtbare Diskussion entfaltet.

Die Frühdiagnose maligner Tumoren ist seit Jahren eine ständige Heraus-
forderung an Kliniker und Klinische Chemiker. Hier könnte man sich die
Frage stellen, wie erkennt der Organismus, daß Zellen aus dem kontrollierten Verband ausscheren? Registriert unser Körper bereits die maligne
Transformation einer einzelnen Zelle? Wie macht sich eine Zelle, die
sich in eine maligne transformierte Zelle umwandelt, im Organismus
bemerkbar? Über welche Strukturen und Mechanismen nimmt dieser die
ersten Signale wahr? Ich glaube, wenn wir darüber genügend Bescheid
wüßten, könnten wir hoffen, diese oder analoge Mechanismen auch für
unsere Diagnostik nutzbar zu machen. Die Frage, welche Signale von
wieviel maligne transformierten Zellen sich summieren müssen, bevor

wir diese heute bereits mit immunologischen Methoden erkennen können, wird z.B. ein Diskussionspunkt zu unserem ersten Thema sein.

Als zweites Thema haben wir das klassische Gebiet für den Einsatz immunologischer Methoden in der Klinischen Chemie gewählt, den Nachweis von Hormonen. Zur Aufrechterhaltung einer geregelten Kooperation der vielen unterschiedlich spezialisierten Zellen in unserem Körper werden als Stellgrößen Hormone eingesetzt. Wir werden uns fragen müssen: Reicht es, wenn wir feststellen, daß ein Hormon fehlt oder seine Aufgabe als Stellgröße nicht erfüllt, um etwas über den gestörten Regler zu erfahren?

Beim dritten Thema geht es darum herauszufinden, welche Zellen unseres Organismus bei Krankheiten geschädigt sind, d.h. wir suchen im Blut oder Urin nach Organ-- oder Gewebs-spezifischen Signalen, die uns erkennen lassen, welche Organzellen geschädigt sind und womöglich auch noch, welcher Art diese Schädigung ist. Als organspezifische Signalstoffe benutzen wir bisher vorzugsweise Enzyme, weil wir diese spezifisch und empfindlich nachweisen können, allerdings nur ihre Aktivität, obwohl uns auch ihre Menge interessiert. Damit diese beiden Größen korrelieren, versucht man, die Aktivitätsbestimmung zu optimieren. Die Optimierung ist aufwendig und stößt auf prinzipielle Grenzen, so daß unser Ziel sein muß, die Konzentration solcher organspezifischen Signalstoffe direkt zu messen. Dazu eignet sich die immunologische Methode. Durch ihren Einsatz sind wir nicht auf Enzyme angewiesen, nicht einmal auf Proteine, ja nicht einmal auf Makromoleküle. Damit steht uns ein sehr viel größeres Feld zur Suche nach organspezifischen Signalen zur Verfügung. Dennoch wollen wir unsere Diskussion in diesem Symposium auf die immunologische Konzentrationsbestimmung von Enzymen beschränken.

Das abschließende Beispiel der Gerinnungskomponenten soll exemplarisch demonstrieren, wie sich der Einsatz immunologischer Methoden mit anderen Methoden, insbesondere Eiweißtrennverfahren, kombinieren läßt; auf diese Weise erfährt man nicht nur, in welcher Menge die einzelnen Komponenten des Hämostase-Systems vorliegen, sondern auch etwas über ihre Funktionsbereitschaft und ihren Einsatz.

Zunächst aber wollen wir uns in unser Gesamtgebiet einführen lassen. Wir wollen erfahren, was die immunologischen Methoden heute leisten und wo ihre Grenzen liegen. Dabei werden sowohl die Ausführung der immunologischen Nachweisverfahren im Laboratorium als auch die Bedeutung immunologischer Vorgänge und deren Störungen im Rahmen der Pathophysiologie zu diskutieren sein. Die Immunologie ist ein von der Natur meisterhaft gestaltetes Instrument; wieweit Klinik und Klinische Chemie dieses Instrument bereits gemeinsam beherrschen, soll die kommende Diskussion zeigen.

L. RÓKA

Teilnehmerverzeichnis

BECKERHOFF, R., Dr.
Departement für Innere Medizin der Universität
Zürich

BLEIFELD, W., Prof. Dr.
Abteilung Innere Medizin I der Medizinischen Fakultät an der
Rheinisch-Westfälischen Technischen Hochschule
Aachen

BLEYL, H., Priv.-Doz. Dr.
Institut für Klinische Chemie der Universität
Gießen

BREUER, H., Prof. Dr.
Institut für Klinische Biochemie der Universität
Bonn

BÜTTNER, H., Prof. Dr. Dr.
Institut für Klinische Chemie der Medizinischen Hochschule
Hannover

CREUTZFELDT, W., Prof. Dr.
Medizinische Klinik und Poliklinik der Universität
Göttingen

DELBRÜCK, A., Prof. Dr.
Institut für Klinische Chemie der Medizinischen Hochschule
Zentrallaboratorium des Krankenhauses Oststadt
Hannover

DENGLER, H.J., Prof. Dr.
Medizinische Klinik der Universität
Bonn

DEUTSCH, E., Prof. Dr.
I. Medizinische Klinik der Universität
Wien

DUBACH, U.C., Prof. Dr.
Kantonsspital, Departement für Innere Medizin und Medizinische
Poliklinik der Universität
Basel

DWENGER, A., Dr.
  Institut für Klinische Biochemie und Physiologische Chemie
  Lehrstuhl Klinische Biochemie der Medizinischen Hochschule
  Hannover

GALLMEIER, W.M., Priv.-Doz. Dr.
  Innere Universitäts- und Poliklinik (Tumorforschung)
  der Gesamthochschule
  Essen

HAUSAMEN, T.-U., Prof. Dr.
  I. Medizinische Klinik der Universität
  Düsseldorf

HEIMBURGER, N., Dr.
  Behringwerke AG
  Marburg (Lahn)

HEINTZ, R., Prof. Dr.
  Abteilung Innere Medizin II der Medizinischen Fakultät an der
  Rheinisch-Westfälischen Technischen Hochschule
  Aachen

HILLMANN, G., Prof. Dr.
  Chemisches Institut der Städtischen Krankenanstalten
  Nürnberg

KATTERMANN, R., Prof. Dr.
  Klinisch-Chemisches Institut der Städtischen Krankenanstalten
  Mannheim

KELLER, H., Prof. Dr. Dr.
  Klinisch-Chemisches Zentrallabor des Kantonsspitals
  St. Gallen

KNEDEL, M., Prof. Dr.
  Klinisch-Chemisches Institut des Klinikums Großhadern
  der Universität
  München

KREUTZ, F.-H., Prof. Dr.
  Zentrallaboratorium der Städtischen Krankenanstalten
  Kassel

KRÜSKEMPER, H.L., Prof. Dr.
  II. Medizinische Klinik und Poliklinik der Universität
  Düsseldorf

LANG, H., Dr.
  Biochemische Forschung E. Merck
  Darmstadt

LASCH, H.G., Prof. Dr.
  Zentrum für Innere Medizin der Universität
  Gießen

LAUE, D., Dr.
Institut für Klinische Chemie und Nuklearmedizin
Köln

LEHMANN, F.-G., Prof. Dr.
Medizinische Klinik der Universität
Marburg (Lahn)

LÖFFLER, G., Priv.-Doz. Dr.
Forschergruppe Diabetes, Städtisches Krankenhaus Schwabing
München

MATTENHEIMER, H., Prof. Dr.
Rush-Presbyterian- St. Luke's Medical Center
Department of Biochemistry
Chicago

MITZKAT, H.J., Prof. Dr.
Arbeitsgruppe Diabetologie
Medizinische Klinik im Krankenhaus Oststadt
der Medizinischen Hochschule
Hannover

NEUMEIER, D., Dr.
Klinisch-Chemisches Institut des Klinikums Großhadern
der Universität
München

NIESCHLAG, E., Priv.-Doz. Dr.
II. Medizinische Klinik und Poliklinik der Universität
Düsseldorf

NOCKE-FINCK, L., Frau Dr.
Institut für Klinische Biochemie der Universität
Bonn

OETTE, K., Prof. Dr.
Zentrallaboratorium der Universitätskliniken
Köln

OTTO, H., Prof. Dr.
Klinikum für Innere Medizin des Zentralkrankenhauses Nord
Bremen

PFLEIDERER, G., Prof. Dr.
Abteilung für Chemie, Lehrstuhl Biochemie der Ruhr-Universität
Bochum

PRELLWITZ, W., Prof. Dr.
Zentrallaboratorium der Medizinischen Universitätskliniken
Mainz

RICK, W., Prof. Dr.
Institut für Klinische Chemie und Laboratoriumsdiagnostik
der Universität
Düsseldorf

RÓKA, L., Prof. Dr.
Institut für Klinische Chemie der Universität
Gießen

SCHLEBUSCH, H., Dr.
Abteilung für Klinische Chemie der Universitäts-Frauenklinik
Bonn

SCHMIDT, C.G., Prof. Dr.
Innere Universitäts- und Poliklinik (Tumorforschung)
der Gesamthochschule
Essen

SCHMIDT, E., Frau Prof. Dr.
Abteilung für Gastroenterologie und Hepatologie
Departement für Innere Medizin der Medizinischen Hochschule
Hannover

SCHMIDT, F.W., Prof. Dr.
Abteilung für Gastroenterologie und Hepatologie
Departement für Innere Medizin der Medizinischen Hochschule
Hannover

SCHÖLMERICH, P., Prof. Dr.
II. Medizinische Klinik und Poliklinik der Universität
Mainz

SCRIBA, P.C., Prof. Dr.
II. Medizinische Klinik der Universität
München

SIEGENTHALER, W. Prof. Dr.
Departement für Innere Medizin der Universität
Zürich

SZASZ, G., Prof. Dr.
Institut für Klinische Chemie der Universität
Gießen

TRAUTSCHOLD, I., Prof. Dr.
Institut für Klinische Biochemie und Physiologische Chemie
Lehrstuhl Klinische Biochemie der Medizinischen Hochschule
Hannover

VETTER, W., Dr.
Departement für Innere Medizin der Universität
Zürich

VOGEL, R., Frau Dr.
Institut für Klinische Chemie der Universität
München

WALLER, H.-D., Prof. Dr.
Abteilung Innere Medizin II der Medizinischen Universitätsklinik
Tübingen

WIELAND, O., Prof. Dr.
    Klinisch-Chemisches Institut des Städtischen Krankenhauses
    Schwabing
    München

WÜRZBURG, U., Dr.
    Biochemische Forschung E. Merck
    Darmstadt

Übersichten

Moderator: H. MATTENHEIMER

Immunologie in der Klinik

H. L. Krüskemper

Ich muß gestehen, daß mir das Thema "Immunologie in der Klinik" aus
manchen Gründen manches Kopfzerbrechen bereitet hat. Es ist mir schwer
gefallen zu entscheiden, ob ich Ihnen eine Übersicht der für die Klinische
Medizin verfügbaren immunologischen Methoden überhaupt geben soll oder
vielleicht in Hinsicht auf die gewisse Inhomogenität des Auditoriums besser
einen Abriß dessen, was man heute unter dem Begriff der "Klinischen
Immunologie" verstehen kann. Als ich dann das endgültige Programm las,
habe ich es für sinnvoll gehalten, als Einleitung das ganze Gebiet der
Klinischen Immunologie als Hintergrund der späteren, im wesentlichen
methodologischen Diskussion zu zeichnen und nicht nur eine Aufzählung
von Methoden zu geben. Ich selbst bin kein klinischer Immunologe; ich
stehe vor Ihnen als "normaler" Kliniker, der die Klinische Immunologie
mehr von außen sieht, ihre Ergebnisse rezeptiv aufnimmt, aber auch
sagen kann, was er gerne haben möchte und auch, was er sozusagen als
"Gebotenes" erkennt.

Der Bericht, den ich Ihnen jetzt gebe, hat natürlich einiger Stützen be-
durft, eben auf Grund der Tatsache, daß ich kein Klinischer Immunologe
bin, und ich hoffe, daß dadurch eine gewisse höhere Legitimierung ent-
standen ist. Dabei hat mich vor allem Herr VORLAENDER beraten und
mir auch Schemata zur Verfügung gestellt; in erster Linie ist es aber
eine internationale Studiengruppe der WHO in Genf, der ich die Anregungen
und Dispositionshinweise zu diesen Ausführungen zu verdanken habe.

Die Klinische Immunologie als Sonderdisziplin der Klinischen Medizin
umfaßt unabhängig davon, ob sie an einem Klinikum als Spezialfach angesiedelt ist oder ob sie in mehrere Abteilungen aufgesplittert ist, wie das
ja leider heute meistens der Fall ist, diejenigen Erkrankungen, die durch
eine abnorme Funktion des lymphatischen Gewebes im weitesten Sinne
charakterisiert sind, und darüber hinaus solche Störungen, bei denen die
allgemeine oder die spezielle Immunreaktion eines einzelnen Menschen
eine wesentliche Rolle spielen. Von den 8 großen Arbeitsbereichen der
Klinischen Immunologie (Tab. 1) möchte ich Ihnen 5 im Hinblick auf die

Tab. 1. Immunologie in der Klinischen Medizin. Zusammengestellt nach
Angaben von BIRO et al. (1)

1	<u>Immunologische Reaktionslage</u> (allgemein)
	Immune Responsiveness
1.1	Heterogenität der immunkompetenten Zellen
1.2	Immundefizit
1.3	Immunglobuline
1.4	"Unspezifische Faktoren" (Komplement, Phagocytose)
2	<u>Infektion</u>
2.1	Infektionskrankheiten und Immunisierung
2.2	Hepatitis-assoziierte Antigene und Antikörper
2.3	Überempfindlichkeitsreaktionen auf Viren, Bakterien, Pilze, Parasiten
3	<u>Überempfindlichkeit auf externe Allergene</u>
3.1	Atopische Allergie
3.1.1	- Diagnostische Tests
3.2	Immunkomplex-Phänomene
3.3	Direkte Zellschädigung durch zirkulierende Antikörper
3.4	Verzögerte Reaktion
3.5	Medikament-Allergie
4	<u>Immunhämatologie</u>
5	<u>Erkrankungen in Verbindung mit Autoimmunität</u>
5.1	Ätiologie und Pathogenese
5.2	- Diagnostische Tests
	a) (Immunhämatologie; Antiglobulin-Tests; antinucleäre Antikörper; antimitochondriale Antikörper)
	b) Gewebsantikörper (Schilddrüse, Magen, Nebenniere, Muskulatur, Haut, Sperma)
	c) Immunglobulin- und Komplementnachweis im Gewebe
	d) Komplementbestimmung
6	<u>Transplantation</u>
7	<u>Suppression immunpathologischer Effekte</u>
7.1	Antigenspezifische Behandlung
	a) Vermeiden des Antigens
	b) Verabfolgung des Antigens
	c) Verabfolgung des Antikörpers

Fortsetzung s. nächste Seite

Fortsetzung Tab. 1

7.2	Immunosuppression	
7.3	Verminderung des immunkompetenten Gewebes	
8	**Tumor-Immunologie**	
8.1	Diagnose maligner Tumoren	
8.2	Beurteilung von Verlauf und Prognose	
8.3	Immunotherapie	
8.4	Immunoprävention von Tumoren	

Fachthematik und die jeweils angewendete spezifische Methodik etwas
näher darlegen, während ich die Gebiete Transplantationsforschung und
Immunhämatologie - wegen des riesigen Umfanges - sowie Tumorimmunologie, weil diese noch getrennt behandelt wird, nur aufzähle.

Immunologische Reaktionslage

Untersuchungen zur Beurteilung der allgemeinen immunologischen Reaktionslage eines Patienten müssen immer wieder auf die Basis der immunologisch aktiven Zellen zurückgeführt werden. Zur einführenden Wiederholung möchte ich in Erinnerung rufen, daß die lymphatischen Stammzel-
len zunächst in der foetalen Leber erscheinen, später im Knochenmark
und in mindestens 2 wesentlichen Lymphocyten-Populationen heranreifen,
die beide Antigen-sensibel sind. Es sind erstens die Thymus-abhängigen
sogenannten T-Lymphocyten, die verantwortlich sind für alle cellulär gebundenen und Zell-vermittelten Immunitätsvorgänge und die anhand ihrer
blastogenen Reaktion auf Phytohämagglutinin identifiziert werden können;
zweitens die Thymus-unabhängigen sogenannten B-Lymphocyten, die in
erster Linie für die Produktion humoraler Antikörper verantwortlich
sind. Die Abkürzung B-Lymphocyt stammt von der Bursa FABRICII, denn
entsprechende Zellen reifen bei Vögeln unter dem Einfluß der Bursa heran.
Ein biologisches Bursa-Äquivalent ist auch für Säugetiere postuliert
worden. Die zwei Zellsysteme von Lymphocyten sind keineswegs funktionell voneinander getrennt, es ist vielmehr so, daß die T-Zellen nicht nur
für die celluläre Aktivität und Immunreaktion verantwortlich sind, sondern
darüber hinaus auch bei der Antikörperproduktion mit den B-Zellen zu-
sammenarbeiten. Diese Kooperation und die berechtigte Annahme, daß für
beide Zellreihen wichtige Unterpopulationen existieren können, öffnet ein
riesiges Arbeitsgebiet für die Grundlagenforschung, und zwar nicht nur in
der Allgemeinen, sondern gerade auch in der Klinischen Immunologie.

Für die konkrete Klinische Immunologie hat die Störung des Systems im
Rahmen des Immundefizits eine wesentlich größere Bedeutung, und hier
setzen bereits die ersten klinisch-chemischen Analysen ein. Man soll an

ein Immundefizit immer dann denken, wenn ein Patient häufig Infektionen
erleidet, wenn er aus der Familienvorgeschichte entsprechende Hinweise
erkennen läßt oder wenn er andere wichtige charakteristische Symptome
angibt, z. B. jahrelang andauernde Diarrhöen; vor allem aber dann, wenn
es sich um Kinder handelt, die eine chronische Wachstums- und Entwick-
lungsstörung aufweisen. Für den Fall, daß der Verdacht vorliegt, muß in
folgender Weise diagnostisch vorgegangen werden: Es müssen zunächst
klinisch alle möglichen Lokalursachen ausgeschlossen werden, und es muß
eine Suche auf eine generalisierte oder eine Systemerkrankung unternommen
werden. Wenn beides negativ verläuft, ist der nächste Schritt die klinisch-
chemische Analyse der humoralen Aktivität und Immunität. Hierzu gehört
als wichtigstes die quantitative Bestimmung der Immunglobuline. Wenn
sich hieraus der Verdacht auf ein Immundefizit verstärkt, müssen spezifische Tests durchgeführt werden, die zur Zeit noch ganz in der Hand
des Immunologen liegen und noch nicht in die Klinische Chemie eingeführt
sind. Dies sind z. B. die Bestimmung der Iso-Hämagglutinine, der Antikörperbildung gegen Diphtherie-Toxoid u. a. Bei solchen Untersuchungen
muß aber darauf geachtet werden, daß dem Patienten niemals virulente
Vaccinen appliziert werden. Die zukünftige Methodik auf diesem Gebiet
wird sich damit beschäftigen müssen, standardisierte bakterielle Polysac-
charid-Antigene herzustellen, die dann im Einzelfall eine quantitative Beurteilung der jeweiligen Antikörperbildung im Patienten erlauben. Der
nächste Schritt bei Verdachtsfällen ist die Bestimmung der cellulären
Immunreaktionen, vor allem bei Patienten mit chronischer Pilzerkrankung
und chronischen Virusinfekten. Hierbei ist der einfachste Indikator das
Ergebnis der wiederholten Zählung der Lymphocyten im Blut, etwas sehr
Ungenaues und Unzuverlässiges. Das nächste im Spektrum wären dann
Hautreaktionen vom verzögerten Typ und das letzte sind schwierigere
Tests wie z. B. die Untersuchung der Lymphocytenkultur nach Stimulation
mit Phytohämagglutinin oder die Untersuchung auf den Migrations-Hemm-
faktor.

Für die Zukunft scheint es besonders wichtig, für dieses Gebiet Methoden
zu entwickeln, die es erlauben, eine genügend große Zahl von Monocyten
zu isolieren, d. h. von Makrophagen, um auch etwas über die Phagocytose-
Aktivität in die Diagnostik einbringen zu können. Für die Prognose bei
Patienten mit Immundefizit ist es wichtig, daß sie so früh wie möglich
diagnostiziert und behandelt werden, da sie nicht nur durch die hohe In-
fektionsrate bedroht sind - und zwar oft durch Erreger, die man normalerweise gar nicht als pathogen betrachtet - sondern vor allem auch durch
eine besonders hohe Rate von malignen Tumoren, was wiederum Immunologie und Tumorwachstum in Beziehung bringt. Darüber hinaus besteht
noch eine ursächlich nicht geklärte Beobachtung zu Recht, wonach Autoimmunerkrankungen, die wir später noch besprechen, z. B. die perniciöse
Anämie, relativ häufig bei Patienten mit Immundefizit gefunden werden.
Eine angemessene Diagnostik und Behandlung unter Einschluß aller notwendigen Methoden bei Immundefizit ist m. E. heute in einem normal aus-
gestatteten, auch größeren Krankenhaus nicht ohne weiteres gegeben. Es
erhebt sich also schon hier wie auch später bei manchen anderen Themen-
kreisen der Immunologie die Frage, wie man die Strukturierung der Methoden auf diesem Gebiet sachgemäß durchführen sollte, um eine möglichst
große Bevölkerungsgruppe optimal zu versorgen.

Es gibt eine relativ einfache Methode zur qualitativen Beurteilung der Immunglobuline, die Kombination der normalen Zonenelektrophorese als Screening-Prozedur mit der Immunelektrophorese. Dies gilt als Methode der Wahl für die Diagnose sogenannter Myelom-Proteine oder des Morbus WALDENSTRÖM. Eine quantitative Bestimmung der Serum-Immunglobuline, die man durchaus zu den immunologischen Methoden rechnen sollte, ist außerdem dann immer obligat, wenn ein Immundefizit vermutet wird; aber der allgemein klinische Wert für die quantitative Bestimmung von Serum-Immunglobulinen ist sehr umstritten. In den meisten Fällen sind die bisherigen Untersuchungen mehr auf pathophysiologische Zusammenhänge gerichtet gewesen als auf die Einzelbestimmung eines Immunglobulins als eines diagnostischen bzw. differential-therapeutischen Indikators.

Die Problematik der sogenannten "unspezifischen Faktoren" (der Komplement-Aktivität, der Phagocytose) entzieht sich heute noch weitgehend, um nicht zu sagen vollständig, dem quantifizierenden Zugriff des Klinischen Chemikers. Für die Komplementbestimmung existieren mehrere Methoden, wobei sich am meisten diejenigen, die spezifische Antiseren gegen einzelne Unterkomponenten, meistens C3 und C4, im Komplementkomplex benutzen, durchgesetzt haben. Komplementbestimmungen haben aber noch keine weite klinische Verbreitung gefunden. Sie sind von Bedeutung bei der Diagnostik der disseminierten Form des Lupus erythematodes und bei der Beurteilung relativ seltener Defiziterkrankungen für Komplement, z.B. des familiären angioneurotischen Ödems. Hinsichtlich der Phagocytose-Aktivität muß man unterscheiden zwischen den Fähigkeiten der Phagocyten, 1. in Richtung eines chemotaktischen Gradienten zu wandern, 2. Partikel in sich aufzunehmen und 3. diese Partikel abzubauen. Für keinen dieser Schritte des Phagocytose-Verlaufs gibt es bislang verläßliche, diagnostisch einsetzbare Methoden.

Infektion

Wie Sie wissen, bilden seit über 75 Jahren serologische Tests, die meistens von Mikrobiologen durchgeführt werden (also auch wiederum nicht von Klinischen Chemikern), Tests auf Infektionsreaktionen oder andere Tests zur Identifizierung eines wirksamen infektiösen Agens den Hauptanteil aller immunologischen Tests überhaupt. Es muß aber doch hier noch einmal darauf hingewiesen werden, daß in vielen Fällen keinerlei bindende Standardvorschriften für die Durchführung solcher Tests existieren. Andererseits befaßt sich die Forschung auf diesem Gebiet der Infektionsserologie und Infektionsimmunität mehr mit den Mechanismen, die hinter solchen diagnostischen Reaktionen stehen, als mit der Entwicklung eines standardisierten Verfahrens. Die neueren Methoden, die auf diesem Gebiet entwickelt wurden, etwa die Tollwut-Diagnose oder die Identifizierung von Röteln-Antikörpern oder die Diagnose von A-Streptokokken mit Hilfe der Immunfluorescenz, sind so schwierig, daß sie eigentlich für ein normales Laboratorium überhaupt nicht diskutabel sind. Wir stoßen hier also wieder auf die Frage, wie die von der üblichen klinisch-chemischen Methodik abweichende immunologische Methodengruppe in das diagnostische

Gesamtrepertoire integriert werden kann. Auf das Kapitel der Hepatitis-
assoziierten Antigene möchte ich hier nicht weiter eingehen. Ich glaube,
daß wir alle mit der Problematik vertraut sind, sicherlich auch solche
Untersuchungen selbst machen; vielleicht können wir in der Diskussion
darauf noch zu sprechen kommen.

Die Bedeutung der Überempfindlichkeitsreaktionen ist klinisch noch nicht
genügend abzuschätzen, vor allem deswegen, weil drei Formen, nämlich
anaphylaktische Symptome, Immunkomplexreaktionen vom ARTHUS-Typ
und auch Reaktionen vom verzögerten Typ als solche zwar vorkommen
können, aber nicht diagnostiziert werden. Die in Rede stehenden Über-
empfindlichkeits-Reaktionen sollten aber dann vermutet werden, wenn
anaphylaktische Erscheinungen gleichzeitig mit Pilz- oder Wurmbefall
auftreten, oder wenn Immunkomplexreaktionen, also ARTHUS-Reaktionen,
im Vordergrund stehen: bei der allergischen Alveolitis, bei manchen Formen der Glomerulonephritis, bei der Malaria-Nephrose und schließlich
bei manchen Formen der sogenannten Überempfindlichkeitsreaktion beim
Vorliegen zirkulierender Immunkomplexe im postinfektiösen Stadium, wenn
somit ein Erkrankungssyndrom: Exanthem, Arteriitis, Arthritis, Iridocyclitis oder Proteinurie auftritt. Der Versuch, solche Vermutungen diagnostisch zu sichern, also den Nachweis der zirkulierenden Immunkomplexe
im Blut zu führen, ist meistens sehr schwierig, für die meisten von uns,
glaube ich, unmöglich.

Überempfindlichkeit auf externe Allergene

Wir kommen als nächstes zu dem Gebiet, das man als Allergieforschung
im engeren Sinn bezeichnen könnte. Unter dem Oberbegriff der atopischen
Allergie werden alle klinischen Erscheinungen zusammengefaßt, die darauf
hinweisen, daß bei einem Patienten eine ungewöhnlich gesteigerte Neigung
dazu besteht, durch Inhalation oder intestinale Aufnahme kleinster Mengen
von relativ ubiquitären Allergenen sensibilisiert zu werden. Es gehören
also zu den atopischen Erkrankungen das allergische Asthma, das Heu-
fieber, bestimmte Dermatitis-Formen und manche Urticaria. Eine scharfe
Abgrenzung des einzelnen Patienten als atopisch oder nicht ist wegen der
zahlreichen Zwischenformen natürlich nicht möglich. Man könnte vereinfacht sagen, daß hochempfindliche Patienten die Tendenz zur Entwicklung
von Überempfindlichkeiten gegenüber vielfältigen Agentien schon früh im
Leben erkennen lassen, während solche mit einem niedrigen atopischen
Pegel eine auf wenige Substanzen begrenzte Überempfindlichkeit relativ
spät im Leben entwickeln und daß Menschen mit fehlendem genetischem
Hintergrund für atopische Reaktionen eigentlich nur durch eine Injektion
von Allergen sensibilisiert werden können.

Entsprechend der großen klinischen Bedeutung dieser Erkrankungsgruppe
(man rechnet z. B. mit asthmatischen Reaktionen bei 1 bis 2% der Bevölkerung) gibt es hier eine ganze Reihe von diagnostischen Methoden; dazu
gehören zunächst die sehr beliebten und immer wieder im großen Umfang
angewendeten Hauttests. Aber gerade bei diesen Tests muß man dringend

zur Vorsicht in der Interpretation raten, denn viele der verwendeten Allergene sind primär hauttoxisch, was gar nichts mit allergischer Reaktion zu tun hat; darüber hinaus gibt es Provokationstests, die die Ergebnisse der Hauttests ergänzen sollen, und spezifische Präcipitin-Hämagglutinationstests: sämtlich Tests, die noch nicht, wenn ich so sagen darf, in die Hand des Klinischen Chemikers gelangt sind. Schließlich gibt es Methoden zum Nachweis von Antikörpern gegen Pilzantigene und in der neuesten Zeit die Entwicklung von Methoden der Radioimmunodiffusion zum Nachweis von Allergen-spezifischem Immunglobulin E, eine Umkehrung dessen, was wir hier im Verlaufe der Tagung als Radioimmunoassay bezeichnen. Gerade auf diesem Gebiet ist die Grundlagenforschung derzeit außerordentlich aktiv. Es steht zu erwarten, daß eine Reihe von neuen Methoden in Kürze eingeführt wird. Hierzu gehören vor allem Weiterentwicklungen der Radioallergosorption bzw. Radioimmunosorption, die dazu dienen, die Fixation von Allergen-spezifischem Immunglobulin E an Allergen-gekoppelte Teilchen nachzuweisen. Wichtig erscheint hier noch eine andere Entwicklungsrichtung, die darauf abzielt, die Histamin-Freisetzung aus Leukocyten in vitro zu messen. Eine weitere Entwicklungsrichtung zielt darauf, die Übersensibilität herabzusetzen, z. B. eine Blockade der Mastzell-Aktivität mit nicht allergisch spezifischem Immunglobulin E usw.

Eine andere Reaktionsform stellen die Immunkomplex-Phänomene dar, die darauf zurückgehen, daß Antikörper vom IgG- und IgM-Typ gebildet werden, die unter Mitwirkung von Komplement Komplexe bilden. Solche Komplexe sind z. B. bekannt von der interstitiellen Pneumonitis, der "Farmers Lung", dann als Reaktion auf Serumproteine im Stuhl von Vögeln, auch von Proteinantigenen im Hypophysen-Schnupfpulver. Wie schon oben erwähnt, verläuft diese Erkrankung unter dem Bild der Serumerkrankung mit Erythem, Arthritis, Iridocyclitis, Polyarteriitis usw. Aber die Aufspürung der aktiven Immunkomplexe ist außerordentlich schwierig. Es ist nämlich in allen diesen Fällen die Bestimmung von Komplementbestandteilen unter Nachweis des Immunkomplexes im Gewebe zu führen. Schließlich können solche Antikörper auch ohne Komplexbildung direkt schädigend wirken, wie z. B. bei manchen hämolytischen Anämien, bei Thrombocytopenien, bei der Agranulocytose, die mit Medikamenten im Zusammenhang stehen. Die Aktion des Antikörpers richtet sich dabei meist gegen ein Hapten, das an die Zellmembranen gebunden ist. Etablierte Beispiele hierfür sind die hämolytische Anämie nach Penicillin und die Chinidin-Purpura. Die wichtigste Erkrankung vom Typ der verzögerten Reaktion ist die Kontaktdermatitis. Diese geht darauf zurück, daß das Antigen direkt durch Bindung an epidermale oder auch etwas tiefere Hautproteine Überempfindlichkeitsreaktionen hervorruft. Dabei spielt es gar keine Rolle, ob es ein einfaches Metall ist oder eine komplizierte organische Verbindung oder ein Medikament wie Penicillin oder Neomycin, wenn sie epicutan appliziert werden. Hier wäre wieder das gesamte Muster der immunologischen Diagnostik, das ich schon mehrfach dargelegt habe, notwendig. Die Situation ist aber so, daß weder Techniken noch Allergene, die man einsetzen könnte, standardisiert sind.

Das große Gebiet der Medikament-Allergie kann ich nur ganz kurz streifen. Man rechnet etwa damit, daß 10% der Krankenhauspatienten eine iatrogene Medikament-induzierte Reaktion aufweisen können. Im Einzelfall ist es außerordentlich schwierig, die jeweilige Pathogenese genau zu definieren, denn es besteht häufig eine Kombination mehrerer Mechanismen, also direkter cytotoxischer Effekt, Bildung von Antikörpern mit Immunkomplexbildung und Reaktionen vom verzögerten Typ. Die Entwicklung verläßlicher diagnostischer Tests - und das wäre eine wichtige Aufgabe für die Klinischen Chemiker - setzt voraus, daß die immunochemische Reaktivität des jeweiligen Medikaments bekannt ist, aber auch die Reaktivität sämtlicher Metaboliten und Abbauprodukte. Gerade auf diesem Gebiet ist der Wunsch nach verläßlichen Tests außerordentlich dringend. Es müßten Hauttests entwickelt werden, wobei polyvalente, nicht immunogene Konjugate von Medikamenten mit Peptiden verwendet werden, z. B. das Konjugat von Penicillin mit Polylysin. Es müßten Medikament-beladene Teilchen hergestellt werden, um die Beteiligung spezifischer Immunglobulin-Klassen nachweisen zu können, und es müssen schließlich markierte Medikamentpräparate synthetisiert werden zum Zwecke des direkten Antikörpernachweises. Dies ist ein riesiges Arbeitsgebiet, und, wie ich glaube, auch ein sehr dankbares Aufgabengebiet. Wir haben, wie ich vorhin andeutete, hier gerade die Umkehrung dessen vor uns, was wir üblicherweise als Immunoassay bezeichnen. Man will mit Hilfe einer markierten Substanz einen spezifischen Antikörper nachweisen und nicht mit Hilfe eines artifiziellen Antikörpers eine spezifische Substanz.

Auf die besondere Situation der Immunhämatologie, die im wesentlichen zwei große Gebiete umfaßt, nämlich alles, was im weitesten Sinne mit der Transfusion zusammenhängt und außerdem die Arbeitsrichtung, die sich mit speziellen Autoimmun-Erkrankungen befaßt, möchte ich aus Zeitgründen nicht eingehen.

Erkrankungen in Verbindung mit Autoimmunität
____

Hinsichtlich der "Autoimmunitäts-Erkrankungen" bin ich mir immer noch nicht ganz sicher, wieweit die Autoimmunität mit der Krankheit als solcher mit Sicherheit zu tun hat. Aber ich möchte doch einige etablierte Daten geben: Autoimmunvorgänge im Organismus manifestieren sich auf drei Weisen: 1. in Form von nachweisbaren humoralen Antikörpern mit niedrigem Titer beim Gesunden. Das typische Beispiel sind die in etwa 10% - in manchen Gegenden auch 20% - der Gesamtpopulation anzutreffenden Autoantikörper gegen Thyreoglobulin; 2. in Form einer temporären Autoimmunisierung nach Verletzungen bzw. nach Operationen, z. B. als sogenanntes Cardiotomie-Syndrom, und dann schließlich 3. im engeren Sinne als Autoimmunerkrankungen, die mit einer chronisch persistierenden Immunisierungsreaktion gegen Körperbestandteile verbunden sind, wobei bislang in keinem einzelnen Falle ein externes auslösendes Agens bekannt geworden ist. Es ist zwar sicher, daß genetische Faktoren für eine solche Reaktion eine wichtige Rolle spielen, aber gerade der erste Schritt zur Autoimmunisierung ist noch nicht geklärt. Anders ausgedrückt: Die Frage, welche chemischen bzw. physikalischen Einflüsse, welche Medikamente oder Mikroorganismen als Starter der Autoimmunisierungsreaktion bei genetisch prädisponierten Personen eine Rolle

spielen, ist nicht zu beantworten. Die Grundlagenforschung und damit also
auch die Methodenentwicklung richtet sich daher selbstverständlich auf
diese Thematik und nicht so sehr auf die Entwicklung neuer, spezifischer
diagnostischer Methoden.

Der pathogenetische Ablauf von Autoimmunerkrankungsreaktionen nach der
Startsituation, und nur davon können wir sprechen, hat drei Formen, die
in manchen Fällen miteinander gekoppelt vorkommen: Zunächst sind direkte
cytotoxische Effekte gebildeter humoraler Antikörper möglich, 2. bilden
sich Antigen-Antikörper-Komplexe, die unter Komplement-Mitwirkung zu
Zellschädigungen führen können, und 3. kommt dazu die Möglichkeit einer
direkten cytotoxischen Wirkung sensibilisierter Lymphocyten, was besonders stark zu nekrotisierenden Vorgängen führt. Im Prinzip ist jeder dieser
Mechanismen immunologisch spezifisch und sollte auch diagnostisch unter
Umständen immunologisch spezifisch erfaßt werden können. Das Problem
ist aber, daß sofort sekundäre, nicht mehr spezifische Effekte im Ablauf
eines solchen Vorganges auftreten, z. B. die Komplementbindung, die kom-
plementvermittelte Zellauflösung, die Attraktion von Leukocyten, die Steigerung der Phagocytose und die Aktivierung von anderen Lymphocyten bzw.
von Monocyten. Diese sekundären pathogenetischen Mechanismen können
die ursprünglich quantitativ manchmal sehr geringe Trigger-Reaktion so
überlagern, daß man diagnostisch gar nicht mehr an die Ursprungsreaktion
herankommt.

In Tab. 1 sind unter Punkt 5. 2   a-d die diagnostischen Tests und Ziele
noch einmal aufgeführt, die heute im Rahmen der Diagnostik von Autoimmunerkrankungen angewendet werden. Als neue Entwicklungsrichtung
zeichnet sich auch hier im Zusammenhang mit dem Nachweis von allergen-
spezifischem Immunglobulin E die Entwicklung von spezifischen Radioimmunoassays zur Bestimmung von Antikörpern ab, z. B. zur Bestimmung
von Anti-Desoxyribonucleinsäure in der Diagnostik des Lupus erythematodes.

<u>Suppression immunpathologischer Effekte</u>

Zum Arbeitsgebiet bzw. zum Konsiliarbereich des Klinischen Immunologen
gehört, je nach Struktur der Klinik, auch die Betreuung von Patienten,
die unter therapeutischer Suppression immunpathologischer Effekte stehen.
Die wesentlichen Maßnahmen, die heute therapeutisch angewendet werden,
sind in Tab. 1, Punkt 7 zusammengefaßt. Die Aufgabe des Laboratoriums
und damit die Aufgabe des Klinischen Chemikers besteht in diesem Zusammenhang vor allem darin, klinisch-therapeutisch beobachtete Effekte der
Behandlung mit den Resultaten der immunologischen Funktionstests in Beziehung zu setzen. Es gibt zwar eine ganze Reihe von Funktionstests zur
Beurteilung cellulärer Immunität, aber keiner von ihnen hat ein Standar-
disierungsniveau erreicht, das einem kritischen Methodiker genügen würde.
Solche Tests sind z. B. die Aufnahme von Thymidin durch Lymphocyten in
der Kultur nach Stimulierung durch Phytohämagglutinin bzw. durch Zusatz
des jeweils aktiven Antigens oder die Bestimmung der Leukocyten-Migra-
tion oder der Rosetten-Test und einiges andere.

Tumor-Immunologie

Da Herr GALLMEIER auf das Thema Tumorimmunologie eingehender zu
sprechen kommen wird, möchte ich Ihnen nur die Überschriften vor Augen
führen (Tab. 1, Punkt 8). Die Lokalisationsdiagnose maligner Tumoren
kann abhängen vom Nachweis von Abnormitäten im Immunglobulinmuster,
vom Ergebnis der Bestimmung des α_1-Fetoproteins oder vom Nachweis
spezifischer anderer Tumorantigene z. B. beim Neuroblastom, bei Nieren-
tumoren, bei Melanomen und beim Blasencarcinom. Die Radioimmunoassays zur Bestimmung von Proteohormonen können gelegentlich bei der
Tumordiagnose hilfreich sein (obwohl dies keine Tumorimmunologie ist):
die Bestimmung des Choriongonadotropins beim Chorion-Carcinom, die
Bestimmung von Calcitonin bei bestimmten Tumoren der Schilddrüse, die
Messung von Insulin, ACTH und anderen Hormonen beim Vorliegen eines
paraendokrin-aktiven Tumors. Die weiteren aufgeführten Punkte: Kontrolle
des Verlaufs und der Prognose maligner Tumoren, die Immuntherapie
maligner Tumoren und Immun-Prävention von Tumoren sind sehr schöne
Überschriften, sind aber wirklich Zukunftsaufgaben und nicht etwa definitiv
etablierte, mit übersichtlichen Ergebnissen ausgestattete Arbeitsgebiete
in der Immunologie.

Beispiele zum diagnostischen Einsatz immunologischer Methoden

Ich möchte zum Schluß noch zwei Beispiele geben, die dazu dienen können, den diagnostischen Einsatz immunologischer Methoden zu verdeutli-
chen bzw. den methodologischen Entwicklungsstand sichtbar werden zu
lassen. Abb. 1 zeigt ein Schema, das auf Untersuchungen von Herrn
VORLAENDER zurückgeht: eine solche Parametergruppierung soll versuchen, mit Hilfe der links aufgeführten immunologischen Methoden die
Differentialdiagnose zwischen der Carditis rheumatica und der Carditis
lenta zu erleichtern, und zwar über die "normalen" klinischen Kriterien
hinaus. Man sieht, daß es notwendig ist, ein großes Spektrum zu untersuchen und dieses Spektrum dann genau gegeneinander abzuchecken, um
wirklich in der Diagnostik weiterzukommen. In Abb. 2 ist etwas Ahnliches
aufgeführt für die Differentialdiagnose zwischen der autoimmunpositiven,
chronisch aggressiven Hepatitis und dem cirrhotischen Umbau. Wir können
natürlich am Ende, wenn wir ein solches Schema tatsächlich durchgear-
beitet haben, diagnostisch nur sagen, daß die größere Wahrscheinlichkeit
auf dem linken oder auf dem rechten Sektor liegt. Aber hier ist z. B.
der Einsatz der quantitativen Immunglobulin-Bestimmung meines Erachtens
doch von Wert.

In einem nicht kompletten Schema sind 23 Methoden zum Nachweis des
Rheumafaktors aufgeführt (Tab. 2). Es ist dem Kliniker völlig unmöglich,
sich hier ein klares Bild zu verschaffen. Man hat den Eindruck eines
methodischen Chaos, und es ist etwas bedrückend, daß es nicht möglich
ist, eine solche Methode, die in jedem Lehrbuch als notwendig gefordert
wird, zu standardisieren.

Carditis rheumatica   Carditis lenta

Immunologie		Carditis rheumatica	(Endo-) Carditis lenta
BSG		↑ ↑	↑ ↑
Elektrophorese		Albumine ↓ Gamma-Globuline ↑	Albumine ↓ Gamma-Globuline ↑, später ↓
ASL-Titer		über 250 E ↑ ↑	ø
Immunglobuline	A	↑↑↑ ↑ ↑	↑ ↓
	G	↑ ↑	↑↑↑ ↓
	M	↑ ø i Verlauf	↑ ↓ (i. Verlauf Defektsyndrome)
Beta-1-C/A-Globulin (Complement)		↓ ↓ i. Stadium der Immunkomplex- bildung	ø
Coeruplasmin		↑	↑
Autoantikörper gegen Antigene des Herzens		+	ø

Abb. 1. Differentialdiagnostische Bedeutung immunologischer Kriterien bei Carditiden, nach VORLAENDER (20).

Immunologie		Chron.-aggress. Hepatitis	Cirrhotischer Umbau	
Elektrophorese		Albumin ↓ Gamma-Globuline ↑ (↑)	Albumin ↓ Gamma-Globuline ↑ ↑ ↑ breitbasig	
Immunglobuline	A	↑	↑	
	G	↑ ↑ ↑ (Irrtumswahrscheinlichk.1%)	↑	
	M	↑	↑ ↑ ↑	statistische
Beta-1-C/A-Globulin (Complement)		↑ ↓ fakultativ	↓ ↓	Sicherung in Vorbereitung
Haemopexin		↓	↓ ↓ (Begleit-Haemolyse?)	
Alpha-2-Makroglobulin		↑ ↑	↑ ↑	
Antinukleäre Faktoren (außer Anti-DNS)		+ + " lupoide Form "	+ ø fakultativ	
Antimitochondriale AK		+ +	nur bei prim. biliärer Cirrhose	
Muskel-Antikörper		+ + " auto-immune Form " (20-25% aller Fälle)		

Abb. 2. Immunologische Parameter bei chronisch-aggressiver Hepatitis und bei Lebercirrhose, nach VORLAENDER (21).

Tab. 2. Immunologische Methoden zur Bestimmung des Rheumafaktors, zusammengestellt nach LOHNES (10) und MILLER et al. (14).

A. Agglutinationsreaktionen

   1. Die Hämagglutinationsreaktionen

      a) mit Schaferythrocyten nach Sensibilisierung mit homologem Immunserum

         aa) ohne vorherige Absorption des Serums von Heteroagglutininen (Originalmethode nach WAALER sowie ROSE et al.)

         bb) nach vorheriger Absorption der Heteroagglutinine

      b) mit Erythrocyten anderer Tiere, z.B. Huhn, Ratte, Maus, Meerschweinchen, Rind (nach entsprechender Sensibilisierung mit homologen Immunseren)

      c) mit menschlichen Erythrocyten nach Sensibilisierung mit homologen Immunseren

      d) mit Schaferythrocyten, die nach Tanninvorbehandlung mit Gammaglobulin beladen wurden (FII-Test nach HELLER et al.)

      e) mit Erythrocyten, die mit Bakterienantigenen beladen sind.

   2. Die Bakterienagglutinationsreaktionen

      a) die Streptokokkenagglutinationsreaktion

      b) die Agglutination von Bakterien (z.B. Brucellen), die mit inkompletten Antikörpern sensibilisiert sind.

   3. Die Agglutination gammaglobulinbeladener, biologisch inerter Partikel

      a) der Latexfixationstest mit seinen Modifikationen

      b) der Bentonittest

      c) der Kollodiumtest

      d) der Quarzflockungstest

      e) der Acrylfixationstest

      f) der Mastixfixationstest

B. Präcipitationsreaktionen mit Gammaglobulin

   1. Quantitative Tests

   2. Qualitative Tests

Fortsetzung s. nächste Seite

Fortsetzung Tab. 2

<u>C. Inhibitionstests</u>

    a) der Inhibitionstest nach ZIFF et al.

    b) der Inhibitionstest mit Latexpartikeln

    c) der Inhibitionstest mit Hilfe der Grenzschichtreaktion

<u>D. Absorptionstests</u>

    a) Präcipitation löslicher Antigen-Antikörper-Komplexe durch Zusatz rheumafaktorhaltiger Seren

    b) Nachweis der Absorption des Rheumafaktors an präcipitierte Antigen-Antikörper-Komplexe in Agargel-Diffusionstests.

Ich hoffe, daß sich eine ganze Reihe von Schwierigkeiten, die ich im Zusammenhang mit der Analytik auf dem Gebiet der Immunologie andeuten konnte, lösen wird, wenn sich die Arbeitsweise der Immunologie vom vorwiegend qualitativen, deskriptiven, am Phänomen orientierten Vorgehen zum quantitativen Vorgehen wendet, und ich glaube, daß es eine ganz wichtige Aufgabe des Klinischen Chemikers sein wird, dem Immunologen bei dieser Wendung zur Seite zu stehen.

<u>Literatur</u>

1. BIRO, C.E., FAHEY, J., VAN LOGHEM, J.J., MACKAY, I.R., OSUNKOYA, B.O., ROITT, I.M., ROSE, N.R., SELIGMANN, M., CRUCHAUD, A., GOODMAN, H.C., HOLBOROW, E.J., MIESCHER, P.A., TORRIGIANI, G., and DE WECK, A.: Clinical Immunology. Report of a WHO Scientific Group. Internat. Arch. Allergy Appl. Immunol. <u>42</u> (1972), Suppl., WHO Techn. Rep. Ser. No. 496, 1-50.

2. BRANDIS, H. (Hrsg.): Einführung in die Immunologie. Stuttgart: G. Fischer 1972.

3. BRENDEL, W., und HOPF, V. (Hrsg.): Autoimmunerkrankungen; Klinik und Therapie. Stuttgart: Schattauer 1969.

4. CHIN, A.H., SAIKI, J.H., TRUJILLO, J.M., and WILLIAMS, R.C. Jr.: Peripheral Blood T- and B-Lymphocytes in Patients with Lymphoma and Acute Leukemia. Clin. Immunol. Immunopathol. <u>1</u>, 499 (1973).

5. COHNEN, G.: Funktion und Oberflächenmarker menschlicher T- und B-Lymphozyten. Dtsch. med. Wschr. 99, 2241 (1974).

6. DIXON, F. J., and KUNKEL, H. G. (Eds.): Selected Topics on Immunological Aspects of Renal Disease. Kidney Internat. 3, 55 (1973).

7. HUMPHREY, J. H., und WHITE, R. G.: Kurzes Lehrbuch der Immunologie. Stuttgart: Thieme 1971.

8. KNOLLE, J., ARNOLD, W., MEYER ZUM BÜSCHENFELDE, K. H., SCHÄFER, R., und MAINZER, K.: IgD-Plasmozytom and Amyloidose. Inn. Med. 1, 28 (1974).

9. KRULL, P., und DEICHER, H.: Primäre Antikörperbildung bei Patienten mit malignen lymphoretikulären Systemerkrankungen und metastasierenden Tumoren. Z. Immun.-Forsch. 145, 70 (1973).

10. LOHNES, H.: Das ABC des Rheumatismus. 2. Aufl. Konstanz 1967.

11. MACLENNAN, I. C. M., and HARDING, B.: Some Characteristics of Immunoglobulin Involved in Antibody Dependent Lymphocyte Cytotoxicity. Brit. J. Cancer 28, Suppl. I, 7 (1973).

12. MARCHALONIS, J. J., and CONE, R. E.: Biochemical and Biological Characteristics of Lymphocyte Surface Immunoglobulin. Transplant. Rev. 14, 3 (1973).

13. MEYER ZUM BÜSCHENFELDE, K. H.: Immunpathogenese chronisch-entzündlicher Lebererkrankungen. Erg. Inn. Med. Kinderheilk. 32, 31 (1972).

14. MILLER, G. W., SALUK, P. H., and NUSSENZWEIG, V.: Complement-dependent Release of Immune Complexes from the Lymphocyte Membrane. J. exp. Med. 138, 495 (1973).

15. MORTON, D. L. (Moderator): Immunological Aspects of Neoplasia: A Rational Basis for Immunotherapy. Ann. Intern. Med. 74, 587 (1971).

16. ORDER, S. E., CHISM, S. E., and HELLMAN, S.: Studies of Antigens Associated with HODGKINS Disease. Blood 40, 621 (1972).

17. SHEARMAN, D. J. C., PARKIN, D. M., and McCLELLAND, D. B. L.: The Demonstration and Function of Antibodies in the Gastrointestinal Tract. Gut 13, 483 (1972).

18. SPIELMANN, W., and SEIDL, S.: Einführung in die Immunhämatologie und Transfusionskunde. Weinheim: Verlag Chemie 1972.

19. THOMPSON, R. B., and MATHE, G.: Adoptive Immunotherapy in Malignant Disease. Transplant. Rev. 9, 54 (1972).

20. VORLAENDER, K. O.: Tumor-Immunologie im Alter. Z. f. Gerontologie 7, 60 (1974).

21. VORLAENDER, K. O.: Immundiagnostik als Grundlage der Therapie. Therapiewoche 1974, 3569.

22. WALKTER, J.G.: The Immunology of Liver Disease. 8th Symp. on Advanced Medicine, London, 1972, p. 113-128.

23. WATSON, D.W.: Immune Responses and the Gut. Gastroenterology $\underline{56}$, 944 (1969).

Diskussion

LAUE:
Welche Allergen-Menge ist erforderlich, damit es zu einer Sensibilisierung und später zur Auslösung einer allergischen Reaktion kommt, und
wie soll man sich vorstellen, daß unterhalb einer Grenz-Allergenkonzen-
tration klinisch keine Reaktion ausgelöst wird?

KRÜSKEMPER:
Im Prinzip genügt es, wenn e i n e immunkompetente Zelle   e i n   Allergen-
molekül verarbeitet und dazu benutzt, einen spezifischen Antikörper zu
machen. Es ist wohl - glaube ich - etabliert, daß ein spezieller Lympho-
cyt einen Antikörper machen kann, nur e i n e n.

LAUE:
Aber die Reaktion einer immunkompetenten Zelle mit einem Allergen-
molekül führt doch nicht zu einer klinisch faßbaren Reaktion.

KRÜSKEMPER:
Das ist die Frage der Geschwindigkeit des Wachstums dieser Population;
das kennen Sie von der Herstellung der Antikörper. Vielleicht kann Herr
NIESCHLAG sagen, wieviel Antigen er minimal braucht, um eine spezifische Antikörperproduktion bei Tieren hervorzurufen? Ist das auch "nach
unten" getestet worden, ober haben Sie immer die größtmögliche Menge
verwendet?

NIESCHLAG:
Nach unseren Erfahrungen kann generell gesagt werden, daß zur experimentellen Erzeugung einer Immunantwort offensichtlich viel weniger
Antigen benötigt wird, als man bisher angenommen hat. Die notwendigen
Mengen liegen nicht im Milligramm-, sondern im Mikrogramm- und
eventuell sogar im Nanogramm-Bereich. Z. B. erzielen wir bei der Produktion von Antiseren für Radioimmunoassay-Zwecke viel bessere Ergebnisse, wenn wir wenig Immunogen verwenden. Dabei spielt allerdings die
Applikationsart eine wesentliche Rolle.

PFLEIDERER:
Sie werden sich wundern, daß ausgerechnet ein Chemiker versucht, diese
Frage zu beantworten; da wir aber jetzt etwa 8 Jahre Erfahrung haben,
möchte ich zu der Frage der Immunantwort aus meiner Sicht Stellung
nehmen: Ich glaube, hier gibt es überhaupt keine Norm, und ich darf das

am Beispiel der LDH-H_4 erklären. Wir finden in der gesamten Literatur das Problem, gegen die Herzmuskel-LDH Antikörper zu gewinnen, und wir haben schon in Frankfurt angefangen, verschiedene Kaninchen-Stämme mit LDH-H_4 zu behandeln. Dabei spielt die Menge überhaupt keine Rolle; ich kann den Tieren bestimmter Rasse LDH-H_4 wochenlang injizieren, ohne eine Immunantwort zu erhalten. Dann haben wir einen speziellen Stamm gefunden, der ganz massiv reagierte, und seitdem ist für uns das Problem gelöst. Mein Mitarbeiter, Herr FALKENBERG, war 2 Jahre bei SELA in Tel Aviv, und er wird dieses Problem der Immunantwort generell am Beispiel der abnormalen Hämoglobine studieren. Ich halte es also für un- möglich, eine allgemeingültige Antwort zu geben, sondern jeder Mensch wird wahrscheinlich aufgrund seiner genetischen Veranlagung einmal auf sehr wenig Antigen und einmal überhaupt nicht reagieren.

GALLMEIER:
Ich möchte das unterstützen, was Herr PFLEIDERER gesagt hat: Es ist ja von Tierexperimenten her das Problem der sogenannten "Immune Response Genes" bekannt, anhand derer man nachweisen kann, daß gene- tisch besonders prädisponierte Tiere besonders leicht oder intensiv rea- gieren, andere wiederum nicht, und dies ist sicherlich auch beim Men- schen der Fall. Zur Frage von Herrn LAUE sollte man vielleicht noch sagen, daß man sie nicht generell beantworten kann, denn bei der Aller- gie sind offenbar zwei Vorgänge beteiligt: Der eine Vorgang ist die Sen- sibilisierung, die häufig unerkannt verläuft, der zweite Vorgang ist die erneute Exposition gegen das sensibilisierende Antigen. Zu diesem Vorgang weiß man, daß der Nanogramm-Bereich notwendig ist, um klinisch rele- vante Phänomene auszulösen.

RÓKA:
Herr KRÜSKEMPER, Sie haben eine große Zahl von Aufgaben gestellt, die gelöst werden müssen: Sie möchten erstens prüfen, ob in unserem Organismus vorgebildete Antikörper sind, die mit irgendeinem zugeführten Antigen reagieren, zweitens, wieviel Antigen notwendig ist, um bei einem Patienten eine entsprechende Immunantwort zu bekommen, drittens, wie der Organismus auf einen im Körper gebildeten Antigen-Antikörper-Kom- plex reagieren wird. Dazu muß man versuchen, diese Reaktionen vor den Patienten zu schalten, damit wir vorhersagen können, wie der Patient auf diese Ereignisse reagieren wird.

Die Frage nach vorgebildeten Antikörpern läßt sich, glaube ich, lösen. Für die Vorhersage der immunogenen Antwort auf ein bestimmtes Antigen bzw. auf eine bestimmte Antigendosierung sehe ich im Augenblick keinen Test außerhalb des Organismus. Hier wird nicht nur gefragt, ob im Kör- per Zellen vorhanden sind, die dieses Antigen erkennen, sondern - was genauso wichtig ist - ob aus diesen Zellen, nachdem sie das Antigen er- kannt haben, auch wirklich ein Klon wird, der genügend Antikörper bildet. Zur dritten Frage bieten sich einige Möglichkeiten: So läßt sich in vitro beantworten, ob dabei das Komplement oder die Phagocytose aktiviert wird.

Auch wenn ein Teil der Aufgaben, die Sie gestellt haben, technisch lösbar
ist, bin ich Ihrer Meinung, daß es dringend notwendig ist, für diese Tests
standardisierte Verfahren zu entwickeln, denn erst, wenn sich die gewonnenen Informationen so quantifizieren lassen, daß sie von anderen repro-
duziert werden können, sind sie für die Klinik brauchbar. In der Klinik
wird es auch darauf ankommen, ob und wie sich diese Befunde im Laufe
einer Behandlung verändern; das geht nur, wenn die Methoden ausreichend
standardisiert sind.

GALLMEIER:
Vielleicht läßt sich an zwei Beispielen erkennen, wie schwierig so ein
Unternehmen ist: Der Tuberkulintest hat ja eine ganze Reihe von Jahren
gebraucht, bis er zu klinisch einigermaßen relevanten Aussagen geführt
hat. Andererseits hat der KVEIM-Test, den man lange als wertvolle
Hilfe bei der Diagnose der Sarcoidose angesehen hat, diese Forderungen
meines Erachtens heute noch nicht erfüllt. Dieser Test ist heute noch ein
ungelöstes Problem der Immunologen, das gerade in einem System angewandt werden soll, in dem die klinische Diagnostik und auch die biochemische Diagnostik noch nicht weit vorangekommen sind. Am Beispiel
dieses Hauttests kann man ganz eindeutig sehen, wie schwierig es ist,
immunologische Diagnostik in die Praxis umzusetzen.

DENGLER:
Ich habe den Verdacht, daß zu einer solchen generalisierenden Diskussion
heute noch einige Voraussetzungen fehlen. Wenn wir jetzt anfangen, alles,
was Immunologie im Menschen ist, in einen Topf zu werfen und darüber
im Kreise Klinischer Chemiker zu diskutieren, werden wir über gewisse
Unverbindlichkeiten nicht hinauskommen. Gerade diese Beispiele - KVEIM-
und Tuberkulin-Test - beweisen doch, daß hier sicherlich nicht der Punkt
ist, auf den der Klinische Chemiker primär orientiert ist. Das sind Dinge,
die sich momentan noch im Morphologischen abspielen. Der KVEIM-Test
scheiterte ja an der Tatsache, daß man einem Menschen anderes menschliches Gewebe und damit Antigene sowie potentiell Hepatitis-Virus injiziert. Wir sollten uns vielleicht doch fragen: Was können wir aus diesem
ganzen Katalog, den Herr KRÜSKEMPER so schön gegeben hat, heraus-
ziehen, das in absehbarer Zeit der Bearbeitung durch den Klinischen
Chemiker zugänglich ist?

Hier möchte ich an das anknüpfen, was Herr KRÜSKEMPER zum Schluß
gebracht hat. Die Tabelle Carditis rheumatica versus Endocarditis lenta
beweist eigentlich den Autismus in diesem Denken hervorragend. Ich
könnte mir vorstellen, daß wir aus dieser Tabelle a l l e s streichen können mit Ausnahme des Antistreptolysin-Titers. Ob das Hämopexin ansteigt
oder abfällt, ob irgendein Quotient zwischen Komplement-Komponenten
sich unterscheidet: Ich wage zu bezweifeln, ob dies eine große Zukunft
haben wird. Es ist eine Speisekarte von Dingen, die man machen k a n n ,
deren theoretische Grundlage aber auf sehr schwachen Beinen steht wie
z.B. der Nachweis von Herz-Antikörpern. Allein das Wort "Herz-Antikörper" sollte uns doch im höchsten Maße sensibilisieren, denn das Herz
besteht aus Muskeln, aus Bindegewebe, aus Zellkernen, aus Myosin, aus

Actin u. a. Was ist ein Herz-Antikörper? Hier scheint mir vielmehr ein
Punkt des Überlegens zu sein: Zu untersuchen, welche Dinge sind momentan im Morphologischen machbar: Tuberkulin- und KVEIM-Test? Welche
Tests bieten sich im Zellbiologischen an: Migrationstests usw.? Was
eignet sich in absehbarer Zeit zur Standardisierung im engeren Bereich
der Klinischen Chemie und wo sollen wir gewisse Schwerpunkte in der
Standardisierung setzen?

KNEDEL:
Ich glaube, man sollte folgende Überlegungen anstellen: Das Wissen auf
der Seite der Klinik über das hochspezialisierte Gebiet der immunologischen Reaktionen ist nicht an allen Stellen bis zu jenem Stand gekommen,
der über eine Zusammenarbeit mit der Klinischen Chemie, die auf der
anderen Seite die Methoden noch nicht voll im Griff hat, zum Erfolg
führt. Erkennbar ist, daß es wahrscheinlich kein Gebiet im Rahmen der
Zusammenarbeit zwischen Klinikern und Klinischen Chemikern gibt, bei
dem der Kontakt, die Kooperation und die gemeinsame Beurteilung so
entscheidend sind, wie dieses Gebiet.

Zu dem, was Herr KRÜSKEMPER für die immunologischen Methoden
feststellt, muß ich - etwas abweichend von seiner Meinung - sagen, daß
für entsprechend eingerichtete Laboratorien heute durchaus die Möglich-
kein besteht, eine ganze Zahl von Untersuchungsverfahren anzubieten,
deren Ergebnisse definiert, reproduzierbar und aussagekräftig sind. Es
ist erstaunlich, wie wenig darüber bekannt ist, daß sich bei der quantitativen Bestimmung der Immunglobuline bestimmte Muster ganz bestimmten Erkrankungen zuordnen lassen, wenn man ein großes Material über-
sieht und es mit exakten Methoden unter klarer Erfassung und mit Aus-
wertemethoden, die über das menschliche Erinnerungsvermögen hinausgehen, durchuntersucht. Z. B. war es erstaunlich, daß wir zusammen mit
Herrn FATEH bei der Auswertung unseres Materials eine ganze Zahl von
Erkrankungen mit ungeklärtem klinischem Ablauf fanden, bei denen die
normale Elektrophorese einen normalen oder sogar leicht erhöhten γ -
Globulin-Gehalt ergab, aber das IgA nahe Null oder nur knapp darüber
lag. Wenn man dann bei diesen Fällen noch das Nasalsekret auf das
sekretorische IgA untersuchte - Herr HEIMBURGER wird das bestätigen -
kommt man zu ganz erstaunlichen Beziehungen in der Aussage zwischen
Krankheitsbild und exakt durchführbaren klinisch-chemischen Immunglobu-
lin-Bestimmungen; auch Herr PRELLWITZ hat darüber Erfahrungen. Wir
führen bei uns DNA-Bestimmungen als Radioimmunoassay durch. Die
Immunfluorescenz kann uns ganz klare Befundmuster zur Erkennung von
immunologischen Phänomenen und Zuordnungen zu Krankheitsbildern liefern, die man bereits als Aussage für eine gemeinsame Diskussion verwerten kann. Wir führen an unserem Institut den Lymphocyten-Migrations-
Inhibitionstest durch, die Stimulierung mit Phytohämagglutininen, den
Einbau von radioaktiv markiertem Thymidin usw.

Ich bin also, Herr KRÜSKEMPER, nicht der Meinung, daß das verschwom-
mene Ergebnisse sind, die noch nicht aussagefähig sind. Wenn man allerdings die Tabelle über die Methoden zur Bestimmung des Rheumafaktors
sieht: Ich habe vorhin Herrn HILLMANN zugeflüstert: Das sieht aus wie

ein Mobilisierungsplan aus dem 1. Weltkrieg. Heutzutage ist die Logistik auf diesem Gebiet eigentlich ein bißchen weiter, und die Methoden, mit denen man arbeitet, sind auch klarer und definierter, man muß sie nur im gemeinsamen Gespräch klar vorstellen. Leider sind sie über den Rahmen des eigenen Arbeitsgebietes hinaus noch nicht allgemein standardisierbar. Auch die Bemühungen dahin sind sicher erfolgreich; ich bin der Meinung, daß es möglich ist, quantitative DNA-Bestimmungen in jedem Laboratorium mit standardisierter Technik in gleicher Weise durchzuführen. Ganz so pessimistisch, wie Sie es dargestellt haben, Herr KRÜS-KEMPER, sehe ich den Status der immunologischen Methoden in der Klinischen Chemie nicht.

KRÜSKEMPER:
Ich freue mich, von Ihnen zu hören, daß diese Methoden doch in einem klinisch-chemischen Laboratorium angewendet werden. Das, was ich gesagt habe, gilt auch keinesfalls für die quantitative Bestimmung der Immunglobuline, sondern es gilt für die immunologischen Untersuchungen im engeren Sinne. Was meinten Sie mit DNA-Bestimmung? Sie meinten DNA-Antikörper?

KNEDEL:
Ja.

KRÜSKEMPER:
Diese Methode ist doch sicher nicht standardisiert.

KNEDEL:
Sie ist standardisierbar. Herr NEUMEIER wird sie in wenigen Monaten mit entsprechender Darstellung der Ergebnisse veröffentlichen.

NEUMEIER:
Die Diagnostik von Bindegewebserkrankungen kann sehr schwierig sein, weil mit der Immunfluorescenz-Untersuchung auf antinucleäre Antikörper eine ganze Reihe gegen Kernsubstanzen gerichteter Antikörper erfaßt werden und die Immunfluorescenz-Muster einer pcP und eines subakuten LE oft nur schwer voneinander zu unterscheiden sind. Hier kann die radioimmunologische Bestimmung der anti-DNA-Antikörperaktivität weiterhelfen, da inzwischen festzustehen scheint, daß diesen Antikörpern zumindest bei der LE-Nephritis pathogenetische Bedeutung zukommt. Die radioimmunologische Bestimmung verwendet eine mit ^{125}J-Thiouridin markierte, hochmolekulare Doppelstrang-DNS aus menschlichen Lymphocyten-Kulturen. Als Standard dienen verdünnte Seren von LE-Patienten, womit eine Standardisierung des Testes möglich wird. Die von uns untersuchten Gruppen von gesicherten LE-Patienten (14 Patienten) und Patienten mit klinisch gesicherter pcP mit positiv ANA-Nachweis (25 Patienten) unterscheiden sich signifikant im Mittelwert ihrer anti-DNA-Aktivitäten. Neben dieser gegenüber der Immunfluorescenzmethode verbesserten diagnostischen Trennschärfe des neuen Testes wird durch die gute Standardisierung des Testes eine Verlaufskontrolle der Erkrankung möglich.

KRÜSKEMPER:
Mir ist kein internationaler Standard bekannt, aber ich will damit keinesfalls Kritik üben. Ein anderer Punkt: Wenn Sie quantitative Veränderungen
von Immunglobulinen zuordnen, dann ging daraus, daß Sie das Wort "statistisch" benutzten, wieder hervor, daß es sich zunächst einmal um eine
pathophysiologisch orientierte Arbeit handelt, daß Sie also nachsehen,
welche Konstellationen wir bei welchen Krankheitsgruppen finden. Sie
wissen aber noch nicht genau, wie groß die Treffsicherheit im E i n z e l -
f a l l ist. Das ist ja das, was wir bei der Klinischen Chemie so hoch
schätzen, nämlich das g e n a u e Wissen über die Treffsicherheit des
e i n z e l n e n Parameters. Ich glaube, darauf muß man bestehen: Die meisten der von mir genannten Methoden sind noch nicht geeignet, im Einzelfall treffsichere Auskunft zu geben. Es ist gut, daß Sie auf diesem Gebiet
arbeiten und sich dessen sehr intensiv annehmen, aber ich glaube nicht,
daß wir soweit sind, daß wir schon eine Diagnostik darauf aufbauen können.

SIEGENTHALER:
Als Kliniker kann ich den Ausführungen von Herrn KRÜSKEMPER und
Herrn DENGLER nur zustimmen. Wir werden ja, Herr KNEDEL, in den
letzten Jahren mit derartigen Resultaten laufend überschwemmt, und das
Problem besteht ja vor allem darin, daß niemand da ist, der eine Synthese
vornimmt. Der Klinische Chemiker oder der Immunologe liefern uns 20
Resultate für einen Patienten. Wir verstehen nicht, wie er sie erarbeitet
hat, und er kann sie beim Patienten nicht interpretieren. Wir erhalten
heute die verschiedensten immunologischen Befunde, die in den meisten
Fällen nicht für ein bestimmtes Krankheitsbild typisch sind. Weitergeführt
haben uns jedoch in den letzten Jahren nur ganz wenige Methoden. Das
bedeutet nicht, daß wir auf diesem Gebiet nicht weiterarbeiten sollten,
aber man muß für die Praxis auch einmal eine Grenze setzen. Wir können nicht laufend neue Untersuchungen einführen, wenn sie nicht eindeutige
Vorteile gegenüber bisher gebräuchlichen Methoden zeigen.

KNEDEL:
Ich bin ganz Ihrer Meinung, Herr SIEGENTHALER, aber nicht nur auf
diesem Gebiet, auch auf anderen Gebieten der Klinischen Chemie ist in
der Zusammenarbeit mit der Klinik klar erkennbar, daß die gemeinsam
abgesprochene diagnostische Strategie in vielen Punkten fehlt. Der Weg
der Zukunft und des Erfolgs kann nur sein, daß man im Rahmen eines
praktisch "lernenden" Systems eine gemeinsame Strategie entwickelt und
daß man die Befunde nicht mehr aus der Subjektivität des Einzelfalls
beurteilt, sondern daß man nur einwandfrei gesicherte Befunde im Rahmen
einer groß angelegten statistisch einwandfreien Auswertung bringt.

Wenn Sie sagen, daß im Einzelfall die eine oder andere Interpretation
möglich ist, so darf ich hier sagen, daß wir eine Auswertung von über
300 Fällen beim Morbus BOECK gemacht haben. Dabei zeigte sich, daß
die klinisch gleichen Syndrome, eingeteilt nach klinischen Verlaufsgruppen
des Morbus BOECK, in etwa 40% eine völlig normale Elektrophorese ergaben; in etwa 40% eine Elektrophorese, bei der der γ-Globulin-Gehalt
über 30 bis 45 rel % lag; und 20% mit völlig uncharakteristischem Bild.

Das heißt doch, daß bei verschiedenen Patienten eine ganz unterschiedliche immunologische Reaktion zum Ausdruck kommt. Als Kliniker - ich zähle mich auch noch ein bißchen dazu - müssen wir uns darauf einstellen zu erkennen, warum ein derartiges Befundmuster bei einem Patienten, der klinisch ein spezielles Krankheitsbild zeigt, besteht, und wir müssen den Weg zum Verständnis führen, warum Krankheitsbild und faßbare humorale oder celluläre Reaktion bei einem Befund in diesem Fall zustandekommt.

SIEGENTHALER:
Vielleicht führt uns das einmal zu einem besseren Verständnis, aber im jetzigen Zeitpunkt brauche ich die Elektrophorese jedenfalls für die Diagnostik des Morbus BOECK nicht.

KNEDEL:
Einen M. BOECK kann man sicher ohne Elektrophorese diagnostizieren. Davon war auch nicht die Rede, sondern von dem recht auffälligen Ergebnis, daß klinisch definierten Verlaufsgruppen bestimmte eindeutig unterscheidbare Kollektive von γ-Globulin-Werten zugeordnet werden können. Das gibt im Hinblick auf die Reaktionssituation doch einiges zu denken.

KREUTZ:
Darf ich auf das Problem der Standardisierung zurückkommen: Herr KNEDEL, ich finde, gerade am Beispiel der Immunglobuline kann man zeigen, wie weit wir noch von einer Standardisierung und einer Vergleichbarkeit der Ergebnisse entfernt sind - bei einer Untersuchung, die wir vom analytischen Standpunkt aus für problemlos und gelöst halten. Ein internationaler Ringversuch der Proteinspezialisten zur Immunglobulin-Bestimmung hat katastrophale Streuungen ergeben. Die Normbereiche einzelner Labors streuen gewaltig, die obere Normgrenze des einen ist die untere Normgrenze des anderen.

DENGLER:
Ich möchte auf Ihr Beispiel zurückkommen, Herr KNEDEL, weil mir das sehr gut zu zeigen scheint, wo heute die Möglichkeiten der Klinischen Chemie liegen: Wenn Sie sagen, man soll IgA bestimmen und mit klinischen Befunden korrelieren, dann ist das von der Methodik her eine echte klinisch-chemische Aufgabe. Ich erinnere Sie an das Syndrom des Magencarcinoms bei noch relativ jungen Männern mit IgA-Mangel; das ist ein neues Krankheitsbild, das auf diesem Wege gefunden werden kann, eine echte klinisch-chemische Fragestellung. Beim zweiten Problem, das Sie anschnitten, der Immunfluorescenz, würde ich vorerst den Klinischen Chemikern raten - entschuldigen Sie, wenn ich das generalisiere -, die Finger weg zu lassen. Und zwar einfach aus dem Grund, daß diese Methoden beim Klinischen Immunologen mit einer in der Regel besseren Ausbildung in der theoretischen Immunologie besser aufgehoben sind. Gerade die an sich wertvollen Immunfluorescenz-Methoden mit ihrem stark morphologischen Einschlag liegen dem klassischen Klinischen Chemiker noch ferner. Das Material - Serum - kann in der Regel mit der Post verschickt werden, so daß auch kleinere Krankenhäuser und niedergelassene Ärzte diesen Service in Anspruch nehmen können.

LASCH:
Herr DENGLER hat es eigentlich gerade schon gesagt: Wenn der Klinische
Chemiker als reiner Diagnostiker oder als Computer-Diagnostiker auftritt und uns ein Spektrum von Immunreaktionen vorlegt, sind wir Kliniker
im Grunde genommen ziemlich hilflos und für die Differentialdiagnose
kommt wenig heraus. Aber er hat auch gesagt: "wenn nicht spezielle
pathophysiologische Fragen damit verbunden sind", und hier ist etwas
angesprochen, was meiner Ansicht nach der Klinische Chemiker in der
Klinik mitbetreiben soll. Ich habe vorhin bei der Besprechung der quantitativen Probleme daran gedacht, daß hier offensichtlich die Zusammenhänge zwischen Exposition, Antigenmenge und Antikörperbildung noch
völlig unklar sind.

Mir ist dabei die sogenannte "Monday Disease" eingefallen: eine Krankheit
bei Baumwollarbeitern in Amerika, die am Montag in den Dienst kommen
und dort bei der ersten Exposition eine schwere asthmoide Situation bekommen; bei der gleichen Exposition im Laufe der Woche nimmt die Krankheit ab. Am Wochenende sind sie völlig gesund, und am Montag kommen
sie wieder zur Arbeit und bekommen wieder ihre Krankheit. Dieses Syndrom geht möglicherweise mit einer Antikörpersättigung einher. Das kann
in die ganz unklare Pathogenese verschiedener Lungenfibrosen - um nur
mal ein Beispiel zu nennen - hineinführen, bei denen ja eigentlich noch
das meiste unklar ist. Der Klinische Chemiker sollte ein entsprechendes
Repertoire zur Verfügung haben, damit er gezielt pathophysiologische
Fragestellungen bearbeiten kann.

C.G. SCHMIDT:
Es fällt mir auf, daß die Kommentare, die von der Klinik kommen, fast
alle aufgrund der großen Erfahrung, die man als Kliniker sammeln muß,
bevor man zu einem klaren Urteil kommt, gleichförmig sind. Das kann
nicht Zufall sein. Wenn man die Ergebnisse - und ich würde Herrn
KRÜSKEMPER voll folgen in seinem Kommentar zu Ihnen, Herr KNEDEL
- der letzten und der vorletzten Tabelle subsummiert, ist klar, daß Sie
als Klinischer Chemiker, wenn Sie sich in dieses Gebiet begeben, im
Augenblick überwiegend Epiphänomene messen, Sekundärphänomene. Betrachten wir die Antikörper: Herr DENGLER hat vorhin gesagt: "Was
heißt Herzantikörper?". Es wird ganz deutlich - so wenigstens, glaube
ich, reflektiere ich den gegenwärtigen Wissensstand - daß ein Teil der
angegebenen und mit nichtspezifischen Methoden gemessenen Antikörper-
reaktionen Reaktionen auf Zerfallsprodukte sind, die nichts mit der primären Pathophysiologie der Erkrankung zu tun haben, deren Messung für
den Kliniker im Augenblick irrelevant ist und aus dem er kein quantitatives, nicht einmal ein qualitatives Muster ableiten kann. Wir fassen diese
Reaktionen als ein völlig heterogenes Muster auf, mit dem der Kliniker
z.B. bei der Diagnose Morbus BOECK wenig anfangen kann.

Wenn ich eine Empfehlung aussprechen darf, würde ich mich auf jene
gesicherten, für die Klinik relevanten neueren Ergebnisse konzentrieren
und nicht das breite Spektrum anbieten, in dem es sich nur um Sekundärphänomene handelt. Ein klassisches Beispiel, das nicht gebracht wurde

und das vielleicht hier auch nicht hingehört, weil nicht klar ist, ob es überhaupt etwas mit Immunität zu tun hat, wären z. B. die Beziehungen zwischen Lungenemphysem und α_1-Antitrypsin-Mangel. Diese z. B. halte ich für pathophysiologisch und klinisch etabliert. Fast alles andere, was bisher zitiert wurde, sind Epiphänomene, von denen wir nicht wissen, ob sie in drei, vier oder fünf Jahren überhaupt noch eine Bedeutung haben.

Radioimmunoassay

H. Breuer, E. Nieschlag und L. Nocke-Finck

Durch die Einführung des Radioimmunoassay (RIA) in die klinische Diagnostik ist es erstmals möglich geworden, zahlreiche Hormone serienmäßig in Körperflüssigkeiten unter Bedingungen zu bestimmen, die sowohl dem Patienten als auch dem Laboratorium zumutbar sind. Mit Hilfe radioimmunologischer Methoden können heute neben den Hormonen auch viele andere Substanzen, die verschiedenen chemischen Klassen angehören, in biologischen Flüssigkeiten quantitativ erfaßt werden; eine Übersicht gibt Tab. 1.

Tab. 1. Auswahl von Substanzen (nach Gruppen), die mit radioimmunologischen Verfahren gemessen werden können.

Proteinhormone	Prostaglandine
Insulin Wachstumshormon (HGH) LH, FSH und TSH	cAMP
	Coenzyme und Vitamine
Peptidhormone	Arzneimittel
ACTH Vasopressin LH-Releasing-Hormon Gastrin	Herzglykoside Barbiturate Psychopharmaka Antibiotica Cytostatica
Steroidhormone	Tumorassoziierte Antigene
Corticosteroide Androgene Oestrogene	Australia-Antigen
Schilddrüsenhormone	Enzyme

Bevor auf methodische Einzelheiten eingegangen wird, soll zur Vermeidung von Mißverständnissen darauf hingewiesen werden, daß der RIA eine spezifische Form des Radioliganden-Assay ist. Unter diesem Begriff werden alle Bestimmungsmethoden zusammengefaßt, die auf der Konkurrenz der nachzuweisenden Substanz mit ihrer radioaktiv markierten Form um die Bindung an einen spezifischen Reaktor beruhen. Im Falle des RIA handelt es sich bei dem Reaktor um Antikörper. Neben dem RIA zählen die kompetitive Proteinbindungsmethode (Reaktor: spezifisches Plasmaprotein) und der Rezeptor-Assay (Reaktor: spezifisches Gewebsprotein) zu den Radioliganden-Assays.

Gewinnung von Antiseren

Substanzen mit höherem Molekulargewicht (MG > 1000) haben Antigencharakter, niedermolekulare Substanzen wirken dagegen nicht antigen (1). Erst durch Kupplung an Makromoleküle, wie z. B. Serumalbumin, Hämocyanin oder Polymere, können niedermolekulare Verbindungen (Steroide, Schilddrüsenhormone, Pharmaka) als Haptene immunogen werden. Zur Gewinnung von Antiseren eignen sich zahlreiche Immunisierungsverfahren, die im Prinzip bei allen Tierspecies angewandt werden können; praktisch beschränkt man sich jedoch auf wenige Tierarten. Dies geht aus Tab. 2 hervor, in der am Beispiel der Steroide die Häufigkeit der benutzten Versuchstiere und der Applikationsformen auf Grund einer Stichprobe (70 Veröffentlichungen) angegeben ist (2). Das mit Abstand am häufigsten zur Gewinnung von Antiseren benutzte Tier ist das Kaninchen, das am häufigsten benutzte Immunisierungsverfahren die wiederholte subcutane Applikation. Stehen nur geringe Mengen Antigen zur Verfügung, so empfiehlt sich die intradermale Injektion, die mit hoher Wahrscheinlichkeit zur Bildung von Antikörpern führt (3).

Die Zahl der determinanten Gruppen ist bei Proteohormonen (z. B. Insulin, Wachstumshormon) größer als bei niedermolekularen Substanzen (z. B. Steroide); deshalb sind Antiseren gegen Proteohormone im allgemeinen spezifischer als Antiseren gegen Steroidhormone. Die Spezifität eines Antiserums gegen niedermolekulare Verbindungen wird darüber hinaus wesentlich durch die Lokalisation der Konjugationsstelle bestimmt (Abb. 1 und 2). Wird Testosteron-3-oxim mit Albumin konjugiert und als Antigen injiziert, so entstehen Antikörper, deren Bindungsreaktion von Strukturunterschieden des zu bindenden Steroids am freien Ring D (z. B. 17 β-Hydroxygruppe oder 17-Oxogruppe) abhängig ist. Wird dagegen bei der Kupplung und Antikörpergewinnung von Testosteron-17-Hemisuccinat ausgegangen, so ergeben sich vielfältige Kreuzreaktionen der gewonnenen Antikörper mit Verbindungen derselben Strukturen am Ring A des Steroidmoleküls (Δ^4-3-Oxogruppen).

Tab. 2. Häufigkeit der benutzten Versuchstiere und der
Applikationsformen bei der Gewinnung von Antiseren
gegen Steroide. Die prozentualen Angaben beruhen auf
einer Stichprobe von 70 Veröffentlichungen (NIESCHLAG
und WICKINGS (2))

Benutzte Tierart	Häufigkeit in %
Kaninchen	72
Schaf	18
Ziege	8
Meerschweinchen	2
Applikationsform	**Häufigkeit in %**
Mit wiederholter Injektion	
Subcutan	46
Intramuskulär	17
Intradermal	6
Subcutan + intradermal	6
In die Pfoten + subcutan	8
Intramuskulär + subcutan	3
Ohne wiederholte Injektion	
Intradermal	14

Markierung mit Isotopen

Die radioaktiven Verbindungen, die für die Durchführung des RIA benötigt
werden, sollten eine möglichst hohe spezifische Aktivität besitzen, um den
eigentlichen Meßvorgang effizient zu gestalten. Bei den Proteohormonen
hat sich ^{125}Jod bisher als bestes Isotop für diesen Zweck erwiesen. Die
Markierung mit Jod (γ-Strahler) führt zu einer chemischen Veränderung
des Proteohormons; die Jodmarkierung läßt sich entweder mit der Chlor-
amin-T-Methode (6) oder durch enzymatische Katalyse (Lactoperoxydase)
(7, 8) erreichen. Bei der enzymatischen Methode bleibt die biologische
Aktivität des markierten Proteins weitgehend erhalten; dadurch wird die
Zuverlässigkeit des jeweiligen RIA etwas verbessert. Die enzymatische
Markierung hat - trotz erkennbarer Vorteile - noch keine größere Verbreitung gefunden.

Zur Markierung von Steroidhormonen stehen grundsätzlich mehrere Isotope zur Verfügung; allerdings ergeben sich für Routinebestimmungen
größere Einschränkungen, die zum Teil durch zu geringe spezifische Aktivitäten der radioaktiven Verbindungen (z.B. Markierung mit ^{14}C), zum

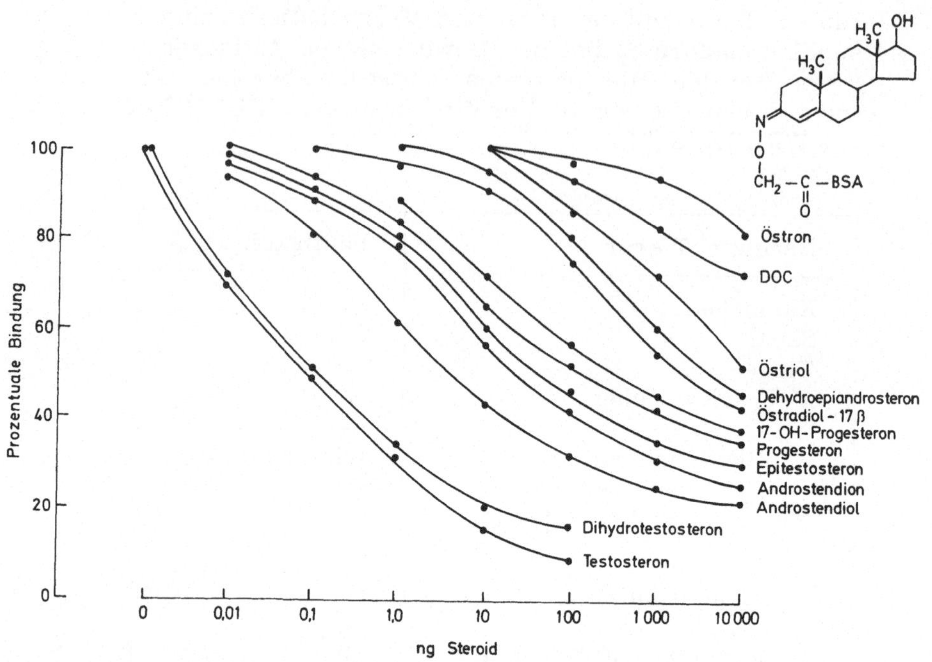

Abb. 1. Prozentuale Bindung verschiedener Steroide an ein Antiserum gegen Testosteron-3-oxim-Albumin-Konjugat. BSA = Bovines (Rinder-) Serumalbumin (NIESCHLAG und LORIAUX (4)).

Teil aber auch durch die Notwendigkeit aufwendiger Meßsysteme bedingt sind. Da die Messung von β-Strahlern kostspieliger ist als diejenige von γ-Strahlern, besteht die Tendenz, die zur Zeit fast ausschließlich benutzten tritiierten Steroide durch jodierte (^{125}J) oder selenierte (^{75}Se) Verbindungen zu ersetzen. Selen hat einen kleineren Atomradius als Jod und wäre demnach - zumindest aufgrund theoretischer Überlegungen - zu bevorzugen. In der Tat ist inzwischen ein Verfahren zur Selenierung von Cortisol, Testosteron und Aldosteron beschrieben worden (9).

Referenzpräparationen

Ein wesentlicher Unterschied zwischen den radioimmunologischen Bestimmungen für Steroide, Schilddrüsenhormone und Pharmaka einerseits und denjenigen für zahlreiche Proteine (wie z. B. Gonadotropine) andererseits liegt in der Wahl des eingesetzten Standards. Während für die niedermolekularen Substanzen synthetische (und damit gut definierbare) Präparationen mit genauer Massenangabe kommerziell erhältlich sind, müssen für

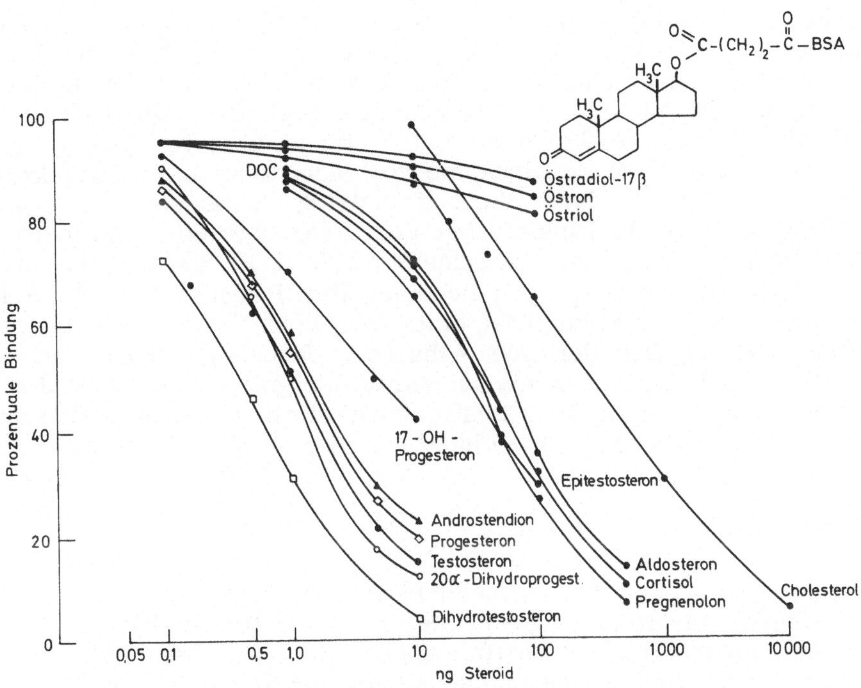

Abb. 2. Prozentuale Bindung verschiedener Steroide an ein
Antiserum gegen Testosteron-17-hemisuccinat-Albumin-
Konjugat. BSA = Bovines (Rinder-) Serumalbumin. (NISWENDER
und MIDGLEY (5)).

Gonadotropine sogenannte Referenzpräparationen verwandt werden; diese
können jedoch nur in relativen Meßgrößen erfaßt werden. Man unterscheidet internationale Standards, Referenzpräparationen sowie laborinterne
Standards, die man aus einem Mischplasma gewinnen kann.

Wenn das Meßergebnis nicht in absoluter Masse ausgedrückt werden kann,
sondern als Einheit - bezogen auf eine Referenzpräparation - angegeben
wird, so muß nachgewiesen sein, daß die zu messenden Substanzen und
die Referenzpräparation immunchemisch identisch sind. Diese immunche-
mische Identität zeigt sich in der Parallelität der Dosis-Wirkungskurven.

Aufarbeitung des biologischen Materials

Proteohormone können im allgemeinen direkt in einer Plasmaprobe bestimmt werden; anders verhält es sich bei den Steroiden. Hier ist eine
Extraktion vonnöten, um das nachzuweisende Steroid von kreuzreagierenden Verbindungen und Plasmaproteinen mit Bindungseigenschaften zu

trennen. Zur weiteren Reinigung der nachzuweisenden Steroide sind chromatographische Verfahren erforderlich; diese umfassen die Dünnschicht-, Säulen- und Papierchromatographie (vgl. Tab. 3). Zwar werden immer wieder chromatographiefreie RIAs beschrieben (vgl. Tab. 3), doch scheinen die damit gewonnenen Werte nur unter standardisierten Bedingungen (z. B. Normalpersonen, keine Einnahme von Medikamenten) aussagekräftige Werte zu liefern. Bedingt durch die begrenzte Spezifität der Antiseren werden mit den chromatographiefreien Verfahren eher Steroidgruppen (z. B. 17β-Hydroxysteroide) als einzelne Steroide (z. B. Testosteron) erfaßt. Allerdings stellt die Chromatographie einen limitierenden Faktor im Hinblick auf Kosten und Praktikabilität eines Verfahrens dar; dies geht beispielhaft aus den Angaben der Tab. 4 hervor. Unabhängig von diesen Überlegungen sollte auch hier noch einmal darauf hingewiesen werden, daß bei dem heutigen Stand der Analytik Bestimmungen mit einer unspezifischen Methode schlechter sind als gar keine.

Tab. 3. Häufigkeit der verschiedenen chromatographischen Verfahren zur Reinigung von Steroiden vor Durchführung radioimmunologischer Bestimmungen. Zum Vergleich ist auch die Häufigkeit chromatographiefreier Verfahren angegeben. Die prozentualen Angaben beruhen auf einer Stichprobe von 70 Veröffentlichungen (NIESCHLAG und WICKINGS (2)).

Chromatographische Verfahren	Häufigkeit in %
Dünnschichtchromatographie	
Silicagel	17
Aluminiumoxid	3
Säulenchromatographie	
Sephadex-LH 20	13
Celit	10
Aluminiumoxid	5
Papierchromatographie	13
Keine Chromatographie	39

Tab. 4. Einfluß eines chromatographischen Reinigungsschrittes auf die Praktikabilität und Kosten des RIA am Beispiel von Testosteron. Die Kosten beinhalten Verbrauchsmaterial, Personalkosten und Geräte.

	Ohne	Mit
	Dünnschichtchromatographie	
Praktikabilität		
Proben pro technische Assistentin pro Woche	100	44
Kosten einer einzelnen Plasmaanalyse (in DM)	7, -	17, -

Inkubationsbedingungen

Während der Inkubation stellt sich das Bindungsgleichgewicht zwischen Antikörpern und Antigenen ein; dieser Vorgang ist ebenso wie die Dissoziation des entstehenden Komplexes temperaturabhängig. Um die Dissoziation möglichst gering zu halten, ist eine Inkubation bei 4° notwendig. Selbstverständlich sind bei 4° längere Inkubationszeiten als z. B. bei 37° erforderlich. Dieser Nachteil kann durch die Kombination einer Vorinkubation bei 37° und einer anschließenden Inkubation bei 4° umgangen werden. Besonders bei übernommenen Arbeitsanleitungen (z. B. Kits) sollte von Fall zu Fall geprüft werden, ob die angegebene Temperatur und Inkubationsdauer eine optimale Reaktion zwischen Antikörper und nachzuweisender Verbindung (Antigen) ermöglichen.

Trennung

Ein weiterer entscheidender Schritt beim RIA ist die Trennung der antikörpergebundenen von der freien nachzuweisenden Substanz; dies gilt im Hinblick auf Zuverlässigkeit, Praktikabilität und Kosten der Methode. Unabhängig von dem jeweiligen Verfahren ist fast immer eine Zentrifugation für die Trennung erforderlich; dadurch wird eine Mechanisierung des RIA deutlich erschwert.

Wie aus Tabelle 5 hervorgeht, basiert bei der radioimmunologischen Bestimmung von Steroiden das am häufigsten benutzte Trennverfahren auf der Verwendung von dextranbeschichteter Kohle. Obwohl weit verbreitet, hat dieses Verfahren den Nachteil, daß die Kohle zu einer Dissoziation des Antigen-Antikörper-Komplexes führen kann; daraus ergibt sich eine Zeitabhängigkeit der Reaktion, die ihrerseits zur Folge hat, daß nur eine

Tab. 5. Häufigkeit verschiedener Methoden zur Trennung der antikörpergebundenen von den freien Steroiden. Die prozentualen Angaben beruhen auf einer Stichprobe von 70 Veröffentlichungen (NIESCHLAG und WICKINGS (2)).

Methode	Häufigkeit in %
Adsorption der freien Steroide	
Dextranbeschichtete Kohle	64
Hämoglobinbeschichtete Kohle	2
Florisil	2
Fällung der proteingebundenen Steroide	
Ammoniumsulfat	16
Immunologische Präcipitation	
Doppel-Antikörper	5
Festphase	
Antikörperbeschichtete Röhrchen	3
Antikörper an Kunststoffpartikeln	6
Toluol-Extraktion der freien Fraktion	2

begrenzte Zahl von Proben pro Zeiteinheit bearbeitet werden kann. Eine Steigerung der Analysenzahl läßt sich erreichen, wenn zeitunabhängige Trennverfahren eingesetzt werden. Hier sind chemische Verfahren, z. B. die Fällung mit Ammoniumsulfat, und immunologische Methoden zu nennen. Die immunologische Präcipitation mit einem zweiten Antikörper wird vorwiegend beim RIA von Proteinen verwandt. Die Vorteile immunologischer Trennverfahren beruhen nicht nur auf der weitgehenden Zeitunabhängigkeit, sondern auch auf der Fällung der Antikörper und damit auch der antikörpergebundenen Substanzen. Daher ist diesem Verfahren bei der Entwicklung einer neuen radioimmunologischen Methode der Vorzug zu geben.

Eine elegante Weiterentwicklung des immunologischen Trennverfahrens stellt die Doppel-Antikörper-Festphasentechnik (DASP = Double Antibody Solid Phase) dar (10). Dabei ist der zweite Antikörper, der zur Fällung der an den ersten Antikörper gebundenen Substanz dient, an größere Kohlenhydratpartikel gekuppelt; der sich bildende Komplex kann aus der Suspension durch Zentrifugation leicht abgetrennt werden. Ein anderes Verfahren, dem das Prinzip der Radioimmunoabsorption zugrunde liegt, findet zunehmende Verbreitung (RIST = Radioimmunosorbent Technique) (11). Hier wird der erste spezifische Antikörper an Sepharose-Partikel gebunden; nach Abschluß der Reaktion zwischen Antikörper und Antigen (nachzuweisender Verbindung) wird eine Trennung durch einfache Zentrifugation erreicht (Abb. 3). Diese Technik wird sowohl bei der Bestimmung von Hormonen als auch in Form des sog. Radioallergosorbent-Tests (RAST = Radioallergosorbent Test) beim Nachweis allergenspezifischer Immunglobuline (IgE) eingesetzt (12). Die letztgenannte Methode hat zu einer wesentlichen Verbesserung der Allergiediagnostik geführt.

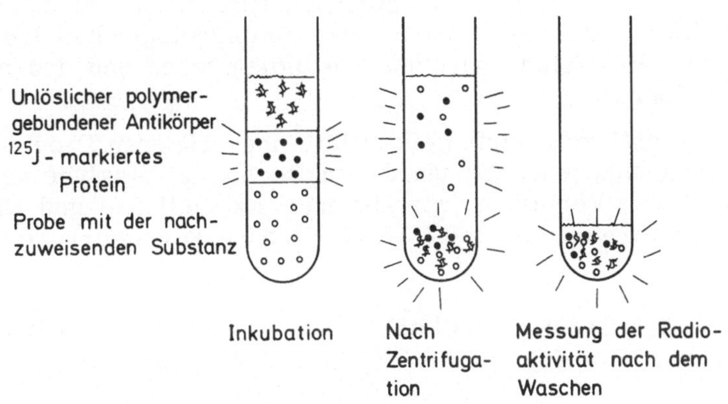

Abb. 3. Prinzip der Radioimmunosorbent-Technik (RIST) (nach WIDE (11)).

Auswertungsverfahren

Von mehreren Möglichkeiten der Auswertung radioimmunologischer Messungen hat sich die Logit-Log-Transformation bisher am meisten durchgesetzt. Dieses Verfahren führt zu einer Linearisierung der S-förmigen Standardkurven, wie sie bei normaler Auftragung der prozentualen Bindung gegen die Substanzmengen erhalten wird; es läßt sich sowohl graphisch als auch mit Hilfe eines Rechners durchführen. Entsprechende Programme können bereits kommerziell erworben werden. Da die Rechenzeit nur einen Bruchteil der Zählzeit beträgt, empfiehlt es sich nicht, on-line zu arbeiten, weil dann der Rechner unnötig lange blockiert wird.

Zuverlässigkeitskriterien

Die Spezifität einer radioimmunologischen Methode ist von der Spezifität des Antikörpers und dem Wirkungsgrad der Reinigungschritte abhängig. Besonders bei der Bestimmung von Proteohormonen ist der Spezifitätsbeweis schwierig zu führen. Dagegen kann die Spezifität von RIA für niedermolekulare Verbindungen, wie z. B. für Steroide, durch physikalisch-chemische Methoden, insbesondere durch Gaschromatographie/Massenspektrometrie oder Fragmentographie, überprüft werden.

Im Hinblick auf die derzeitige Diskussion über die Spezifität analytischer Verfahren sei darauf hingewiesen, daß der RIA als Referenzmethode nicht geeignet ist.

Die in der Literatur angegebenen Werte für die Präzision (ausgedrückt als Variationskoeffizient) liegen bei Serienbestimmungen (intraassay precision) um 15%. Damit bewegen sich die radioimmunologischen Methoden hinsichtlich ihrer Präzision zwischen den biologischen und den physikalisch-chemischen Verfahren.

Die Frage der Richtigkeit wirft beim RIA keine größeren Probleme auf. Durch Zusatz von endogenen Standards zu Beginn der Analyse kann auch bei unterschiedlichen Verlusten, wie sie nach Extraktionen und Reinigungsschritten häufig auftreten, auf 100% Wiederfindung korrigiert werden.

Tab. 6. Vergleich der Empfindlichkeit verschiedener Methoden zur Bestimmung von Steroiden (NIESCHLAG und WICKINGS (2)).

Methode	Bereich der Empfindlichkeit (ng)
Biologische Verfahren	100 - 10 000
UV-Absorption und Spektrophotometrie	100 - 2 000
Fluorescenz-Verfahren	5 - 50
Doppelisotopen-Verdünnungsverfahren	0,5 - 10
Gaschromatographie	
Flammenionisationsdetektor	5 - 20
Elektroneneinfangdetektor	0,05 - 1,0
Radioliganden-Methode	
Kompetitive Proteinbindung	1 - 10
Receptor-Assay	0,01 - 0,1
Radioimmunoassay	0,005 - 0,1

Auf die hohe Empfindlichkeit des RIA soll besonders hingewiesen werden. Sie wird zur Zeit von keinem anderen praktikablen Verfahren übertroffen. Am Beispiel der Steroide ist in Tab. 6 die Empfindlichkeit des RIA im Vergleich zu biologischen und physikalisch-chemischen Verfahren dargestellt; durch den RIA konnte die Empfindlichkeit gegenüber den ersten physikalisch-chemischen Verfahren um mehr als das Zehntausendfache gesteigert werden.

Möglichkeiten der Mechanisierung

Die teilweise oder vollständige Mechanisierung des RIA ist ein vorwiegend technisches Problem, dessen Lösung durch die Industrie sich an den Wünschen und Notwendigkeiten des Laboratoriums orientieren muß. Es gibt bereits mehrere Systeme, über deren Praktikabilität und Zuverlässigkeit allerdings noch nicht genügend Erfahrungen vorliegen. Obwohl aufgrund theoretischer Überlegungen das Baukastenprinzip Vorteile bieten sollte, dürften sich in der Praxis zunächst vorwiegend kompakte Systeme durchsetzen.

Durch eine Teil- oder Vollmechanisierung kann unter gegebenen Umständen (a) eine Erhöhung der Probenfrequenz, (b) eine bessere Präzision, (c) eine Vermeidung von Verwechslungen und (d) eine Entlastung des Personals erreicht werden. Probleme dürften sich hinsichtlich der Probenvorbereitung, sofern eine solche erforderlich ist, sowie bei der Trennung der antikörper-gebundenen von der freien Substanz ergeben.

Störfaktoren

Im Gegensatz zu einer weitverbreiteten Meinung ist ein RIA, auch wenn er konfektioniert geliefert wird, nicht narrensicher. Mit einer besonders großen Störanfälligkeit muß in solchen Laboratorien gerechnet werden, die über keine eigenen methodischen Erfahrungen im Aufbau von RIAs verfügen und die sich - in Unkenntnis der Probleme, die jedem einzelnen Schritt und der Methode selbst zugrunde liegen - kommerzieller Kits (Reagentiensätze) bedienen.

Notwendige Voraussetzungen und Randkriterien

Wenngleich die hier abzuhandelnden Probleme nicht spezifisch für den RIA sind, werden sie doch besonders aktuell, weil radioimmunologische Bestimmungen in großer Zahl durchgeführt werden. Fragen der Probengewinnung, der Lagerung und des Versandes müssen für die zu bestimmende Substanz jeweils geprüft werden. Als Beispiele seien ACTH und Testosteron erwähnt, von denen das erstere sehr temperaturempfindlich ist; entsprechende Plasmaproben müssen also sofort eingefroren werden. Testosteron ist dagegen auch in Blut- und Plasmaproben, die bei Zimmertemperatur aufbewahrt werden, über längere Zeit stabil. Durch die unterschiedliche Stabilität der verschiedenen Verbindungen ist die Versendbarkeit von Proben an zentrale Laboratorien limitiert und im Einzelfall zu prüfen. Wegen möglicher Störungen der Bestimmung sind unbedingt Angaben über eingenommene Medikamente erforderlich.

Tab. 7. Wirkung verschiedener Einflüsse auf die
Testosteron-Konzentration im Blut des Menschen

<table>
<tr><td><u>Physiologische Einflüsse</u></td></tr>
<tr><td>Tagesrhythmus
Monatsrhythmus
Jahresrhythmus
Alter
    Pubertät/Senescenz
Stress</td></tr>
<tr><td><u>Pathologische Einflüsse</u> (primär nicht endokrin)</td></tr>
<tr><td>Lebercirrhose
Niereninsuffizienz
Schwere Psychose
Operationen
Glucose-Belastung
Pharmaka
    z. B. Spironolacton; Marihuana</td></tr>
</table>

Für die Interpretation der Ergebnisse ist auch die Kenntnis der biologischen Randkriterien notwendig. Hierzu zählen Geschlechts- und Altersabhängigkeiten, Tagesschwankungen, episodische Schwankungen, Körperlage, psychischer und physischer Allgemeinzustand. Am Beispiel des männlichen Keimdrüsenhormons im Blut sei auf die Bedeutung der genannten Faktoren hingewiesen (Tab. 7). Darüber hinaus müssen Wechselwirkungen zwischen verschiedenen Krankheiten berücksichtigt werden. Von wesentlicher Bedeutung sind in diesem Zusammenhang Leber- und Nierenleiden sowie Tumorerkrankungen.

<u>Personelle, technische und apparative Voraussetzungen</u>

Die Durchführung von RIAs erfordert qualifiziertes technisches Personal. Assistentinnen, die diese Voraussetzungen mitbringen, werden aber leicht durch die Eintönigkeit radioimmunologischer Methoden, die infolge der Wiederholung gleicher Arbeitsschritte bei der Durchführung großer Analysenserien entsteht, unzufrieden. Hier könnten teilmechanisierte Analysensysteme Abhilfe schaffen, die zumindest den Assistentinnen eine anspruchsvollere und weniger monotone Arbeit vermitteln.

Im Rahmen radioimmunologischer Bestimmungen beansprucht das Zähl-
system die höchsten Investitionskosten. γ-Strahlungsmeßgeräte sind stets
billiger als Flüssigkeitsszintillationszähler; letztere sind außerdem auch
im Verbrauch teurer, da die Probe in eine kostspielige Szintillator-Lösung
eingebracht werden muß.

Als weiterer technischer Schritt muß bei den meisten RIAs zur Trennung
von antikörpergebundener und freier Substanz eine Zentrifugation bei konstant niedriger Temperatur durchgeführt werden, so daß eine Kühlzentri-
fuge notwendig ist; darüber hinaus sind keine größeren Geräte erforderlich.
Wenn diese Grundausrüstung (Zähler und Zentrifuge) einmal in einem Laboratorium vorhanden ist, können dort die verschiedensten Substanzen mit
Hilfe radioimmunologischer Methoden bestimmt werden.

Ausblick

Der RIA hat heute in weite Bereiche der klinisch-chemischen Diagnostik
Eingang gefunden. Bei der Anwendung treten häufig methodische Probleme
auf, die sich sowohl aus der Natur der nachzuweisenden Substanz als auch
aus der Methode selbst ergeben. Diese Überlegung ist beim Einsatz des
RIA im Rahmen der Präventivmedizin besonders zu beachten. Die noch
vorhandenen und auf diesem Symposium zu diskutierenden Probleme sollten jedoch nicht darüber hinwegtäuschen, daß die wissenschaftliche Entwicklung des RIA im wesentlichen abgeschlossen ist.

Somit stellt sich zum Schluß die Frage, welche Verfahren der immunologischen Diagnostik in den nächsten Jahren das Interesse auf sich lenken
könnten. Von den neueren Entwicklungen scheint der Enzymimmunoassay
vielversprechend; hier wird die Isotopenmarkierung durch die Messung
einer Enzymaktivität ersetzt. Die Reaktion zwischen dem Antikörper und
dem enzymmarkierten Hormon kann einerseits in räumlicher Entfernung
vom aktiven Zentrum des Enzyms (z.B. bei der alkalischen Phosphatase)
erfolgen; in diesem Falle ist - wie beim klassischen RIA - eine Trennung
des antikörpergebundenen vom freien Hormon notwendig (13). Andererseits
kann die Reaktion in unmittelbarer Nähe des aktiven Zentrums des Enzyms stattfinden; dann ist eine Trennung nicht erforderlich (14). Da die
Endpunktbestimmung bei dieser Methodik auf einer spektrophotometrischen
Messung beruht, könnten Enzymimmunoassays in alle klinisch-chemischen
Laboratorien Eingang finden, die sich aufwendige Strahlungsmeßgeräte für
den RIA nicht leisten können. Die auf spin label basierende Technik
(FRAT = Free Radical Assay Technique) (vgl. 15) wird wegen des hohen ap-
parativen Aufwandes kaum eine größere Verbreitung in Rountinelaborato-
rien finden. Im übrigen sind Empfindlichkeit und Spezifität von Enzymimmunoassays und FRAT nicht größer als die des RIA, da alle Verfahren
mit den gleichen Antiseren arbeiten. Eine Steigerung der Empfindlichkeit
- speziell zum Nachweis von Proteohormonen - kann erst durch cyto-
chemische Verfahren (16), die allerdings unhandlich sind, erreicht werden.
Somit dürfte der Radioimmunoassay - trotz gewisser Einschränkungen -
in den nächsten Jahren unter den immunologischen Verfahren eine hervor-
ragende Stelle einnehmen.

Literatur

1. VAN OSS, C.J.: In: ROSE, N.R., MILGROM, F., and VAN OSS, C.J. (Eds.), Principles of immunology. New York: Mac Millan 1973, S. 11.

2. NIESCHLAG, E., und WICKINGS, I.J.: Z. Klin. Chem. Klin. Biochem., im Druck.

3. VAITUKAITIS, J., ROBBINS, J.B., NIESCHLAG, E., and ROSS, G.T.: J. Clin. Endocr. 33, 988 (1971).

4. NIESCHLAG, E., und LORIAUX, D.L.: Z. Klin. Chem. Klin. Biochem. 10, 164 (1972).

5. NISWENDER, G.D., and MIDGLEY, A.R.: In: PÉRON, F.G., and CALDWELL, B.V. (Eds.), Immunologic methods in steroid determination. New York: Appleton-Century-Crofts 1970.

6. GREENWOOD, F.C., HUNTER, W.M., and GLOVER, J.S.: Biochem. J. 89, 114 (1963).

7. THORELL, J.I., and JOHANNSON, B.G.: Biochim. Biophys. Acta 251, 363 (1971).

8. MYIACHI, Y., VAITUKAITIS, J., NIESCHLAG, E., and LIPSETT, M.B.: J. Clin. Endocr. 34, 23 (1972).

9. CHAMBERS, V.E.M., TUDOR, R., and RILEY, A.L.M.: J. Steroid Biochem. 5, 298 (1974).

10. HOLLANDER, F.C., SCHUURS, A.H.W.M., and HELL, H. van: J. Immunol. Methods 1, 247 (1972).

11. WIDE, L.: Acta Endocr. Suppl. 142, 207 (1970).

12. WIDE, L.: Clin. Allergy 3, Suppl., 583 (1973).

13. WEEMAN, B.K. van, and SCHUURS, A.H.W.M.: FEBS Letters 15, 232 (1971).

14. RUBENSTEIN, K.E., SCHNEIDER, R.S., and ULLMAN, E.F.: Biochem. Biophys. Res. Comm. 47, 846 (1972).

15. DUBOWSKI, K.: Ann. Clin. Lab. Sci. 1, 199 (1971).

16. CHAYEN, J.: Clin. Endocr. 3, 303 (1974).

SCHLEBUSCH:
Herr LANG hat in seinen Einführungsworten gesagt, beim letzten Mal sei
hier vielleicht etwas vermißt worden: Bemühungen um eine Standardisierung klinisch-chemischer Bestimmungen. Herr BREUER hat darauf hingewiesen, wie schwierig das für die Radioimmunoassays ist, weil es entweder
keine definierten Standards gibt oder weil jedes Haus seinen privaten
Standard verwendet. Welche Vorschläge könnten gemacht werden, um wenigstens in diesem Kreise eine Standardisierung einzuleiten?

BREUER:
Soviel mir bekannt ist, gibt es bei einigen Substanzen bereits Bemühungen
zur Standardisierung und im Rahmen einer sogenannten externen Qualitätskontrolle entsprechende Voruntersuchungen. Dies bezieht sich nach meinem
Wissen auf Renin, und - wenn ich recht informiert bin - auf Insulin. Ich
glaube aber, daß eine externe und auch eine interne Qualitätskontrolle auf
dem Gebiet des Radioimmunoassay in einem größeren Rahmen deswegen
auf Schwierigkeiten stößt, weil die Methoden noch nicht in dem Umfange
standardisiert sind, wie es notwendig wäre. Wenn man also einen Versuch
zur externen Qualitätskontrolle startet, muß man sicher sein, daß die
Teilnehmer weitestgehend gleiche oder vergleichbare Methoden benutzen.

Das wird sicher ein wesentliches technisches Anliegen in den nächsten
Jahren sein, und das Bundesministerium für Forschung und Technologie
wird im Rahmen eines technologischen Programms für die Medizin die
Qualitätskontrolle und die Standardisierung für radioimmunologische Methoden erheblich fördern.

PFLEIDERER:
Ich habe eine Frage und eine Anregung bezüglich der Spezifität der Markierung und der darauf beruhenden Genauigkeit und Standardisierung. Ich
darf vielleicht kurz ausführen, daß wir uns auf die spezifische Blockierung
oder Einführung nichtradioaktiver oder radioaktiver Gruppen in ein Protein
spezialisiert haben. Auf der anderen Seite haben wir die quantitative Reaktion zwischen modifiziertem Antigen und Antikörper perfektioniert, so daß
wir sehen können, ob in einem Enzym die Einführung einer kleinen Gruppe
eine Konformations-Änderung herbeiführt oder nicht. Der Antikörper erkennt das sofort auf Grund einer veränderten Präcipitationsfläche in der
LAURELL-Technik. Ich war letzte Woche in Höchst und habe mit den
Herren über den Insulin-Immunoassay gesprochen. Man hat meine Befürch-

tung bestätigt, daß noch nicht einmal genau identifiziert ist, was bei der
Jodmarkierung von Insulin passiert, ob ein oder zwei Atome Jod usw.
gebunden werden. Damit steht und fällt die Antigen-Antikörper-Reaktion.
Das Jod ist für uns Chemiker ein derart riesiges Molekül, daß es ganz
sicher, wenn es in der Nähe einer Determinanten ist, großen Einfluß auf
die Wechselwirkung zwischen dem Antikörper und dem Antigen hat. Das
heißt, Sie müßten bei der Standardisierung sowohl von einem einheitlichen,
markierten Antigen ausgehen als auch von einem gegen dieses gewonnener
Antikörper. Wenn Sie also mit einem unspezifisch nach einem "Eintopf-
verfahren", wie man das in der Chemie nennt, markierten Insulin und
einem auf irgendwelche Weise gewonnenen Antikörper versuchen zu standardisieren, ist das problematisch. Wir wären - um nur ein Beispiel zu
nennen - imstande, ganz spezifisch in die ε-Aminogruppe des Lysins - es
kommt beim Insulin ja nur ein Lysin vor - eine einzige Gruppe einzufüh-
ren. Damit würde ich glauben, Ihnen ein Standardpräparat in die Hand
geben zu können, mit dem Sie generell arbeiten können. Es ist also die
Frage, ob der Biochemiker Ihnen nicht behilflich sein kann mit der gezielten Einführung einer oder weniger, aber definierter Gruppen, die vielleicht
nicht eine so hohe Radioaktivität haben, dafür aber eine höhere Spezifität.
Ich könnte mir vorstellen, daß das ein echter Fortschritt für die Standardisierung wäre.

BREUER:
Ich möchte diese Frage eindeutig mit Ja beantworten. Wenn der Protein-
Chemiker in der Lage ist, uns ein definiert markiertes Peptid oder Proteohormon in die Hand zu geben, dann wäre damit die gleiche Voraussetzung
erfüllt wie bei den niedermolekularen Substanzen, wo wir eine definierte
Markierung vornehmen können. Ich sagte ja in meinem Vortrag, daß die
große Schwierigkeit beim Nachweis der Peptid- und Proteohormone ist,
daß man einfach keine definierten Standardpräparate in der Hand hat.
Ihren Worten entnehme ich, daß Sie uns ein definiertes Standardpräparat
geben können. Ich bin sicher, daß die Insulin-Bestimmer Ihnen ein solches
Präparat aus der Hand reißen werden.

VETTER:
Herr BREUER sagt, daß nach seiner Meinung ein Radioimmunoassay als
Referenzmethode nicht in Frage kommt. Ich glaube, das ist ein wichtiger
Punkt, denn aus einem seiner Dias ging hervor, daß schon zwischen einzelnen radioimmunologischen und nicht radioimmunologischen Methoden
ein 10 000facher Unterschied in der Sensitivität besteht. Wenn man jetzt
die Zusammenhänge zwischen Vergleich von Werten und ihrer Abhängigkeit auch von der Sensitivität des jeweiligen Systems kennt, so liegt ja
schon darin der erste Punkt der Schwierigkeiten. Der zweite Punkt besteht
darin, daß auch die einzelnen Radioimmunoassays für eine gegebene Substanz sich bis zum Faktor 10 oder 15 in der Sensitivität unterscheiden
können.

BREUER:
Ich möchte zunächst etwas bezüglich der Spezifität sagen: Zu der Frage,
ob ein Radioimmunoassay überhaupt eine Referenzmethode werden kann,

darf ich kurz definieren: Eine Referenzmethode - ich habe das Wort nur deswegen hier gebraucht, weil ich den Begriff der "definitiven Methode" vermeiden wollte, denn bisher war die Referenzmethode das Höchste in der Hierarchie der Methoden überhaupt - eine Referenzmethode also ist ein Analysenverfahren mit vernachlässigbar kleinen Abweichungen der Ergebnisse vom "wahren Wert". In jedem einzelnen Falle muß bei einer Radioimmunoassay-Methode nachgewiesen werden, daß in der Tat nur die behauptete Verbindung bestimmt wird. Das ist mit Hilfe eines immunologischen Präcipitationsverfahrens im Sinne einer eindeutigen chemischen Definition so gut wie nicht möglich. Erst dann, wenn es einen Antikörper mit absoluter Spezifität geben wird, dessen Reaktion mit der nachzuweisenden Substanz durch keine andere Substanz gestört wird, also Interferenzen ausgeschlossen sind, würde ich aufgrund logischer Überlegung sagen, dieses könnte eine Referenzmethode sein. Sie haben eines meiner Dias zitiert; dieses hat aber die Empfindlichkeit gebracht, und nicht alle Methoden, die auf diesem Dia waren, sind im Sinne der Definition Referenzmethoden. Zum Beispiel sind UV-Nachweis oder Fluoreszenzmethoden nicht notwendigerweise Referenzmethoden. Die Referenz- oder die definitive Methode setzt da ein, wo die nachzuweisende Verbindung chemisch einwandfrei identifiziert werden kann. Insofern ist der Zeitpunkt, Radioimmunoassays als Referenzmethoden einzusetzen, sicher noch nicht gekommen, es sei denn, daß diese absolute Spezifität durch physikalisch-chemische Methoden nachgewiesen worden ist.

NOCKE-FINCK:
In Ergänzung zu Herrn BREUER möchte ich noch sagen, es gibt inzwischen von der Industrie, und zwar von Lederle, Seren, in denen z.B. Wachstumshormon und Cortisol angegeben sind, und zwar im pathologischen Bereich und im Normbereich. Es werden mehrere Methoden angegeben, mit denen diese Werte ermittelt wurden. Wir arbeiten ja bisher alle mehr oder weniger mit Testseren, die wir selbst gepoolt haben.

TRAUTSCHOLD:
Ich möchte doch die Vorteile, auf die Herr PFLEIDERER uns mit seiner spezifisch markierten Substanz hoffen läßt, etwas einschränken. Sie haben hier ein Proteohormon, das selbst instabil ist; was nützt uns eine hochspezifische, lokalisierte und determinierbare Markierung, wenn die Halbwertszeit dieser Substanz von der Natur her begrenzt ist? Wenn Sie dann zusätzlich noch fordern, daß der Antikörper gegen diese markierte Substanz gewonnen werden muß, ist das eine Erschwernis unserer Praxis - vor allem, wenn man sie international als Einheitsmethode verwenden will -, daß man diese Methode so nicht durchführen kann. Es genügt, so glaube ich, eine saubere Markierung mit einer strikt angegebenen Haltbarkeit, um hier zu einer Basis zu kommen, die eine Vergleichbarkeit von Ergebnissen zuläßt. Deshalb weiß ich nicht, Herr BREUER, ob die Notwendigkeit der Vereinheitlichung von Testansätzen unbedingt das Primäre beim RIA ist, weil wir ja einen gewissen Teil der Methodenfehler durch den Vergleich mit einem vorgegebenen Standard-Antigen, das unter identischen Bedingungen gemessen wird, eliminieren.

BREUER:
Das kann aber doch eigentlich nicht für den Nachweis von Proteohormonen
gelten, Herr TRAUTSCHOLD, sondern ich finde, wir brauchen auch auf
diesem Gebiet definierte Standards, insbesondere dann, wenn diese wenigstens in einem überschaubaren Bereich stabil sind.

DWENGER:
Zu den Standards und zu dem Vorschlag von Herrn PFLEIDERER möchte
ich sagen: Ich glaube, dieses Vorgehen ist gar nicht so wünschenswert,
weil es mit einem immensen Zeit- und Kostenaufwand verbunden ist, ein
markiertes höhermolekulares Antigen sauber zu reinigen. Wichtiger ist
es, das als Standard verwendete unmarkierte Antigen in reiner Form vorliegen zu haben, denn Prinzip, Theorie und Praxis der Methode zeigen,
daß das markierte Antigenmolekül, das durch den Markierungsprozeß mehr
oder weniger stark chemisch modifiziert worden ist, unabhängig hiervon
im Test verwendet werden kann. Es gibt ja genügend Tests für solche
Antigene, die per se nicht zu jodieren sind, z. B. Steroide oder herzwirk-
same Glykoside wie Digoxin, bei denen in der Regel zuerst in einer chemischen Reaktion ein Tyrosin-Rest angesetzt wird, der dann jodiert wird.
In diesen Fällen setzt man als markierte Antigene unter chemischen und
physikalischen Gesichtspunkten gravierend abgewandelte Verbindungen ein,
die aufgrund ihres immunologischen Verhaltens dennoch die Funktionalität
des Tests nicht beeinflussen.

PFLEIDERER:
Ich glaube, ich bin völlig mißverstanden worden. Wir denken vor allem an
die Präzision. Es ist ganz klar, daß Sie nie einen Standard für das natürliche Hormon finden, wenn Sie nicht wissen, ob Ihr jodmarkiertes
Insulin einfach, zweifach oder dreifach markiert ist. Sie bekommen jedesmal eine andere Substanz. Ich habe nur vom Insulin gesprochen. Überall
da, wo ich stabile Substanzen habe, muß es ein Vorteil sein, wenn Sie
nicht jedesmal sowohl ein verändertes Antiserum als auch einen veränderten Standard haben. Sie haben jedesmal, wenn Sie von der Industrie
ein jodiertes Insulin kaufen, nach meiner Ansicht ein neues Präparat.
Dann ist es in jedem Fall kein Nachteil, sondern ein Vorteil, wenn ich
einen definierten Standard anbieten kann, der immer gleich ist.

DWENGER:
Wenn Sie die Theorie betrachten, so machen Sie doch innerhalb einer
Bestimmung weiter nichts als eine Verdrängung, die das unmarkierte
Antigen hervorruft. Wenn Sie mit Sicherheit gewährleistet haben, daß Ihr
unmarkiertes Antigen als Standard und als Probe identisch sind, ist es
relativ gleichgültig, in welcher Form das markierte Antigen vorliegt,
denn der Verdrängungseffekt wird ja durch zwei identische Substanzen
hervorgerufen, einmal im Standard und einmal in der Probe.

PFLEIDERER:
Es ist nicht identisch: Das eine ist das natürliche und das andere das
modifizierte Hormon.

DWENGER:
Sie machen doch eine Eichkurve.

PFLEIDERER:
Das ist aber ein großer Aufwand. Wir können so standardisieren, daß wir
ein Vierteljahr lang unsere Antigene mit demselben Antiserum-Pool bestimmen.

NIESCHLAG:
Ich möchte noch einmal Herrn SCHLEBUSCHs einleitende Frage aufgreifen,
die Frage nach der Standardisierung und den Standards. Im Rahmen der
Diskussion wurde erwähnt, daß das BMFT Aktivitäten entfaltet, um einen
"nationalen Standard" für verschiedene Substanzen zu erstellen. Ob es je
dazu kommen wird, weiß ich nicht. Wir sollten uns aber vor Augen führen,
daß wir mit derartigen Bestrebungen wieder etwas am Rande des internationalen Geschehens liegen, denn die verschiedenen Bestrebungen zur
Standardisierung von Hormon-Assays werden bereits in einem speziellen
Gremium der WHO zusammengefaßt. In Kürze werden einige neue Standardpräparate von der WHO "auf den Markt" gebracht. Soweit mir nun bekannt
ist, gehört diesem WHO-Gremium kein deutscher Wissenschaftler an. Ob
wir uns dabei etwas abseits halten oder abseits gehalten werden, kann ich
nicht entscheiden. Ich habe aber den Eindruck, daß wir nicht versuchen
sollten, einen neuen Standard in die Welt zu setzen, sondern daß wir vielmehr versuchen sollten, Anschluß an die bestehenden internationalen Orga-
nisationen zu erhalten.

RICK:
Zur Frage der Standardisierung ist - und ich kann Herrn PFLEIDERER
nur beipflichten - vielleicht folgendes festzuhalten: Die Schwierigkeiten
bei der Standardisierung treten doch gerade dadurch auf, daß jeder verschiedene Eichkurven bekommt. Solange dies der Fall ist, sind die nach
diesen unterschiedlichen Eichkurven ermittelten Ergebnisse verschiedener
Untersucher nicht miteinander vergleichbar. Wenn man hier mit definierten
Proteinen arbeiten würde, käme man vielleicht der von uns formulierten
Diskussionsfrage etwas näher, die ich noch einmal stellen möchte: Trotz
aller Schwierigkeiten müssen ja der Antigen-Antikörper-Reaktion gewisse
chemische Gesetzmäßigkeiten - das Massenwirkungsgesetz - zugrunde liegen. Wenn das so ist, sollte es möglich sein, den Verlauf der Eichkurven
auf Grund dieser Gesetzmäßigkeiten zu beschreiben und dann zu Kriterien
zu kommen, die eine Beurteilung der Qualität von Analysenergebnissen
ermöglichen.

SCRIBA:
Das halte ich für einen sehr wichtigen Punkt, der noch allgemein diskutiert werden sollte. Man kann das Problem von zwei Seiten her sehen.
Man kann sagen, man möchte gerne bei einer Dosis-Wirkungs-Kurve wie
dem Radioimmunoassay eine mathematische Formel finden, die den Ablauf
der Dosis-Wirkungs-Kurve so genau und so richtig beschreibt, daß man
damit wirklich zufrieden sein kann. Das ist das, was dem Verfahren von
RODBARD, also dem Logit-Verfahren, zugrundeliegt und was mit anderen

Verfahren auch versucht worden ist. Das ist der eine gedankliche Impuls, an die Sache heranzugehen. Der andere ist der, daß man sagt, die Antigen-Antikörper-Reaktion ist nichts, was mit einem Massenwirkungsgesetz zu beschreiben ist, weil die Vorgänge, die hier ablaufen, viel zu komplex sind und man einen rechnerischen Trick finden muß, mit dem man den gegebenen Ablauf der Kurve nachrechnet und damit in ein Koordinatensystem hineinkommt und die Unbekannte auf diese Weise abliest. Das wäre der Ansatzpunkt des Verfahrens der Spline-Approximation. Das sind im Augenblick die beiden Verfahren, die im wesentlichen miteinander konkurrieren. Tab. 1 ist aus einer Arbeit von RODBARD, in der er die Voraussetzungen dafür zusammengestellt hat, daß man eine Radioimmunoassay-Kurve nach dem Logit-Verfahren linearisieren darf.

Tab. 1. Voraussetzungen für die Linearisierung einer RIA-Standardkurve mit Logit-Transformation (Aus: FELDMAN, H., and RODBARD, D.: Mathematical theory of radioimmunoassay. In: ODELL, W.D., and DAUGHADAY, W.H. (Eds.): Principles of competitive protein-binding assay, p. 158. Philadelphia-Toronto: J.B. Lippincott 1972).

(1) The antigen (or ligand) is present in homogeneous form, consisting of only one chemical species.

(2) The antibody (or binding protein) is present in only one homogeneous chemical form.

(3) Both antigen and antibody are univalent; that is, one antigen can react with one molecule of antibody, but no other combinations can occur.

(4) No allosteric or cooperative effects are present. That is, the antigen and antibody react according to the first-order mass action law (second-order chemical kinetics).

(5) Radioactively labeled and unlabeled antigen have the same physical-chemical properties (aside from the presence of the label on the former).

(6) The antigen and antibody react until equilibrium is reached.

(7) Bound and free forms of labeled antigen can be separated perfectly without perturbing equilibrium.

(8) The ratio of bound to free antigen or the ratio of bound to total antigen can be measured perfectly.

Wenn Sie die Punkte 1 - 8 durchgehen, dann ist es fast so, daß jede dieser Voraussetzungen beim normalen Radioimmunoassay eben nicht erfüllt ist. Das dürfte einer der Gründe dafür sein, daß es nicht immer, aber gelegentlich erhebliche Schwierigkeiten mit dem Logit-Verfahren gibt. Der einfachste Weg zu klären, was besser und was richtiger ist, ist wahrscheinlich der, daß man beide Verfahren in der Praxis ausprobiert und miteinander vergleicht und dann nachsieht, was herauskommt.

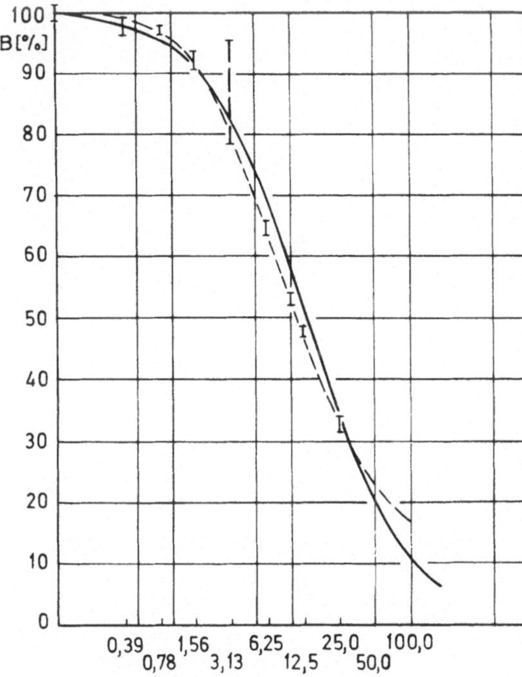

Abb. 1. Auswertung von Radio-immunoassays. Vergleich der Spline-Approximation mit der Logit-Transformation.

Abb. 1 zeigt gestrichelt und mit den angegebenen Standardabweichungen die Meßwerte eines Radioimmunoassays, der nach der Spline-Approximation ausgerechnet worden ist im Vergleich zu der ausgezogenen Kurve, die nach Logit berechnet worden ist. Solche Vergleiche sind von uns und auch von RODBARD durchgeführt worden. Man kann heute sagen, daß im Mittel die Kurven, die nach Logit berechnet sind, um 6% von dem abweichen, was die Spline-Approximation ergibt (HERNDL, R., and I. MARSCHNER: Acta endocr. (Kbh) Suppl. 193, 117 (1975)). 6% sind nicht viel, dies ist aber nur der Mittelwert. Einige Werte liegen darüber, und die Abweichung kommt insbesondere, wenn es gegen 10% oder 90% bound geht, in die Größenordnung von 30%. Wenn man es zusammenfassend sagt, wendet man beim Logit-Verfahren ein Verfahren an, bei dem allein der Rechenfehler beim Ausrechnen eines Radioimmunoassays in die Größenordnung kommt oder sogar größer ist als der eigentliche methodische Fehler.

Fazit von dem, was ich hier sagen wollte: es gibt bisher keine mathematische Formel, die das Geschehen beim Radioimmunoassay so erfaßt, daß man a) die Richtigkeit des Meßvorganges damit kontrollieren kann und b) günstig damit rechnen kann. Es empfiehlt sich, ein Verfahren wie das Spline-Approximationsverfahren einzusetzen, das die gegebenen Punkte der radioimmunologischen Kurve einfach nachrechnet und ohne zugrundegelegte mathematische Formel den Kurvenverlauf beschreibt.

Immunologische Bestimmung von Tumorantigenen

Moderator: H. MATTENHEIMER

Immunologische Bestimmung von Tumorantigenen

W. M. Gallmeier und U. Bruntsch

Noch vor wenigen Jahren schien das Ziel der klinischen Tumorimmunologie greifbar nahe: die Immundiagnose, Immunprophylaxe und Immuntherapie maligner Erkrankungen. Der Nachweis tumorspezifischer Antigene
in experimentellen Systemen (74), das Auftreten gegen sie gerichteter
spezifischer körpereigener Immunabwehrreaktionen und schließlich die
im Experiment erwiesene leichte Manipulierbarkeit dieser biologischen
Vorgänge ließen keinen Zweifel daran aufkommen, daß die Diagnose, Pro-
phylaxe und Therapie auf immunologischer Grundlage auch bei malignen
Erkrankungen des Menschen nur eine Frage der Zeit sei. Dies um so
mehr, als in den letzten Jahren bei fast allen untersuchten menschlichen
Tumoren das Vorkommen von Tumorantigenen und Tumorabwehrreaktionen
wahrscheinlich gemacht war (Tab. 1) (8, 9, 16, 29, 33, 35, 36, 37, 39,
40, 42, 49, 60, 61, 68, 69, 75, 86, 96, 97). Inzwischen wissen wir,
daß tumorspezifische Antigene nicht immer streng tumorspezifisch sind.
Man prägte daher den Ausdruck "tumorassoziierte Antigene". Die Unterschiede zwischen Tumorzellen und Normalzellen sind häufig nur quantitativer Natur.

Zu den Hauptproblemen für den klinischen Onkologen gehören die Frühdiagnose maligner Erkrankungen sowie der Nachweis von sogenannter
"Residual Disease", d. h. der nach Tumortherapie noch in geringer Zahl
vorhandenen, für die herkömmliche Diagnostik aber nicht mehr feststell-
baren, malignen Zellen. Hier sollen immunologische "Tumortests" besonders im Hinblick auf ihre Anwendbarkeit für die Frühdiagnose und die
klinische Verlaufsbeobachtung besprochen werden.

Von einem "Tumortest" wird gefordert:

Spezifität	-	geringe Rate falsch positiver Werte,
Sensitivität	-	geringe Rate falsch negativer Werte,
Praktikabilität	-	leichte, einfache und hinreichend schnelle Durchführ-barkeit mit reproduzierbaren Ergebnissen,
Kosteneffektivität	-	vertretbare Unkosten für die Einzeluntersuchung.

Tab. 1. Experimentelle Hinweise für tumorassoziierte
Antigene einiger menschlicher Tumoren.

Colon	GOLD u. FREEDMAN	1965
Ovar	LEVI et al.	1969
Bronchus	YACHI et al.	1968
Mamma	HELLSTRÖM	1971
Neuroblastom	HELLSTRÖM	1968
Blase	BUBENIK et al.	1970
Melanom	MORTON et al.	1968
	LEWIS et al.	1969
Lymphome	SMITH et al.	1968
	KLEIN et al.	1966
	BUFFÉ et al.	1970
	ORDER et al.	1971
	HENLE et al.	1966
Leukämie	HARRIS et al.	1971
	HALTERMAN et al.	1972
Sarkome	MORTON et al.	1969
	HELLSTRÖM	1971

VORAUSSETZUNGEN EINER DIAGNOSTIK AUF DER BASIS VON "TUMORANTIGENEN"

Die wissenschaftlichen Grundvoraussetzungen für einen immunologischen
Tumortest sind erst teilweise gegeben (Tab. 2).

1. Das wichtigste Kriterium ist das Vorhandensein spezifischer Proteine
("Tumorantigene", "tumorassoziierte Antigene") in oder auf den Zellen
maligner Tumoren, die qualitative, mindestens jedoch deutliche quantitative Unterschiede zwischen Tumor- und Normalzellen bedingen. Wir werden
sehen, daß qualitative Unterschiede, die für die Experimentaltumoren als
sicher gelten, bei menschlichen Tumoren mit Einführung empfindlicher
Bestimmungsmethoden immer seltener angetroffen werden. In den meisten
Fällen wurde der erwartete qualitative Unterschied von Tumor- und Normalgewebe auf einen lediglich quantitativen Unterschied reduziert. Wir
sprechen deshalb von "tumorassoziierten", nicht mehr von "tumorspezifi-
schen" Antigenen.

2. Tumorassoziierte Antigene dürfen, sollen sie als Grundlage einer
Tumordiagnose auf immunologischer Basis dienen, nicht individualspezifisch sein. Aus der tierexperimentellen Forschung ist bekannt, daß Tumoren, selbst wenn sie vom gleichen Carcinogen im gleichen Tier erzeugt
worden sind, von Tumor zu Tumor individuell unterschiedliche Tumorantigene tragen. Für den Menschen scheint allerdings festzustehen, daß eine
gewisse Gruppenspezifität für die bisher beschriebenen "Tumorantigene"
vorliegt, d.h. eine Kreuzreaktivität beispielsweise zwischen "Tumorantigenen" von Melanomen, Mammacarcinomen, Osteosarkomen u.ä. (37, 69).

Tab. 2. Voraussetzungen einer Diagnostik auf der Basis von
"Tumorantigenen".

---

1. Spezifische Proteine ("Tumorantigene", "tumorassoziierte" Antigene) in Tumoren, qualitative, mindestens quantitative Unterschiede zu Normalgeweben: Spezifität.

2. Solche Substanzen dürfen nicht individualspezifisch für jeden
   Tumor sein.

3. Ausreichende Nachweisbarkeit im Blut oder anderen Körperflüssigkeiten.

4. Auftreten der "Tumorantigene" vor klinischer Manifestation des
   Tumors.

5. Für Testung müssen sie Antigencharakter oder metabolische
   Eigenschaften haben.

6. Biochemische bzw. immunologische Charakterisierung der
   "Tumorantigene" für standardisierte Testung im direkten und
   indirekten Nachweis notwendig.

7. Vorhandensein eines universellen Tumorantigens.

---

3. "Tumorantigene" müssen für die Durchführung eines immunologischen
Tests in ausreichender Menge in das periphere Blut, den Urin oder andere
Körperflüssigkeiten abgegeben werden, um einer Diagnose zugänglich zu
sein.

4. "Tumorantigene" müssen v o r der klinischen Manifestation des Tumors
in den zu untersuchenden Körperflüssigkeiten nachweisbar sein. Es sollte
also schon eine geringe Anzahl von malignen Zellen meßbare Veränderungen bewirken.

5. "Tumorassoziierte Antigene" müssen für den immunologischen Nachweis Antigencharakter, für den biochemischen Nachweis metabolische
Eigenschaften aufweisen.

6. Für standardisierte Tests ist die weitgehende biochemische und immunologische Charakterisierung der zu untersuchenden "Tumorantigene" notwendig.

7. Für einen universellen immunologischen "Krebstest" oder "Krebsfrüh-
test" müßte ein allgemeines, allen Tumoren gemeinsames, kreuzreagierendes Tumorantigen vorhanden sein.

Hier sollen die Ansätze einer klinisch relevanten immunologischen Tumordiagnostik umrissen und einige Modelle besonders unter dem Gesichtspunkt der Spezifität und Sensibilität besprochen werden. Es soll dabei geprüft werden, inwieweit die genannten Vorbedingungen für die heute vorhandenen tumordiagnostischen Möglichkeiten erfüllt sind oder erfüllbar
werden können.

Tab. 3. Grundsätzlich denkbare Ansätze immunologischer Tumordiagnostik

1. <u>Direkter Nachweis tumorassoziierter Antigene</u> (TAA)
   (im weiteren Sinne)

   a) Makromoleküle mit metabolischen Eigenschaften: Isoenzyme
      Typ: Isoenzym der alkalischen Phosphatase

   b) ektopische Hormone
      Typ: HCG

   c) carcinofoetale Antigene
      Typ: CEA, AFP

   d) Paraproteine

2. <u>Indirekter Nachweis von tumorassoziierten Antigenen</u>

   a) Nachweis von spezifisch sensibilisierten Lymphocyten
      Typ: MEM-Test mit Lymphocyten
      Typ: Kolonie-Hemmtest mit Lymphocyten

   b) Nachweis von Antikörper:
      Typ: EPSTEIN-BARR-Virus-Antikörper
      Melanomantikörper

   c) in vivo-Nachweis von Reaktivität vom verzögerten Typ gegen
      definierte "Tumorantigene"
      Typ: Hauttests

Grundsätzlich sind, wie in Tab. 3 dargestellt, folgende Ansätze einer immunologischen Krebsdiagnostik vorhanden oder denkbar: Ein immunologischer Krebstest kann im d i r e k t e n Nachweis von Tumorbestandteilen oder Tumorprodukten, d. h. "tumorassoziierter" Antigene im weiteren Sinne, bestehen. Er kann aber grundsätzlich auch den i n d i r e k t e n Nachweis "tumorassoziierter" Antigene erbringen, also körpereigene Immunreaktionen (cellulär, humoral) gegen malignes Wachstum bestimmen.

<u>DIREKTER NACHWEIS VON TUMORASSOZIIERTEN ANTIGENEN IM WEITEREN SINNE</u>

<u>Isoenzyme</u>

Die Erzeugung experimenteller Neoplasien geht häufig mit der Aktivierung von Isoenzymen einher, die normalerweise nur in foetalen oder neonatalen Organen beziehungsweise der Placenta auftreten. Im allgemeinen ergibt sich eine quantitative Veränderung in Richtung auf das Enzymmuster des Foetallebens (27, 28, 82). Das sogenannte REGAN-Isoenzym der alkalischen Phosphatase zum Beispiel unterscheidet sich biochemisch und immunologisch nicht vom Placenta-Isoenzym, das in Foetalgeweben oder Seren von schwangeren Frauen Ende des dritten Trimesters der Schwangerschaft auftritt. Dieses Isoenzym wurde ursprünglich im Serum und im Tumorgewebe eines Patienten mit Bronchialcarcinom nachgewiesen. In der Folgezeit konnte es im Serum einer Reihe von Patienten mit bösartigen Erkrankungen bestimmt werden. Es weist zwar eine gewisse Tumorspezifität auf - und nur deshalb ist es hier aufgeführt -, sein Nachweis ist jedoch nur von geringer praktischer Bedeutung. Die Rate positiver Ergebnisse bei Krebspatienten liegt um oder unter 10%. Somit ist dieses Enzym trotz seiner beträchtlichen theoretischen Bedeutung nur von untergeordneter klinischer Relevanz. Es erfüllt die vorgenannten Bedingungen für einen Tumortest (Sensitivität) nicht. Es bleibt abzuwarten, welcher Stellenwert weiteren Isoenzymen, zum Beispiel dem Nachweis eines Isoenzyms der 5-Nucleotid-phosphodiesterase (92) oder der Leucinaminopeptidase (76) beziehungsweise ganzen Isoenzymmustern in der Diagnostik maligner Erkrankungen zukommen wird.

Ektopische Hormone

Das paraneoplastische Syndrom der ektopischen Hormonproduktion ist erst durch die Einführung hochempfindlicher Bestimmungsmethoden in seiner ganzen Bedeutung erkannt worden (3, 32, 80, 95). Allerdings ist das normale Hormon in der Regel nicht von demjenigen, das der Tumor produziert, zu unterscheiden. Eine ektopische Hormonproduktion wird für 15% aller malignen Tumoren angenommen. Selbstverständlich ist ein ektopisch produziertes Hormon nur mit Vorbehalt und im weitesten Sinne als "tumorassoziiertes Antigen" anzusprechen. Von praktischer Bedeutung hat sich die Bestimmung des menschlichen Choriongonadotropins (HCG) im Urin bei der Diagnostik und Verlaufsdiagnostik trophoblastischer Tumoren der Frau und gewisser teratoider Carcinome beim Manne erwiesen (3). Die HCG-Bestimmung erfüllt wichtige Kriterien eines immunologischen "Krebstests". Das zu bestimmende Hormon ist so weit isoliert und charakterisiert, daß ein sehr empfindlicher Radioimmunassay angewandt werden kann. Der Test gestattet es, bei gewissen trophoblastischen Tumoren der Frau bereits 10^6 - 10^7 maligne Zellen nachzuweisen. Das entspricht einer Tumorgröße von etwa 1 mm Durchmesser. Damit ermöglicht der Radioimmunassay für HCG eine Frühdiagnose trophoblastischer Tumoren bei der Frau zu einem Zeitpunkt, in dem die Entdeckung mit klinischen Methoden nicht gelingt. Der Tumor wird früh erkannt und kann geheilt werden. Wenn auch in der Praxis als spezifisch angesehen, muß darauf hingewiesen werden, daß das HCG und das luteinisierende Hormon LH eine Kreuzimmunität aufweisen. Der Test unterscheidet nicht zwischen den beiden Hormonen. Jeder unter der physiologischen LH-Ausscheidung liegende Wert muß daher als normale HCG-Ausscheidung angesehen werden. Die LH-Produktion läßt sich durch Anticonceptiva hemmen; die Deutung der HCG-Werte wird damit erleichtert. Erste Berichte weisen darauf hin, daß die weitere Analyse paraneoplastischer Hormonsyndrome

möglicherweise Fortschritte in der Diagnostik - und besonders in der
Verlaufsdiagnostik - auch anderer maligner Tumoren bringen wird (31, 32).

Carcino-foetale Antigene

Die carcino-foetalen Antigene gelten als "Tumorantigene" und sind tumorassoziierte Antigene im eigentlichen Sinne (54, 72, 83). Sie treten im
Foetalleben auf und sind im Erwachsenenalter, von Ausnahmen abgesehen,
jenseits einer bestimmten Konzentration nur bei Tumorkrankheiten zu
finden. Als Produkt der betreffenden Tumorzellen lassen sie sich in
Körperflüssigkeiten, zum Beispiel im Blut, qualitativ und quantitativ gut
nachweisen. Ihr Vorkommen ist von theoretischem Interesse, weil es
sich dabei allgemeiner Ansicht nach um den Vorgang der Derepression
einer im foetalen Leben wirksamen Geninformation handelt, die im erwachsenen Organismus normalerweise nicht zur Ausprägung kommt.
Sowohl das zu dieser Gruppe gehörende α_1-Fetoprotein als auch das carcino-embryonale Colonantigen erfüllen wesentliche Punkte der oben genannten Voraussetzungen für eine immunologische Tumordiagnostik. Ihr
direkter Nachweis ist daher von praktischer Bedeutung.

α_1-Fetoprotein (AFP)

Dieses Makromolekül wurde 1963 von ABELEV in Seren von Mäusen mit
Hepatom nachgewiesen (1). Seine Existenz im foetalen Kälberserum und
in foetalen menschlichen Seren war bereits früher bekannt. 1964 gelang
TATARINOV der Nachweis des α_1-Fetoproteins in primären menschlichen
Lebercarcinomen und in Seren von Patienten mit dieser Erkrankung (90).
In Deutschland hat vor allem LEHMANN Beiträge zum Nachweis, zur
Reindarstellung und klinischen Bedeutung des α_1-Fetoproteins erbracht
(55-59).

Das α_1-Fetoprotein hat ein Molekulargewicht von 60 - 70 000, wenn keine
monomeren und dimeren Formen auftreten. Die Aminosäureanalysen haben
gezeigt, daß das AFP und das Serumalbumin eng verwandte Proteine sind
und daß α_1-Fetoproteine aus foetalem Serum ähnliche Aminosäuresequenzen
aufweisen wie Präparationen aus Hepatomen. α_1-Fetoprotein wird im wesentlichen von der foetalen Leber und vom Dottersack sowie vom Gastro-
intestinaltrakt produziert. Die Serumspiegel erreichen in etwa der drei-
zehnten intrauterinen Woche die höchsten Werte. Zu den Routinebestim-
mungsmethoden qualitativer Natur gehört die Doppeldiffusion in der Mikro-
methode und die Überwanderungselektrophorese; zum empfindlicheren
Nachweis wird der Radioimmunoassay oder die passive Hämagglutination
verwendet. Quantitative Bestimmungen werden am besten in der Radioimmunodiffusion durchgeführt (57).

Das α_1-Fetoprotein ist das Antigen des primären Leberzellcar-
cinoms. Bei ausgedehnten Studien in der ganzen Welt bestätigten sich
die ursprünglich von TATARINOV erhobenen Befunde (52, 81, 94). Das
primäre Leberzellcarcinom manifestiert sich durch eine hohe Rate von

α_1-Fetoprotein im Serum. Betrachtet man beispielsweise die in Afrika durchgeführten Untersuchungen (Tab. 4) (73), so zeigt sich bei Patienten mit histologisch gesichertem Leberzellcarcinom ein positiver Nachweis von 70 - 100% mit der einfachen Mikro-OUCHTERLONY-Technik. Die Kontrollgruppen wiesen nur bei 12 von über 500 Personen einen positiven Wert auf, wovon sich retrospektiv zwei als teratoide Hodencarcinome herausstellten. Überblickt man weitere Studien, so ergibt sich für Europa bei Untersuchungen mit der Doppeldiffusionsmethode bei Patienten mit primärem Lebercarcinom in 40 - 60%, für Asien in 60 - 90% und für Amerika in 40 - 100% ein positiver AFP-Nachweis (2).

Tab. 4. α_1-Fetoprotein bei primärem Lebercarcinom (Histologie positiv) (O'CONOR et al. (73)).

Zentren	Patienten			Kontrollen		
	Gesamt-zahl	serologisch positiv	positiv %	Gesamt-zahl	serologisch negativ	positiv
Nairobi	14	10	71,4	83	83	0
Kampala	14	9	64,3	108	108	0
Kinshasa	22	17	77,3	61	58	3
Ibadan	14	10	71,4	23	22	1
Dakar	44	35	79,6	81	76	5
Singapore	29	21	72,4	86	84	2
Kingston	3	3	100,0	113	112	1
Gesamt	140	105	75,0	555	543	12

Wie stark genetische, Ernährungs- und andere Faktoren sein können, geht daraus hervor, daß Weiße in geringerem Maße positive Werte zeigen als Farbige und daß auch jugendliche Patienten eher zu positiven Werten neigen als ältere Individuen. Der Absolutspiegel von α_1-Fetoprotein beim primären Lebercarcinom hat offenbar keine klinische oder prognostische Bedeutung (59). Wichtig ist jedoch, daß eine Verlaufsbeobachtung, beispielsweise nach subtotaler Hepatektomie, eine gewisse Korrelation zur Klinik aufweist (52).

Bei nicht malignen Lebererkrankungen liegt die Häufigkeit eines Nachweises in der Doppeldiffusion von α_1-Fetoprotein unter 0,5%, gemessen an Sammelstatistiken von über 2 200 Patienten (55). In seltenen Fällen der akuten Virushepatitis kommen transitorische α_1-Fetoprotein-Erhöhungen vor (84). Die Rate sogenannter falsch positiver Werte von α_1-Fetoprotein bei Patienten mit anderen Tumorerkrankungen liegt in Sammelstatistiken von über 1 000 Patienten ebenfalls weit unter 1%. Bei den Positiven handelt es sich vorwiegend um Patienten mit Lebermetastasen (55, 84).

Neben dem primären Lebercarcinom ist das α_1-Fetoprotein besonders
häufig assoziiert mit embryonalen Tumoren der Genitalorgane.
Die bisherigen Untersuchungen bei Patienten mit solchen teratoiden Carcinomen der Hoden und der Ovarien zeigen in der Mikro-OUCHTERLONY-
Technik bei Erwachsenen in etwa 20 - 25% aller Fälle, bei Kindern in
etwa 75% aller Fälle ein positives Testergebnis (55, 58). Bei diesen Erkrankungen kann die Bestimmung des AFP auch als Therapieparameter
gelten; ein nach Therapieende bestimmter niedriger AFP-Wert ist prognostisch günstig, ein Wiederansteigen oder unveränderte Erhöhung des
α_1-Fetoproteins ist von prognostisch ungünstiger Bedeutung (22).

Zusammenfassend läßt sich feststellen, daß die Bestimmung des α_1-Feto-
proteins im Serum einem immunbiologischen Krebstest sehr nahe kommt.
Sie beruht auf dem Nachweis eines tumorassoziierten foetalen Antigens.
Das Antigen kommt im peripheren Blut vor und ist bei Benutzung der
relativ unempfindlichen Mikro-OUCHTERLONY-Technik weitgehend spezifisch für das primäre Leberzellcarcinom. Falsch negative Befunde kommen vor, falsch positive Werte liegen je nach Empfindlichkeit der Methode bei unter 1%.

Carcino-embryonales Antigen (CEA)

Das carcino-embryonale Colonantigen gehört ebenfalls zur Gruppe der
Antigene, die direkt im Serum immunologisch nachgewiesen werden können. Das CEA ist eines der bestuntersuchten Tumorantigensysteme und
zeigt am anschaulichsten die Entwicklung vom ursprünglich "tumorspezi-
fischen" Antigen bis zu einem - wie man heute weiß - weitgehend unspezifischen Makromolekül, das dennoch in der tumorimmunologischen Diagnostik eine Bedeutung hat (99). 1965 beschrieben GOLD und FREEDMAN
erstmals dieses in Extrakten von foetalem Darm sowie von Carcinomen
des Verdauungstraktes, insbesondere Colontumoren, vorkommende Antigen
(29). Es ist ein Glykoprotein mit einem Molekulargewicht von 200 000 und
einer Sedimentationskonstante von 7 - 8 S. Es enthält etwa 50 - 60%
Kohlenhydrate, darunter Galaktose, Acetyl-N-Glucosamin und Fucose.
CEA scheint keine einheitliche Substanz zu sein, sondern erscheint in der
Methode des "Electrofocussing" heterogen. Auch die biochemische Zusammensetzung kreuzreagierender CEA-Präparate ist unterschiedlich (13, 70,
77, 91). CEA wurde in den Adenocarcinomen des Colons, des Rectums
und deren Metastasen gefunden. Metastasen sind wegen ihrer Größe ein
besonders reichhaltiges Ausgangsmaterial zur Reindarstellung dieser Substanz. Auch in der Mucosa des foetalen Darms konnte CEA nachgewiesen
werden. Immunfluorescenzstudien zeigten, daß das CEA Bestandteil der
Zellmembran der malignen Drüsenzellen ist (10).

Mit empfindlichen Methoden wurde das CEA auch in den Zellen von
Lungencarcinomen, Mammacarcinomen und sogar in normalen Organen
wie Leber und Lunge nachgewiesen (53, 79).

Von technischer und grundsätzlicher Bedeutung ist die Existenz kreuzreagierender Antigene. VON KLEIST beschrieb das sogenannte
"Nonspecific Crossreacting Antigen" (NCA), das auch ein β-Globulin ist

und Teilidentität mit dem CEA aufweist. Auch dieses Makromolekül ist
eingehend charakterisiert worden. Es ist nicht krebs- und nicht organspezifisch. Heute ist bekannt, daß die Moleküle des CEA und des NCA
gemeinsame antigene Strukturen haben. NCA scheint kein Fragment oder
Abbauprodukt von CEA zu sein (51).

Ein weiteres kreuzreagierendes Antigen ist das sogenannte "Membrane
Associated Tissular Antigen" (MTA). Es tritt in Colon- und Rectaltumoren
sowie in deren Lebermetastasen auf (10). MACH und PUSZTASZERI beschrieben ein weiteres kreuzreagierendes Antigen mit Teilidentität zum
CEA (63). Das Auftreten solcher Makromoleküle mit Teilidentität zum CEA
spielt eine Rolle bei der Testung dieses Antigens und mag eine teilweise
Erklärung für die unspezifischen Reaktionen sein.

Die Bestimmungsmethode des CEA ist der Radioimmunoassay in unterschiedlicher Ausführung (66, 99).

Was die klinische Bedeutung der CEA-Bestimmung anbelangt, so können
wir uns heute auf zahlreiche Großstudien stützen, die in den letzten Jahren unternommen wurden (7, 14, 15, 34, 67, 71, 98). Die wichtigste ist
diejenige der Fa. Hoffmann-La Roche, die in Amerika unter Mitwirkung
von über 100 Universitätskliniken durchgeführt wurde und etwa 10 000
Patienten mit über 35 000 Bestimmungen umfaßt (34). In Europa wurde
u. a. eine kleinere Studie ebenfalls unter Führung von Hoffmann-La Roche
durchgeführt (7). Mit Hilfe dieser Daten können die Kriterien für einen
Tumortest geprüft werden:

Die Festlegung der oberen Grenze des Normbereichs erfolgte in Übereinstimmung mit zahlreichen Autoren und ergab 2, 5 ng/ml. Unter Nicht-
berücksichtigung der Raucher hatten etwa 89% aller Untersuchten CEA-
Spiegel unter 2, 6 ng/ml, 10% hatten Titer zwischen 2, 6 und 5 ng/ml und
nur 1% zeigte Titer über 5 ng/ml (Tab. 5). Von Bedeutung ist, daß 13 der
19 Probanden mit Titern über 5 ng/ml später als starke Raucher identifiziert werden konnten. In einer weiteren Population von 892 offenbar gesunden Nichtrauchern lag die Rate von Patienten mit Werten unter 2, 6 ng/ml
sogar bei 97%, 3% lagen zwischen 2, 6 und 5, 0 ng/ml (Tab. 6). Unter den
Gesunden konnte ferner festgestellt werden, daß Rauchen den CEA-Wert
wesentlich beeinflußt. Unter 620 Rauchern hatten 93 über 2, 5 ng/ml, 19
über 5, 1 ng/ml und 6 sogar über 10 ng/ml. Es handelt sich hier also um
falsch positive Befunde (34). Schwangerschaft schien keinen entscheidenden
Einfluß auf die CEA-Werte zu haben.

Problematisch hinsichtlich seiner Spezifität wird der Test, wenn man die
CEA-Werte bei Nicht-Tumorkranken analysiert. In der großen Zusammenstellung (Tab. 7) mit über 3 000 Patienten zeigt sich, daß beispielsweise
bei Lungenemphysem 57% aller Patienten den willkürlich gewählten Normal-
wert von 2, 5 ng/ml überschreiten. 37% lagen zwischen 2, 6 und 5 ng/ml,
16 zwischen 5, 1 und 10 ng/ml und 4 sogar über 10 ng/ml. Ähnlich unspezifisch hohe CEA-Werte fanden sich bei der Lebercirrhose, bei den
entzündlichen Magen-Darm-Erkrankungen, beim Magengeschwür, bei der
Pankreatitis, aber auch nach Nierentransplantation, bei Alkoholismus u. a.
Hohe CEA-Werte über 10 oder gar 20 ng/ml sind zwar bei Nicht-Tumorpatienten selten, es gibt jedoch bei willkürlich gewählten Werten unterhalb

Tab. 5. CEA-Titer bei 1 425 gesunden Normalpersonen ohne Raucheranamnese (etwa gleiche Anzahl Männer und Frauen) (HANSEN et al. (34)).

Alter (Jahre)	Zahl der Probanden	Prozentsatz				
		0,0-2,5 ng/ml	2,6-5,0 ng/ml	5,1-10,0 ng/ml	10,1-20,0 ng/ml	> 20 ng/ml
< 20	224	94,6	4,5	0,9	0,0	0,0
21-30	506	92,1	7,3	0,6	0,0	0,0
31-40	248	88,7	10,5	0,8	0,0	0,0
41-50	202	80,2	19,3	0,5	0,0	0,0
51-60	111	77,5	17,1	5,4	0,0	0,0
61-70	99	85,9	10,1	3,0	1,0	0,0
> 70	35	85,7	11,4	2,9	0,0	0,0
Durchschnitt		88,5	10,2	1,2	0,1	0,0

Tab. 6. CEA-Titer bei einer ausgewählten Gruppe von 2 107 Normalpersonen (Personen ohne Hinweis auf Erkrankung) (HANSEN et al. (34)).

	Zahl	0,0-2,5 ng/ml	2,6-5,0 ng/ml	5,1-10,0 ng/ml	> 10,0 ng/ml
Nichtraucher	892	865	25	2	0
gegenwärtig Raucher	620	502	93	19	6
früher Raucher	235	219	12	2	2
Schwangere	360	346	11	3	0

Tab. 7. CEA-Titer bei 3 340 Patienten mit nicht malignen Erkrankungen (HANSEN et al. (34)).

	Zahl	Prozentsatz (Titer in ng/ml)			
		0,0-2,5	2,6-5,0	5,1-10,0	>10,0
Lungenemphysem	49	43	37	16	4
Alkoholcirrhose	120	30	44	24	2
Colitis ulcerosa	146	69	18	8	5
Ileitis regionalis	97	60	27	11	2
granulomatöse Colitis	59	53	27	15	5
Magenulcus	94	55	29	15	1
Duodenalulcus	166	70	22	6	2
Rectumpolypen	90	81	15	3	1
Diverticulitis	84	73	20	5	2
gutartige Brusterkr.	115	85	11	4	0
Osteoarthritis	112	70	24	5	1
Myasthenia gravis	183	82	17	1	0
Bronchitis	61	67	25	7	1
Fettsucht	55	69	28	3	0
Hernie	103	77	22	1	0
Diabetes	230	62	34	3	1
Herzerkrankung	289	61	32	5	2
Hochdruck	156	72	26	2	0
Hepatitis	69	70	29	1	0
M. CROHN	29	86	12	2	0
Haemorrhoiden	49	67	28	4	1
Diverticulosis	58	59	38	3	0
Pankreatitis	95	47	31	18	4
Hypothyreoidismus	47	68	28	4	0
Nierentransplantierte	45	44	39	12	5
Anämie	70	57	34	8	1
Cholelithiasis	54	82	17	1	0
Cholecystitis	39	77	17	5	1
Alkoholismus	37	35	40	13	12
Pneumonie	28	54	42	4	1
Tuberkulose	30	63	35	2	0
Andere	481	67	28	5	0

dieser Grenze in unterschiedlicher Häufigkeit falsch positive Bestimmungen. Wir haben hier erneut das Problem, daß mit einer Veränderung der Sensibilität des Testverfahrens je nach Höhe des etwas willkürlich festgelegten Normbereichs unterschiedliche Raten positiver Ergebnisse auch bei Nicht-Tumorpatienten angetroffen werden (34).

Anders sieht das Bild bei Krebspatienten aus (Tab. 8). Gab es vorher eine hohe Rate falsch positiver Bestimmungen, so fällt hier je nach Grenzwert die hohe Rate falsch negativer CEA-Werte auf. Zweifellos

Tab. 8. CEA-Titer bei Patienten mit klinischem Verdacht auf bösartige Erkrankungen (HANSEN et al. (34)).

Histologisch gesichert	Patienten	Prozentsatz			
		0,0-2,5 ng/ml	2,6-5,0 ng/ml	5,1-10,0 ng/ml	10 ng/ml
Carcinome					
Colorectum	544	28	23	14	35
Lunge	181	24	25	25	26
Pankreas	55	9	31	25	35
Magen	79	39	32	10	19
Mamma	125	53	20	13	14
Andere +	343	51	28	12	9
Andere maligne Erkrankungen					
Akute u. chronische Leukämie	40	63	25	7	5
Maligne Lymphome	72	65	24	11	0
Sarkome	38	69	26	5	0
Andere ++	78	50	41	8	1
Nicht maligne Erkrankungen					
Normalgewebe	62	81	16	3	0
Gutartige Tumoren	143	82	12	6	0
Hyperplasie	48	79	17	4	0
Andere +++	231	86	11	3	0

+   Prostata, HNO-Bereich, Ovar, Cervix
++   multiples Myelom, Astrocytom, Mesotheliom, Neuroblastom
+++ M. CROHN, fibrocystische Erkrankungen, Colitis, Pankreatitis

findet sich bei Tumoren des Magen-Darm-Traktes, der Lunge oder des Pankreas ein hoher Prozentsatz der Patienten im Bereich jenseits von 10 ng/ml, ein weitaus höherer ist jedoch im Bereich unter 2,5 ng/ml, d.h. im falsch negativen Spektrum, angesiedelt. So werden gerade bei der schwierigen Differentialdiagnose von Patienten mit entzündlichen Darmerkrankungen die Grenzen des Tests deutlich. Ein hoher Anteil falsch Positiver bei den entzündlichen Erkrankungen, ein hoher Anteil falsch Negativer bei den malignen Erkrankungen machen eine Differentialdiagnose und auch eine Frühdiagnose maligner Erkrankungen unmöglich. Es gibt jedoch Hinweise dafür, daß Werte jenseits von 20 ng/ml stark krebsverdächtig sind. Für die praktische klinische Diagnostik kann man also folgern, daß der CEA-Test allein zum gegenwärtigen Zeitpunkt für eine Krebsdiagnose nicht geeignet ist (34).

Die Wertigkeit des CEA-Tests als Frühdiagnose-Methode geht aus einer Studie von DHAR und Mitarb. hervor (18). Dort wird gezeigt, daß nur solche Patienten erhöhte CEA-Werte aufweisen, deren Tumor bereits weitgehend metastasiert ist. Bei lokalem Wachstum ist der CEA-Nachweis im Serum nur in einem geringen Prozentsatz möglich. Kommt es bei Patienten mit Dickdarmkrebs jedoch zu pericolischer Infiltration, so erhöht sich die Rate. Erst bei Fernmetastasen zeigen 100% der Patienten höhere Werte als 2,5 ng/ml und 61% der Patienten höhere Werte als 10 ng/ml. Der Test ist somit als Frühdiagnosticum gleichfalls nicht verwertbar, denn es kommt offenbar erst im Spätstadium zur massiven Ausschüttung von CEA aus dem Tumor in die Blutbahn (18).

Möglicherweise wird der CEA-Test für die Diagnose von Pankreastumoren einige Bedeutung erlangen. ZAMCHECK fand bei 26 Patienten mit dieser Erkrankung in 88% einen positiven CEA-Nachweis (98). Hierbei wird zu klären sein, ob der CEA-Nachweis häufiger positiv ist als andere bei der Diagnostik des Pankreascarcinoms angewandte Methoden (Hypotone Duodenographie, Arteriographie des Truncus coeliacus, percutane transhepatische Cholangiographie u.a.).

Unbestritten ist die Bedeutung des CEA-Tests bei der klinischen Verlaufskontrolle (5, 18, 44, 46, 47, 64, 65, 87, 93). Eine Reihe von Untersuchern konnte zeigen, daß das Verhalten primär erhöhter CEA-Spiegel nach Operation eines malignen Tumors Rückschlüsse auf die Vollständigkeit oder Unvollständigkeit der Operation zuläßt. DHAR und Mitarb. zeigten, daß von 76 operierten Patienten 44 kein Zeichen eines Rückfalls hatten und 43 von ihnen auch einen CEA-Wert im Serum von unter 2,5 ng/ml aufwiesen. 28 Patienten hatten ein Rezidiv und bei 27 von ihnen manifestierte sich dies auch in einem CEA-Gehalt von mehr als 2,5 ng/ml (18). Es ist ferner bekannt, daß nach kompletter Resektion vorher erhöhte CEA-Spiegel innerhalb von 2 - 4 Wochen auf Normalwerte absinken (5, 62). Ein Rezidiv kündigt sich durch ansteigende CEA-Spiegel zwischen 3 und 18 Monaten vor Auftreten klinischer Symptome bereits an (18, 64, 65). Ähnliches gilt auch für das Verhalten unter Chemotherapie (85). In seiner Anwendbarkeit als Verlaufsdiagnosticum liegt heute die Bedeutung des CEA in der Tumormedizin. Die CEA-Bestimmung ist gegenwärtig keine Methode zur Frühdiagnose oder Differentialdiagnose maligner Erkrankungen. Es bleibt abzuwarten, ob durch weitere Charakterisierung und Absorption mit einer CEA-ähnlichen Substanz die Spezifität des CEA gesteigert werden kann (Tab. 9).

Tab. 9. Aussagekraft des CEA-Tests nach HOLYOKE (Cancer $\underline{25}$, 22 (1975)).

Tumor	Screening	Risiko-gruppe	Prognost. Wert nach Resektion	Verlaufs-beurteilung
Colon	-	±	+	+
Pankreas	-	±	?	+
Neuroblastom	-	-	?	+
Bronchialcarcinom	-	±	+	±
Gynäkologische T.	-	-	-	?
Magen	-	-	-	?
Urologische T.	-	-	-	-
Sarkome	-	-	-	-
Osteogenes Sarkom	-	-	-	-

+ diagnostisch von Wert
± möglicherweise von Bedeutung
? fraglich
- sicher ohne Bedeutung

Die Bestimmung anderer carcino-embryonaler Antigene ist bisher ohne jede klinische Relevanz geblieben.

T-Globulin

Der sogenannte T-Globulin-Krebstest basiert auf der Annahme, daß bei Krebspatienten ein Tumorglobulin im Serum auftritt, das außerdem nur noch bei Schwangeren gefunden wird und bei Gesunden nicht nachweisbar ist. TAL und Mitarb. isolierten durch Perchlorsäure-Fraktionierung das sogenannte T-Globulin und präparierten ein Antiserum dagegen. In einfachen Immunpräcipitationsansätzen wurde dann das so gewonnene Hetero-Antiserum wieder gegen Krebspatientenseren eingesetzt. Während die Treffsicherheit bei bekannten Krebsseren 93% betrugt, sank sie bei codierten Seren auf 52% ab (89). Der T-Globulin-Test genügt somit zum gegenwärtigen Zeitpunkt ebenfalls nicht den Erfordernissen eines Krebstests. Es ist nicht abzusehen, ob dieses Antigen zukünftig in der immunologischen Krebsdiagnose von Bedeutung sein wird.

Paraproteine

Zu den Standardmethoden in der klinischen Immunchemie gehört heute
der Nachweis von Paraproteinen mit physikochemischen und immunologischen Methoden. Hierbei handelt es sich um die Bestimmung von
spezifischen Tumorprodukten im Serum und damit um einen immunologischen Krebstest, der die genannten Bedingungen der Spezifität und
Sensitivität erfüllt.

INDIREKTER NACHWEIS VON TUMORANTIGENEN

Haben wir bisher über den direkten Nachweis von Tumorantigenen oder
tumorassoziierten Antigenen beziehungsweise Tumormakromolekülen zum
Beispiel im Serum oder Urin gesprochen, so sollen im folgenden Testverfahren kurz charakterisiert werden, die darauf beruhen, daß solche
Substanzen immunologische Reaktionen im Wirtsorganismus hervorrufen,
die dann ihrerseits als Grundlage für Tumortests dienen können. Die
hier in Frage kommenden in vitro-Verfahren waren ursprünglich nicht
für eine Immundiagnostik maligner Erkrankungen entwickelt worden,
sondern sollten die Möglichkeit eröffnen, körpereigene Immunreaktionen
bei Tumorträgern nachzuweisen. Diese Tests beruhen also alle auf dem
Nachweis eines Sensibilisierungszustandes gegen "tumorassoziierte" Antigene, wobei in der Regel autologes Tumormaterial verwendet wurde.
Hierin liegt die grundsätzliche Schwierigkeit, bedarf es doch für diese
Art Test eines universellen, zumindest gruppenspezifischen, gemeinsamen
"Tumorantigens" für maligne Tumoren, das dazu noch weitgehend gereinigt sein muß.

Diese Testverfahren sind darüberhinaus so schwierig, daß selten eine
Übereinstimmung zwischen den unterschiedlichen Tests erzielt wird. Sie
sind in ihrer Aussagekraft von Labor zu Labor verschieden, manchmal
weisen sie auch unterschiedliche Antigene an oder auf den Tumorzellen
bzw. unterschiedliche Typen von Immunreaktionen nach. Obwohl ein solcher Nachweis von Immunreaktionen gegen malignes Wachstum zur Zeit
in der Diagnose oder gar Frühdiagnose bösartiger Erkrankungen keine
praktische Rolle spielt, sollen einige Beispiele erörtert werden.

Makrophagen-Elektrophorese-Mobilitätstest (MEM-Test)

Mit dem sogenannten Makrophagen-Elektrophorese-Mobilitätstest werden
tumorspezifisch sensibilisierte Lymphocyten erfaßt (25, 26, 30, 78). Er
beruht auf dem eigentümlichen Befund, daß Lymphocyten von Krebspatienten offenbar gegen den sogenannten Encephalitisfaktor sensibilisiert
worden sind. Es gelang der Arbeitsgruppe um CASPARY und FIELD,
aus Krebsgewebe ein Makromolekül zu isolieren, das mit diesem Encephalitisfaktor eng verwandt ist. Dieses sogenannte basische Krebsprotein
mit einem Molekulargewicht von 16 000 ist inzwischen weiter charakteri-

siert worden. Nach den vorliegenden Arbeiten scheint es ein bei den
meisten Tumoren vorkommendes Antigen zu sein oder zumindest ein
Makromolekül, das mit den meisten Krebsantigenen kreuzreagiert (11,
12, 19, 20, 21). Das Prinzip des Tests beruht darauf, daß Lymphocyten
mit Hilfe dieses kreuzreagierenden, möglicherweise universellen, Krebs-
antigens auf ihre tumorspezifische Sensibilisierung geprüft werden können. Dabei kommt es zur Freisetzung eines Faktors, der die Beweglichkeit von Meerschweinchen-Makrophagen im elektrischen Feld verlangsamt,
wann immer die Lymphocyten mit dem gleichen Antigen in Berührung
gebracht werden, gegen das sie bereits in vivo sensibilisiert waren. Es
wird also immer dann zu einer Makrophagen-Verlangsamung kommen,
wenn die Lymphocyten der an einem Tumor erkrankten Testperon mit
den Tumorantigenen, eben dem basischen Krebsprotein, inkubiert werden.
Nach den bisher vorliegenden Berichten ist der MEM-Test für alle bis
jetzt getesteten Tumoren anwendbar und ergibt, außer bei Sarcoidose-
Patienten und Patienten mit chronischen degenerativen Erkrankungen des
Zentralnervensystems, keine falsch positiven Werte. CASPARY und FIELD
halten diesen Test schon bei einer Zellzahl von 1 000 Zellen sowohl bei der
Diagnose als auch bei der Frühdiagnose für aussagekräftig. Die Möglichkeit
der Verlaufsbeobachtung besteht nicht, da solche Sensibilisierungen noch
Jahre nach Entfernung des Antigens (Tumor) anhalten sollen. Wir haben
hier also ein unserer Definition nach klassisches Beispiel der immunbiologischen Tumordiagnose. Einschränkend müssen wir jedoch feststellen:
1. Der Test ist außerordentlich schwierig und wird zur Zeit nur an zwei
Zentren durchgeführt. Auch für den erfahrenen Biologen scheint eine
Einarbeitungszeit von mehreren Monaten notwendig zu sein. 2. Es liegen
bisher erst zwei Berichte vor, die die Angaben von CASPARY und FIELD
bestätigen. Es ist also möglich, daß bei größeren statistischen Reihen
die Aussagekraft des Tests anders beurteilt werden muß. 3. Eine Erklärung für die Kreuzreaktion zwischen menschlichem Hirngewebe (Ence-
phalitis Factor) und Tumorantigenen (Basic Tumor Protein) sowie für die
Existenz eines überraschenderweise universellen Tumorantigens gibt es
noch nicht. Dieser Test scheint nach den bisher vorliegenden Informationen jedoch einen wichtigen Ansatz für die immunbiologische Krebsdiagnose
und -frühdiagnose zu bieten.

Andere Testsysteme

In anderen Testsystemen ist die Prüfung der cellulären Immunität, also
der Lymphocytensensibilisierung gegen Tumorantigene zum Zwecke der
Diagnose nicht praktikabel. So erfordert der Koloniehemmungstest von
HELLSTRÖM und HELLSTRÖM (36, 38) in der Regel nicht nur autologes
Tumorgewebe und Kontrollgewebe zur Ausschaltung von Reaktionen gegen
Isoantigene, sondern er ist auch technisch schwer durchführbar. Der
TAKAZUGI-KLEIN-Test, der die Lymphocytentoxizität gegen Tumorzellen
in Mikrokulturen untersucht, oder die Lymphocytenstimulierung durch
Tumorzellen oder Tumorantigene als Methoden zur Klärung der Tumor-
Wirt-Beziehung bei Patienten mit klinisch manifestem Tumor sind bisher
nicht unter dem Gesichtspunkt der Diagnostik durchgeführt worden. Dafür
würde gereinigtes, standardisiertes Tumorantigen benötigt - eine Forde-

rung, die bisher nicht erfüllt ist. Inwieweit Gewebekulturdauerlinien hierzu verwendet werden können, ist bisher nicht geklärt. Über die Möglichkeit einer Frühdiagnostik auf diesem Wege gibt es keine Berichte.

Nachweis von Antikörpern

Die immunologische Krebsdiagnose durch den Nachweis von Antikörpern gegen Tumoren, Tumorantigene oder tumorinduzierte Viren ist bisher gleichfalls nicht von klinischer Relevanz. Das kann am Beispiel des EPSTEIN-BARR-Virus, des ersten bekannten Tumor-Virus des Menschen, dargestellt werden. Die Bestimmung spezifischer Antikörper war um so leichter, als weitgehend standardisierte Antigene in Form von virustragenden Dauerzellinien zur Verfügung standen. Man erwartete, daß der Nachweis spezifischer Antikörper bei Patienten gegen die Tumorviren in der Zellkultur diagnostische Rückschlüsse zuließe. Bei der Untersuchung von Antikörpern gegen das EPSTEIN-BARR-Virus mußte jedoch eine ubiquitäre Verbreitung solcher Antikörper festgestellt werden (41, 42). Die Träger waren nicht nur klinisch Gesunde, sondern auch Patienten mit infektiöser Mononukleose oder Patienten mit lymphatischen Systemerkrankungen. Von einer Tumorspezifität konnte nicht mehr die Rede sein. Quantitative Unterschiede, also hohe Titer, vorzugsweise, aber nicht ausschließlich bei EPSTEIN-BARR-Virus-induzierten Tumoren, schränken die Aussagekraft der Antikörperbestimmung entscheidend ein. Als Diagnosticum hat dieses Testsystem nur ergänzende Bedeutung. Eine gewisse Korrelation zum klinischen Verlauf zeigen Antikörper gegen membranständige Antigene beim BURKITT-Lymphom, indem ihr Abfallen, wie in Einzelfällen beobachtet werden konnte, ein beginnendes Rezidiv signalisiert (43, 50).

Bei anderen Tumoren kann das Vorkommen von Antikörpern heute noch nicht als Grundlage für einen diagnostischen Test dienen. Obwohl beim Menschen für jeden Tumor charakteristische Gruppenantigene vorzuliegen scheinen, gelang es bisher nicht, diese so weit zu charakterisieren oder sogar zu standardisieren, daß sie für den Nachweis von Antikörpern bei klinisch tumorfreien Patienten nutzbar gemacht werden könnten. So sind die Berichte für das maligne Melanom, bei dem das Vorkommen von Antikörpern in Patientenseren nach LEWIS (61) ein prognostisch günstiges, ihr Fehlen hingegen ein prognostisch ungünstiges Zeichen sein soll, nicht unwidersprochen geblieben, und eine Gesetzmäßigkeit kann hieraus nicht abgeleitet werden. Ohne standardisierte Präparate bleibt die Bedeutung des Verfahrens für die Frühdiagnose ungeklärt.

Ähnliches gilt für den Nachweis von Hautreaktionen vom verzögerten Typ gegen Tumorgewebe. Bisherige Untersuchungen, allerdings mit wenig definierten Tumorextrakten und nur bei offenkundigen Normalpersonen und Tumorträgern durchgeführt, zeigten auch bei den Tumorträgern eine gewisse Reaktivität gegen Extrakte mit dem ähnlichen Tumortyp. Ein hohes Maß an Kreuzreaktion mit korrespondierendem Normalgewebe erschwert diese Art von Testsystemen, solange nicht standardisierte Präparationen zur Verfügung stehen (24, 45, 88). Mit zunehmendem Wissen über die Einzelheiten der sehr komplexen Immunreaktionen wird es immer unklarer,

welche Bedeutung alle die genannten in vitro-Testverfahren für die in vivo
vorhandene Tumorimmunität haben.

SCHLUSSBEMERKUNG

Die Diskussion spezieller Krebstests auf der Basis von "Tumorantigenen"
beziehungsweise gegen sie gerichteter körpereigener Immunreaktionen ist
bis heute unbefriedigend. Weder in der Therapie noch in der Diagnostik
hat die experimentelle Tumorimmunologie den Beitrag für die Klinik erbracht, der noch vor zehn Jahren von ihr erhofft worden war. Zwar besitzen wir heute mit der AFP-Bestimmung einen immunologischen Test
zur Diagnose des primären Lebercarcinoms, zwar gestattet die CEA-
Bestimmung eine Verlaufsdiagnose bei bestimmten bösartigen Tumoren,
dies sind jedoch erst Anfänge in der Immundiagnose maligner Erkrankungen. D e r Krebstest wird vermutlich vorerst ebenso wenig zur Verfügung stehen wie d a s Krebsheilmittel. Die Frage, wohin künftige Entwicklungen laufen, kann nur unter Vorbehalt beantwortet werden:

1. Wir werden nach Mikroveränderungen im Serum suchen müssen, d.h.
   nach sehr geringen Mengen tumorbedingter oder tumorbegleitender
   Makromoleküle. Das ist uns durch die laboratoriumstechnischen Fortschritte der letzten Jahre möglich.

2. Hierzu müssen von Immunologen oder Biochemikern Substanzen gefunden werden, die für die häufigen Tumoren diagnostisch wichtig sind (6).

3. Vermutlich wird man nicht nur auf e i n e n Indikator sehen dürfen,
   sondern das ganze Spektrum subtiler biochemischer und immunologischer Veränderungen analysieren müssen.

Grundvoraussetzung für diese Bemühungen ist eine noch engere Zusammenarbeit zwischen Biochemikern, Immunologen und Klinikern.

Literatur

1. ABELEV, G. I.: Alpha-fetoprotein in ontogenesis and its association
   with malignant tumors. In: KLEIN, G. , WEINHOUSE, S. , HADDOW,
   A. (Eds.), Advances in Cancer Research, Vol. 14, p. 295. New York-
   London: Academic Press 1971.

2. ALPERT, E. , HERSHBERG, R. , SCHUR, P. H. , and ISSELBACHER,
   K. J.: Alpha-fetoprotein in human hepatoma; improved detection in
   serum, and quantitative studies using a new sensitive technique.
   Gastroenterology 61, 137 (1971).

3. BAGSHAWE, K.D.: Tumor-associated antigens. Brit. med. Bull. 30, 68 (1974).

4. BANJO, C., SHUSTER, J., and GOLD, P.: Intermolecular heterogeneity of the carcinoembryonic antigen. Cancer Res. 34, 2114 (1974).

5. BIVINS, B.A., BOYD, C.R., MEEKER, W.R., Jr., and GRIFFEN, W.O., Jr.: CEA levels and prognosis in colon carcinoma. J. surg. Oncol. 6, 413 (1974).

6. BODANSKY, O.: Reflections on biochemical aspects of human cancer. Cancer (Philad.) 33, 364 (1974).

7. BOUNAMEAUX, Y., and LE DAIN, M.: Carcinoembryonic antigen (CEA) assay; preliminary results of a clinical evaluation. In: Abstracts of the 11th International Cancer Congress, Florence, 20-26 Oct. 1974. Vol. 1: Conferences, Symposia, Workshops, p. 350. Milano: Casa Editrice Ambrosiana 1974.

8. BUBENIK, J., PERLMANN, P., HELMSTEIN, K., and MOBERGER, G.: Immune response to urinary bladder tumours in man. Int. J. Cancer 5, 39 (1970).

9. BUFFE, D., RIMBAUT, C., LEMERLE, J., SCHWEISGUTH, O., BURTIN, P., et RUDANT. C.: Présence d'une ferroprotéine d'origine tissulaire, l'α_2 H, dans le sérum des enfants porteurs de tumeurs. Int. J. Cancer 5, 85 (1970).

10. BURTIN, P.: Membrane antigens of the colonic tumors. Cancer (Philad.) 34, 829 (1974).

11. CARNEGIE, P.R., CASPARY, E.A., and FIELD, E.J.: Isolation of an "antigen" from malignant tumours. Brit. J. Cancer 28, Suppl. I, 219 (1973).

12. CASPARY, E.A., and FIELD, E.J.: Specific lymphocyte sensitization in cancer: is there a common antigen in human malignant neoplasia? Brit. med. J. 1971/II, 613.

13. COLIGAN, J.E., HENKART, P.A., TODD, C.W., and TERRY, W.D.: Heterogeneity of the carcinoembryonic antigen. Immunochemistry 10, 591 (1973).

14. CONCANNON, J.P., DALBOW, M.H., LIEBLER, G.A., BLAKE, K.E., WEIL, C.S., and COOPER, J.W.: The carcinoembryonic antigen assay in bronchogenic carcinoma. Cancer (Philad.) 34, 184 (1974).

15. COSTANZA, M.E., DAS, S., NATHANSON, L., RULE, A., and SCHWARTZ, R.S.: Carcinoembryonic antigen. Report of a screening study. Cancer (Philad.) 33, 583 (1974).

16. CURRIE, G.A.: Human cancer and immunology. In: RAVEN, R.W. (Ed.): Modern Trends in Oncology. Part 1: Research Progress, p. 127. London: Butterworth 1973.

17. CURRIE, G.A.: The role of circulating antigen as an inhibitor of tumour immunity in man. Brit. J. Cancer 28, Suppl. I, 153 (1973).

18. DHAR, P., MOORE, T., ZAMCHECK, N., and KUPCHIK, H.Z.: Carcinoembryonic antigen (CEA) in colonic cancer. Use in preoperative and postoperative diagnosis and prognosis. J. Amer. med. Ass. 221, 31 (1972).

19. DICKINSON, J.P., CASPARY, E.A., and FIELD, E.J.: A common tumour specific antigen. I. Restriction in vivo to malignant neoplastic tissue. Brit. J. Cancer 27, 99 (1973).

20. DICKINSON, J.P., and CASPARY, E.A.: The chemical nature of cancer basic protein. Brit. J. Cancer 28, Suppl. I, 224 (1973).

21. DICKINSON, J.P., McDERMOTT, J.R., SMITH, J.K., and CASPARY, E.A.: A common tumour specific antigen. II. Further characterization of the whole antigen and of a cross-reacting antigen of normal tissues. Brit. J. Cancer 29, 425 (1974).

22. ELGORT, D.A., ABELEV, G.I., LEVINA, D.M., MARIENBACH, E.V., MARTOCHKINA, G.A., LASKINA, A.V., and SOLOVJEVA, E.A.: Immunoradioautography test for alpha-fetoprotein in the differential diagnosis of germinogenic tumors of the testis and in the evaluation of effectiveness of their treatment. Int. J. Cancer 11, 586 (1973).

23. EVELEIGH, J.W.: Heterogeneity of carcinoembryonic antigen. Cancer Res. 34, 2122 (1974).

24. FASS, L., HERBERMAN, R.B., ZIEGLER, J.L., and KIRYABWIRE, J.W.M.: Cutaneous hypersensitivity reactions to autologous extracts of malignant melanoma cells. Lancet 1970/I, 116.

25. FIELD, E.J.: Immunological diagnosis of cancer. In: RAVEN, R.W. (Ed.), Modern Trends in Oncology. Part 1: Research Progress, p. 183. London: Butterworth 1973.

26. FIELD, E.J., CASPARY, E.A., and SMITH, K.S.: Macrophage electrophoretic mobility (MEM) test in cancer; a critical evaluation. Brit. J. Cancer 28, Suppl. I, 208 (1973).

27. FISHMAN, W.H.: Carcinoplacental isoenzyme antigens. In: WEBER, G. (Ed.), Advances in Enzyme Regulation. Vol. 11, p. 293. Oxford-New York-Toronto-Sydney-Braunschweig: Pergamon Press 1973.

28. FISHMAN, W.H.: Perspectives on alkaline phosphatase isoenzymes. Amer. J. Med. 56, 617 (1974).

29. GOLD, P., and FREEDMAN, S.O.: Demonstration of tumor-specific antigens in human colonic carcinomata by immunological tolerance and absorption techniques. J. exp. Med. 121, 439 (1965).

30. GOLDSTONE, A.H., KERR, L., and IRVINE, W.J.: The macrophage electrophoretic migration test in cancer. Clin. exp. Immunol. 14, 469 (1973).

31. GOLTZMAN, D., POTTS, J.T., Jr., RIDGWAY, E.C., and MALOOF,
F.: Calcitonin as a tumor marker. Use of the radioimmunoassay for
calcitonin in the postoperative evaluation of patients with medullary
thyroid carcinoma. New Engl. J. Med. 290, 1035 (1974).

32. HALL, T.C.: Ectopic synthesis and paraneoplastic syndromes. Cancer
Res. 34, 2088 (1974).

33. HALTERMAN, R.H., LEVENTHAL, B.G., and MANN, D.L.: An acute-
leukemia antigen; correlation with clinical status. New Engl. J. Med.
287, 1272 (1972).

34. HANSEN, H.J., SNYDER, J.J., MILLER, E., VANDEVOORDE, J.P.,
MILLER, O.N., HINES, L.R., and BURNS, J.J.: Carcinoembryonic
antigen (CEA) assay; a laboratory adjunct in the diagnosis and management of cancer. Hum. Path. 5, 139 (1974).

35. HARRIS, R., VIZA, D., TODD, R., PHILLIPS, J., SUGAR, R.,
JENNISON, R.F., MARRIOTT, G., and GLEESON, M.H.: Detection of
human leukaemia associated antigens in leukaemia serum and normal
embryos. Nature (Lond.) 233, 556 (1971).

36. HELLSTRÖM, I., HELLSTRÖM, K.E., PIERCE, G.E., and BILL,
A.H.: Demonstration of cell-bound and humoral immunity against
neuroblastoma cells. Proc. natl. Acad. Sci. US 60, 1231 (1968).

37. HELLSTRÖM, I., HELLSTRÖM, K.E., SJÖGREN, H.O., and WARNER,
G.A.: Demonstration of cell-mediated immunity to human neoplasms
of various histological types. Int. J. Cancer 7, 1 (1971a).

38. HELLSTRÖM, I., HELLSTRÖM, K.E., SJÖGREN, H.O., and WARNER,
G.A.: Serum factors in tumor-free patients cancelling the blocking
of cell-mediated tumor immunity. Int. J. Cancer 8, 185 (1971b).

39. HELLSTRÖM, K.E., and HELLSTRÖM, I.: Immunity to neuroblastomas
and melanomas. Ann. Rev. Med. 23, 19 (1972).

40. HELLSTRÖM, K.E., and HELLSTRÖM, I.: Lymphocyte-mediated
cytotoxicity and blocking serum activity to tumor antigens. Advanc.
Immunol. 18, 209 (1974).

41. HENLE, G., HENLE, W., CLIFFORD, P., DIEHL, V., KAFUKO,
G.W., KIRYA, B.G., KLEIN, G., MORROW, R.H., MUNUBE, G.M.R.,
PIKE, P., TUKEI, P.M., and ZIEGLER, J.L.: Antibodies to Epstein-
Barr virus in Burkitt's lymphoma and control groups. J. nat. Cancer
Inst. 43, 1147 (1969).

42. HENLE, G., and HENLE, W.: Immunofluorescence in cells derived
from Burkitt's lymphoma. J. Bact. 91, 1248 (1966).

43. HENLE, W., HENLE, G., GUNVÉN, P., KLEIN, G., CLIFFORD,
P., and SINGH, S.: Patterns of antibodies to Epstein-Barr virus-
induced early antigens in Burkitt's lymphoma. Comparison of dying
patients with long-term survivors. J. nat. Cancer Inst. 50, 1163 (1973).

44. HOLYOKE, E.D., CHU, T.M., and MURPHY, G.P.: CEA as a moni-
tor of gastrointestinal malignancy. Cancer (Philad.) 35, 830 (1975).

45. HUGHES, L. E., and LYTTON, B.: Antigenic properties of human tumours: delayed cutaneous hypersensitivity reactions. Brit. med. J. 1964/I, 209.

46. KHOO, S. K., and MACKAY, I. R.: Carcinoembryonic antigen in serum in diseases of the liver and pancreas. J. clin. Path. 26, 470 (1973).

47. KHOO, S. K., and MACKAY, E. V.: Carcinoembryonic antigen by radioimmunoassay in the detection of recurrence during long-term follow-up of female genital cancer. Cancer (Philad.) 34, 542 (1974).

48. KLEIN, E.: Introduction: diagnosis and immunotherapy of cancer. Nat. Cancer Inst. Monogr. 35, 331 (1972).

49. KLEIN, G., CLIFFORD, P., KLEIN, E., and STJERNSWÄRD, J.: Search for tumor-specific immune reactions in Burkitt lymphoma patients by the membrane immunofluorescence reaction. Proc. natl. Acad. Sci. US 55, 1628 (1966).

50. KLEIN, G., CLIFFORD, P., HENLE, G., HENLE, W., GEERING, G., and OLD, L. J.: EBV-associated serological patterns in a Burkitt lymphoma patient during regression and recurrence. Int. J. Cancer 4, 416 (1969).

51. KLEIST, S. VON, CHAVANEL, G., and BURTIN, P.: Identification of an antigen from normal human tissue that crossreacts with the carcinoembryonic antigen. Proc. natl. Acad. Sci. US 69, 2492 (1972).

52. KOHN, J., and WEAVER, P. C.: Serum-alpha$_1$-fetoprotein in hepatocellular carcinoma. Lancet 1974/II, 334.

53. KUPCHIK, H. Z., and ZAMCHECK, N.: Carcinoembryonic antigen(s) in liver disease. II. Isolation from human cirrhotic liver and serum and from normal liver. Gastroenterology 63, 95 (1972).

54. LAURENCE, D. J. R., and NEVILLE, A. M.: Foetal antigens and their role in the diagnosis and clinical management of human neoplasms; a review. Brit. J. Cancer 26, 335 (1972).

55. LEHMANN, F. G.: Der Nachweis von α_1-Fetoprotein bei internen Erkrankungen - aktueller Stand des Problems. Internist 13, 332 (1972).

56. LEHMANN, F. G., und LEHMANN, D.: Neue immunologische Techniken und quantitative Bestimmung von α_1-Fetoproteinen in der Tumordiagnostik. Verh. dtsch. Ges. inn. Med. 78, 841 (1972).

57. LEHMANN, F. G., und LEHMANN, D.: Vergleich verschiedener Methoden zum serologischen Nachweis von α_1-Fetoprotein im Serum. Z. klin. Chem. 11, 339 (1973).

58. LEHMANN, F. G.: Tumorantigene. Dtsch. med. Wschr. 99, 410 (1974).

59. LEHMANN, F. G., und LEHMANN, D.: Alpha$_1$-Fetoprotein in malignen Tumoren. Klin. Wschr. 52, 222 (1974).

60. LEVI, M. M., KELLER, S., and MANDL, I.: Antigenicity of a papillary serous cystadenocarcinoma tissue homogenate and its fractions. Amer. J. Obstet. Gynec. 105, 856 (1969).

61. LEWIS, M.G., IKONOPISOV, R.L., NAIRN, R.C., PHILLIPS, T.M., FAIRLEY, G.H., BODENHAM, D.C., and ALEXANDER, P.: Tumour-specific antibodies in human malignant melanoma and their relationship to the extent of the disease. Brit. med. J. 1969/III, 547.

62. LO GERFO, P., LO GERFO, F., HERTER, F., BARKER, H.G., and HANSEN, H.J.: Tumor-associated antigen in patients with carcinoma of the colon. Amer. J. Surg. 123, 127 (1972).

63. MACH, J.P., and PUSZTASZERI, G.: Carcinoembryonic antigen (CEA); demonstration of a partial identity between CEA and a normal glycoprotein. Immunochemistry 9, 1031 (1972).

64. MACH, J.P., JAEGER, P., BERTHOLET, M.M., RUEGSEGGER, C.H., LOOSLI, R.M., and PETTAVEL, J.: Detection of recurrence of large-bowel carcinoma by radioimmunoassay of circulating carcinoembryonic antigen (CEA). Lancet 1974/II, 535.

65. MACKAY, A.M., PATEL, S., CARTER, S., STEVENS, U., LAURENCE, D.J.R., COOPER, E.H., and NEVILLE, A.M.: Role of serial plasma CEA assays in detection of recurrent and metastatic colorectal carcinomas. Brit. med. J. 1974/IV, 382.

66. McPHERSON, T.A., BAND, P.R., GRACE, M., HYDE, H.A., and PATWARDHAN, V.C.: Carcinoembryonic antigen (CEA): comparison of the Farr and solid-phase methods for detection of CEA. Int. J. Cancer 12, 42 (1973).

67. MILLER, A.B.: The joint National Cancer Institute of Canada/American Cancer Society study of a test for carcinoembryonic antigen (CEA). Cancer (Philad.) 34, 932 (1974).

68. MORTON, D.L., MALMGREN, R.A., HOLMES, E.C., and KETCHAM, A.S.: Demonstration of antibodies against human malignant melanoma by immunofluorescence. Surgery 64, 233 (1968).

69. MORTON, D.L., MALMGREN, R.A., HALL, W.T., and SCHIDLOVSKY, G.: Immunologic and virus studies with human sarcomas. Surgery 66, 152 (1969).

70. NEVILLE, A.M., NERY, R., HALL, R.R., TURBERVILLE, C., and LAURENCE, D.J.R.: Aspects of the structure and clinical role of the carcinoembryonic antigen (CEA) and related macromolecules with particular reference to urothelial carcinoma. Brit. J. Cancer 28, Suppl. I, 198 (1973).

71. NEVILLE, A.M., and LAURENCE, D.J.R.: Report of the workshop on the carcinoembryonic antigen (CEA): the present position and proposals for future investigation. Int. J. Cancer 14, 1 (1974).

72. NEVILLE, A.M : Clinical value of tumour-associated antigens. J. clin. Path. 27, Suppl. (Roy. Coll. Path.), 7, 119 (1974).

73. O'CONOR, G.T., TATARINOV, Yu. S., ABELEV, G.I., and URIEL, J.: A collaborative study for the evaluation of a serologic test for primary liver cancer. Cancer (Philad.) 25, 1091 (1970).

74. OLD, L. J., and BOYSE, E. A.: Immunology of experimental tumors. Ann. Rev. Med. 15, 167 (1964).

75. ORDER, S. E., PORTER, M., and HELLMAN, S.: Hodgkin's disease: evidence for a tumor-associated antigen. New Engl. J. Med. 285, 471 (1971).

76. PHILLIPS, R. W., and MANILDI, E. R.: Abnormal serum isoenzyme of leucine aminopeptidase (LAP) in malignant neoplastic disease. Cancer (Philad.) 34, 350 (1974).

77. PLETSCH, Q., and GOLDENBERG, D. M.: Molecular size of carcino-embryonic antigen in the plasma of patients with malignant disease. J. nat. Cancer Inst. 53, 1201 (1974).

78. PRITCHARD, J. A. V., MOORE, J. L., SUTHERLAND, W. H., and JOSLIN, C. A. F.: Technical aspects of the macrophage electrophoretic mobility (MEM) test for malignant disease. Brit. J. Cancer 28, Suppl. I, 229 (1973).

79. PUSZTASZERI, G., and MACH, J. P.: Carcinoembryonic antigen (CEA) in non digestive cancerous and normal tissues. Immunochemistry 10, 197 (1973).

80. ROSEN, S. W., WEINTRAUB, B. D., VAITUKAITIS, J. L., SUSSMAN, H. H., HERSHMAN, J. M., and MUGGIA, F. M.: Placental proteins and their subunits as tumor markers. Ann. intern. Med. 82, 71 (1975).

81. RUOSLAHTI, E., SALASPURO, M., PIHKO, H., ANDERSSON, L., and SEPPÄLÄ, M.: Serum α-fetoprotein: diagnostic significance in liver disease. Brit. med. J. 1974/II, 527.

82. SCHAPIRA, F., HATZFELD, A., and WEBER, A.: Fetal type of isoenzymes in cancer. In: Abstracts of the 11th International Cancer Congress, Florence, 20-26 Oct. 1974. Vol. 1: Conferences, Symposia, Workshops, p. 123. Milano: Casa Editrice Ambrosiana 1974.

83. SHUSTER, J., LIVINGSTONE, A., BANJO, C., SILVER, H. K. B., FREEDMAN, S. O., and GOLD, P.: Immunologic diagnosis of human cancers. Amer. J. clin. Path. 62, 243 (1974).

84. SILVER, H. K. B., GOLD, P., SHUSTER, S., JAVITT, N. B., FREEDMAN, S. O., and FINLAYSON, N. D. C.: Alpha$_1$-fetoprotein in chronic liver disease. New Engl. J. Med. 291, 506 (1974).

85. SKARIN, A. T., DELWICHE, R., ZAMCHECK, N., LOKICH, J. J., and FREI, E. III: Carcinoembryonic antigen: clinical correlation with chemotherapy for metastatic gastrointestinal cancer. Cancer (Philad.) 33, 1239 (1974).

86. SMITH, R. T., KLEIN, G., KLEIN, E., and CLIFFORD, P.: Studies of the membrane phenomenon in cultured and biopsy cell lines from the Burkitt lymphoma. In: DAUSSET, J., HAMBURGER, J., MATHÉ, G. (Eds.), Advance in transplantation. Proceedings of the 1st international congress of the Transplantation Society, Paris, June 27-30, 1967, p. 483. Baltimore: Williams & Wilkins 1968.

87. STEWARD, A. M., NIXON, D., ZAMCHECK, N., and AISENBERG, A.: Carcinoembryonic antigen in breast cancer patients; serum levels and disease progress. Cancer (Philad.) 33, 1246 (1974).

88. STEWART, T. H. M.: The immunological reactivity of patients with cancer; a preliminary report. Canad. med. Ass. J. 99, 342 (1968).

89. TAL, C., RAYCHAUDHURI, A., MEGEL, H., HERBERMAN, R. B., and BUNCHER, C. R.: Simplified technique for the T-globulin cancer test. J. nat. Cancer Inst. 51, 33 (1973).

90. TATARINOV, Yu. S.: Presence of embryospecific alpha globulin in the serum of patients with primary hepatocellular carcinoma. Vop. med. Khim. 10, 90 (1964).

91. TODD, C. W.: Carcinoembryonic antigen. In: Abstracts of the 11th International Cancer Congress, Florence 20-26 Oct., 1974. Vol. 1: Conferences, Symposia, Workshops, p. 32. Milano: Casa Editrice Ambrosiana 1974.

92. TSOU, K. C., McCOY, M. G., and LO, K. W.: An isoenzyme of 5'- nucleotide phosphodiesterase and α-fetoprotein in human hepatic cancer patient sera. Cancer Res. 34, 2459 (1974).

93. VINCENT, R. G., and CHU, T. M.: Carcinoembryonic antigen in patients with carcinoma of the lung. J. thorac. cardiovasc. Surg. 66, 320 (1973).

94. VOGEL, C. L., PRIMACK, A., McINTIRE, K. R., CARBONE, P. P., and ANTHONY, P. P.: Serum alpha-fetoprotein in 184 Ugandan patients with hepatocellular carcinoma. Clinical, laboratory, and histopathologic correlations. Cancer (Philad.) 33, 959 (1974).

95. WEINTRAUB, B. D., and ROSEN, S. W.: Competitive radioassays and "specific" tumor markers. Metabolism 22, 1119 (1973).

96. WOOD, W. C., and MORTON, D. L.: Host immune response to a common cell-surface antigen in human sarcomas. Detection by cytotoxicity tests. New Engl. J. Med. 284, 569 (1971).

97. YACHI, A., MATSUURA, Y., CARPENTER, C. M., and HYDE, L.: Immunochemical studies on human lung cancer antigens soluble in 50% saturated ammonium sulfate. J. nat. Cancer Inst. 40, 663 (1968).

98. ZAMCHECK, N.: Carcinoembryonic antigen; quantitative variations in circulating levels in benign and malignant digestive tract diseases. Advanc. intern. Med. 19, 413 (1974).

99. ZAMCHECK, N., and KUPCHIK, H. Z.: The interdependence of clinical investigations and methodological development in the early evolution of assays for carcinoembryonic antigen. Cancer Res. 34, 2131 (1974).

NOCKE-FINCK:

Es ist mir nicht klar, warum das HCG als Tumorantigen bezeichnet wird
und man dann diesen Begriff nicht konsequenterweise auf alle anderen,
von Tumoren produzierten Hormone bezieht. Zum Beispiel müßte man
ebenso das Wachstumshormon bei der Akromegalie anführen. Der Nachweis, daß mehr Hormon produziert wird, beruht immer auf einem Tumor
- es sei denn, daß man eine andere Stimulierung vornimmt.

GALLMEIER:

Das HCG ist, wie ich schon andeutete, kein eigentliches Tumorantigen,
sondern ein Tumormakromolekül in allerweitestem Sinne. Es ist kein
tumorspezifisches Antigen, weil sich das Tumor-produzierte HCG nicht
vom normalen HCG unterscheidet. HCG wurde als Modell gewählt, denn
das Dilemma ist, daß wir ein nichttypisches Beispiel für etwas verwenden
müssen, was wir erst in Zukunft anstreben wollen. Es wurde angeführt,
weil es heute bereits von entscheidender klinischer Bedeutung ist und
eine Vorstellung davon vermittelt, wie ein immunologischer Tumortest
aussehen kann. Ich stimme Ihnen darin zu, daß die anderen paraneopla-
stischen Hormone, wenn sie einmal ausreichend untersucht sind, genauso
gut herangezogen werden können. Es gibt z.B. Arbeiten über die Bestimmung von Calcitonin als Verlaufsparameter beim Bronchialcarcinom.

C.G. SCHMIDT:

Ich würde gerne, bevor die Diskussion sich den einzelnen Tests zuwendet
und ins Detail geht, eine allgemeine Bemerkung zum Begriff der Frühdiagnose machen: Ich finde es durchaus richtig, daß Herr GALLMEIER
den HCG-Test als Beispiel für einen Radioimmunoassay genannt hat,
obwohl es nicht ein tumorspezifisches Antigen ist. Denn es ist der einzige Test - wenn Sie vom Paraprotein beim Myelom absehen -, der im
Augenblick die Kriterien einer Frühdiagnose erfüllt. Ich möchte Ihnen
die Zahlen noch einmal in Erinnerung rufen: Wenn Sie als Kliniker einen
Tumor diagnostizieren, sei es eine Leukose oder eine Metastase mit
einem Durchmesser von 1 cm auf dem Röntgenbild - das ist gerade die
Grenze des Auflösungsvermögens -, haben Sie bereits mit Zellzahlen
pro Herd von 10^9 zu rechnen. Mit dem HCG-Test - insbesondere, wenn
Sie die sogenannten β-Subunits differenzieren, was eine 10fache Steigerung
der Sensitivität bedeutet - kommen Sie auf den Nachweis von 10^6 Zellen.
Dies ist für die Diagnose und die daraus abzuleitende Therapie von
eminenter Bedeutung, weil für die Chemotherapie maligner Tumoren,

die sich als Therapie-sensibel erweisen, eine umgekehrte Proportionalität zwischen der Zahl der Tumorzellen zu Beginn der Erkrankung und dem therapeutischen Ergebnis besteht. D. h. im Gegensatz zu der weitverbreiteten Meinung ist die Chemotherapie sensibler Tumoren eine frühe Therapie - außer wenn die Dissemination nachgewiesen ist - und nicht eine ante finem durchzuführende Maßnahme.

Der Begriff der Frühdiagnose bedarf einer Änderung. Alles, was bisher Frühdiagnose genannt wird, ist immer Spätdiagnose. Daher muß eine echte Frühdiagnose nicht "Early Diagnosis" sein, sondern das, was wir als "Earlier Diagnosis" propagieren. Die Zeit zwischen Beginn eines Tumors und klinischer Manifestation ist so unverhältnismäßig viel größer als die Zeit von der Diagnose bis zum - wenn man ihn nicht heilen kann - fatalen Ausgang, daß der Ausdruck Frühdiagnose eine Contradictio in adjecto ist. Ich darf das am Myelom kurz erläutern: Wenn Sie die Verdoppelungszeit der Myelome berücksichtigen und die pro Gramm Tumor bzw. pro Tumorzelle produzierte Proteinmenge ebenso messen sowie den Turnover des Proteins, kommen Sie auf Latenzperioden zur klinischen Diagnose von 20 - 30 Jahren. Der bisherige Ausdruck Frühdiagnose bedeutet in der Entwicklung des Tumors Spätdiagnose; was man anstreben muß, ist "Earlier Diagnosis". Das ist zwar nur ein feiner Nomenklatur-Unterschied, der aber extrem wichtig ist und vor allem Optimismus in diesem Punkt warnen soll.

DUBACH:
Als Kliniker begrüße ich die kritische Zusammenstellung von Herrn GALLMEIER sehr; ich hoffe, daß sie allgemein bekannt wird. Wir haben uns zum Beispiel in Basel entschlossen, den CEA-Test auf Stationen und Ambulatorien in der Routine zu verbieten und nur für wissenschaftliche Fragestellungen zuzulassen.

BÜTTNER:
Die ernüchternden Zahlen über die Ergebnisse der Bestimmung der carcinoembryonalen Antigene stellen diese Tests in die Reihe der vielen früheren Krebstests. Dabei fällt mir eines auf; das Problem scheint in allererster Linie doch die mangelnde Empfindlichkeit zu sein, weil die falsch negativen Tests viel mehr überwiegen als die falsch positiven. Hierzu würde ich gerne Zahlen hören. Wieviel Tumorzellen müssen vorhanden sein, damit diese Tests ansprechen? Herr SCHMIDT nannte Zahlen für den HCG-Test, in der Literatur gibt es Angaben für die Paraproteine. Wieviel Zellen müssen vorhanden sein, damit der CEA-Test und die anderen Tests auf Tumorantigene ansprechen?

GALLMEIER:
Man sollte Herrn LEHMANN Gelegenheit geben, hierzu Stellung zu nehmen, denn er hat über dieses Problem ausführlich gearbeitet.

LEHMANN:
Diese Frage läßt sich nicht direkt beantworten, und zwar deshalb, weil verschiedene Tumoren gleichen histologischen Typs diese Antigene in unterschiedlichem Ausmaß synthetisieren. Das ist ein generelles Prinzip

der sogenannten carcino-embryonalen Antigene. Es besteht - das ist für
den Kliniker wichtig und gilt für alle bisher beobachteten Fälle - keine
Korrelation zwischen Tumorgröße auf der einen Seite und Tumorantigen-
Konzentration im Tumorgewebe und im Serum auf der anderen Seite.
Dies ist kein Problem der Tumorantigen-Elimination, es ist ein Problem
der Tumorantigen-Neosynthese. Es gibt sehr große Tumoren, die überhaupt kein Tumorantigen produzieren, und es gibt kleine Tumoren gleichen histologischen Typs, die große Mengen Tumorantigen produzieren.
Wir wissen heute nichts über den zugrundeliegenden Mechanismus; daß
eine Derepression des Repressor-Proteins die Ursache ist, ist eine be-
stechende Idee, aber nicht bewiesen. Wenn man ein Kollektiv betrachtet
- alle Studien, die bisher durchgeführt wurden, sind Kollektivstudien -,
ist natürlich eine Tendenz festzustellen: mit der Progression des Tumor-
wachstums wird ein höherer Tumorantigen-Spiegel gefunden. Wegen der
enormen Variabilität der Tumorantigen-Neosynthese in malignen Tumoren
läßt sich jedoch klinisch im Einzelfall - und Patienten sind ja immer
Individuen und keine Kollektive - kein direkter Bezug von der Tumoran-
tigen-Serumkonzentration zur Tumorgröße (und damit auch zur Prognose)
herstellen.

Eine andere Frage ist, wie groß die Carcinome werden müssen, damit
man sie serologisch entdecken kann. Dazu ein Beispiel: Wir haben Tumorantigene aus Lebercarcinomen extrahiert und unsere Werte auf eine un-
empfindliche Technik extrapoliert, auf die Doppeldiffusion, mit der man
etwa 10 000 ng/ml nachweisen kann. Der günstigste Fall lag bei 3 Gramm,
der ungünstigste Fall bei 335 Gramm. Dieses zeigt Ihnen die Variation.
Es gibt analoge Studien bei Mammacarcinomen, Bronchialcarcinomen
und Coloncarcinomen betreffend CEA. Es gibt im K o l l e k t i v , ich bitte
das ganz deutlich zu unterscheiden, eine Tendenz, daß erst bei Metastasierung hohe Werte und bei lokal begrenzten Tumoren, also z.B. beim
Coloncarcinom, Carcinomen vom Typ DUKES A oder beim Magencarcinom
(Early Cancer), sehr selten positive Ergebnisse gefunden werden. Aber
es gibt auch E i n z e l f ä l l e mit sehr hohen Titern bei sehr kleinen
Carcinomen.

Zur Zukunftschance der Tumorantigen-Tests möchte ich folgendes sagen:
Mir scheint die heutige Beurteilung noch methodisch beeinflußt zu sein.
Man darf nicht übersehen, daß Tumorantigene erst seit 10 Jahren bekannt
sind, daß in den letzten 5 Jahren die Literatur explosionsartig angewach-
sen ist und daß Ergebnisse der Grundlagenforschung eigentlich erst aus
den letzten 2 Jahren vermehrt vorliegen. Erst zwei Tumorantigene sind
soweit charakterisiert und die Nachweismethoden so empfindlich, daß man
wirklich etwas darüber aussagen kann. Dies sind α_1-Fetoprotein und
Colon Embryonic Antigen. Bei den anderen "Tumorantigenen" muß man
ehrlicherweise warten, bis die biochemische Charakterisierung und eine
empfindliche Nachweismethode vorliegen.

Die pessimistische Aussage, die Herr GALLMEIER aus dem jetzigen
Stand gezogen hat, muß in der Zukunft in E i n z e l f ä l l e n nicht stimmen.
Wir haben z.B. beim primären Lebercarcinom - das immerhin in einigen
Teilen der Erde das häufigste Carcinom ist, also eine Bedeutung hat,

die weit über die Bedeutung des Bronchial-, Mamma- und Magencarcinoms
bei uns zusammengenommen hinausgeht - gesehen, daß wir eine absolute
Indikation zur Durchführung eines Tumortests haben, der mit einer unempfindlichen Technik in 70% und mit einer empfindlichen Technik in über
95% positiv ist.

Folgendes möchte ich hervorheben: Mit einer unempfindlichen Technik
- und das ist heute bei den meisten Tumorantigenen der Fall - findet
man gar nichts. Mit einer "halb" empfindlichen Technik hat man einen
angeblich spezifischen Test, weil er relativ unempfindlich ist. Nur die
sehr hohen Werte werden positiv gemessen, d. h. man hat einen geringen
Prozentsatz positiver Ergebnisse bei Carcinomen und keine falsch positiven Ergebnisse bei anderen Erkrankungen. Mit einer empfindlichen Technik werden alle Werte positiv gemessen. Ich würde vorschlagen, daß man
zumindest zum gegenwärtigen Zeitpunkt - das ist nicht klinisch-chemisch,
sondern klinisch gedacht - praktisch drei Bereiche unterscheidet: 1. den
"Normalbereich", dieser entspricht dem Normalbereich gesunder Personen.
2. einen "ersten pathologischen Bereich", das wären diejenigen Erhöhungen, die beim α_1-Fetoprotein zwischen 20 und 2 000 Nanogramm/ml und
beim CEA zwischen 2, 5 und 20 Nanogramm/ml liegen. In diesem Bereich
sind Carcinome sehr häufig positiv, aber auch andere Zustände können
positive Ergebnisse liefern, z. B. entzündliche Erkrankungen derjenigen
Organe, die dieses Antigen in der Embryonalzeit synthetisieren. Aus
klinisch-chemischer Sicht kann hier nur die Kontrolle weiterhelfen: die
Erhöhung der Werte ist transitorisch bei entzündlichen und progredient
bei malignen Erkrankungen. Aus klinischer Sicht kann nur der Einsatz
anderer Untersuchungstechniken weiterhelfen. 3. Der "zweite pathologische Bereich", dessen Untergrenzen sehr hoch angesetzt sind: 20 Nano-
gramm/ml beim CEA und 2 000 Nanogramm/ml beim α_1-Fetoprotein.
Wenn eine Erhöhung über diese Werte hinaus vorliegt, dann ist sie
pathognomonisch für einen Tumor.

Zusammenfassend glaube ich, daß für die Bestimmung von α_1-Fetoprotein
die absolute Indikation beim primären Leberzellcarcinom, Teratoblastom
und endodermalen Sinustumor, für die Bestimmung von CEA die relative
Indikation bei der postoperativen Nachsorge von Colon- und möglicherweise Pankreas-Carcinomen heute schon gesichert ist. Bei allen anderen
sogenannten Tumorantigenen muß man abwarten, sie sind sicher zur Zeit
für die Routine-Tumordiagnostik nicht geeignet.

Zur Frage der Standardisierung möchte ich anmerken, daß es für die
beiden genannten Antigene auch bereits Standards gibt: einen WHO-Standard
für α_1-Fetoprotein und einen vorläufigen CEA-Standard vom National
Institute for Biological Standards and Control in London.

KRÜSKEMPER:
Letzten Endes läßt sich doch ein allgemein gültiger und auf einen Typ
von Tumor gerichteter immunologischer Test nur entwickeln unter der
Vorstellung, daß die Tumorzellen bei verschiedenen Tumorträgern unter-
einander näher verwandt sind als der Tumor mit seinem Träger, denn
sonst läßt dieser sich nicht spezifisch genug abgrenzen. Darum möchte
ich fragen, wieweit die Forschung im Hinblick auf die Spezifität der
Antigene für bestimmte Tumortypen ist?

GALLMEIER:

Diese Frage ist schwierig zu beantworten, denn sie ist einfach die, welche Tumorantigene es gibt und wie man sie voneinander differenzieren kann. Im Grunde zielt Ihre Frage auf die Existenz eines universellen Tumorantigens ab, das es vermutlich nicht gibt.

KRÜSKEMPER:

Um meine Frage zu konkretisieren: Ich denke z. B. an das Lymphosarkom, an das Reticulosarkom, an das folliculäre Schilddrüsencarcinom - gibt es für alle diese verschiedenen Tumoren spezifische Antigene?

GALLMEIER:

Es gibt Beispiele dafür, daß Tumor-Gruppen Antigene gleicher Spezifität tragen, aber diese gruppenspezifischen Antigene sind häufig im Cytoplasma angesiedelt, d.h. sie sind von geringerer biologischer Bedeutung. Diejenigen Antigene, die teleologisch wichtig sind, weil sie dem Organismus die Möglichkeit geben, das Tumorwachstum zu erkennen und möglicherweise prophylaktisch im Sinne einer Immunüberwachung zu eliminieren, sind auf der Zelloberfläche angesiedelt. Zum Beispiel hat das BURKITT-Lymphom Zelloberflächen-Antigene, die mit Fluorescenzmethoden nachweisbar sind. Es gibt weiterhin bei diesem Tumor eine Reihe cytoplasmatischer Antigene, die zum Teil Virusmaterial darstellen, zum Teil Virus-codierte Antigene sind. Es ist eine Regel der Tumorimmunologie, insbesondere der experimentellen Tumorimmunologie, daß Tumoren, die vom gleichen Virus infiziert worden sind, auch gruppenspezifische Antigene tragen, unabhängig von einer Reihe anderer Antigene. Rückschließend kann man aus dieser Gruppenspezifität folgern daß möglicherweise ein Virus im Spiel war, und das wird ja auch bei manchen menschlichen Tumoren - mit sehr vielen Fragezeichen - postuliert. Solche gruppenspezifischen Antigene gibt es bei Melanomen, bei Neuroblastomen, bei gewissen Sarkomen und einer Reihe anderer Tumoren. Diese sind bisher aber nur mit indirekten Tests nachgewiesen worden, z. B. dem Kolonie-Hemmungstest der HELLSTRÖMs und anderen. Sie sind nicht so weit charakterisiert, daß man sie für die Diagnostik einsetzen kann.

C. G. SCHMIDT:

Ich möchte die Frage von Herrn KRÜSKEMPER abschließend beantworten: Was wir als Kliniker wünschen müssen, ist ein gruppen- und nicht ein individualspezifisches Antigen. Das scheint im Augenblick, wie Herr GALLMEIER ausgeführt hat, nur für gewisse Sarkom-Gruppen und nicht für epitheliale Tumoren, also Carcinome, zu gelten.

Eine kurze Erinnerung nur noch an die bekannten - und in diesem Fall für uns sehr enttäuschenden - Versuche mit den Benzpyren-induzierten Tumoren bei der Ratte: Dort sind die mit verschiedenen chemischen Verbindungen induzierten Carcinome so weitgehend individualspezifisch, daß der Tumor, der an der linken Pfote entsteht, ein anderes Antigen-Muster hat als der Tumor an der rechten Pfote desselben Tieres. Dies steht im Gegensatz zur Gruppenspezifität der virusinduzierten Tumoren. Der Versuch, solche Antigene diagnostisch nachzuweisen, würde einen ungewöhn-

lichen Aufwand an Laborleistungen bei mangelhaftem Wert bedeuten. Das
scheint mir der augenblickliche Stand der Entwicklung zu sein, die sich,
wie Herr LEHMANN sagte, in rascher Bewegung befindet.

RÓKA:
Zur Äußerung von Herrn LEHMANN möchte ich folgendes fragen: Gibt
es eine feste Korrelation zwischen dem Spiegel an α_1-Fetoprotein oder
CEA im Serum und dem Gehalt im Tumor, d. h. finden wir in den Fällen,
in denen wir im Serum nichts finden, auch im Tumor nichts? Würde das
bedeuten, daß es Tumoren gibt, die dieses Antigen überhaupt nicht produzieren , oder könnte es sein, daß diese Tumoren erst zu produzieren
beginnen, wenn sie metastasieren? Oder bleibt es, wenn ein Tumor einmal dieses Antigen nicht produziert hat, dabei?

LEHMANN:
Ihre Vermutung ist richtig: Es gibt Tumoren, die bestimmte Antigene
nicht (bzw. nur in sehr geringen Mengen) produzieren; dann ist auch im
Serum nichts (bzw. sehr wenig) nachzuweisen. Es besteht eine schlechte
Korrelation zwischen der Tumorantigen-Gewebskonzentration und der
Serumkonzentration, wohl aber eine Korrelation zwischen dem Gesamt-
gehalt bzw. der Gesamtproduktion eines Tumorantigens im Tumorgewebe
und der Serumkonzentration, wie wir es für α_1-Fetoprotein bei primären
Leberzellcarcinomen nachgewiesen haben.

RÓKA:
Wäre es denkbar, daß man die Produktion eines solchen Antigens provo-
ziert, wenn man z. B. einen Tumor bestrahlt oder ihn mit Cytostatica
behandelt? Sie haben gesagt, daß keine Korrelation zwischen der Elimination dieser Antigene aus dem Serum und der Serum-Konzentration besteht. Die Halbwertszeit von CEA soll kurz sein, wobei man annimmt,
daß es durch die Leber eliminiert wird. Daher könnte man sich vorstellen, daß durch Blockade dieser Elimination durch die Leber der Serumspiegel ansteigt.

LEHMANN:
Es besteht natürlich eine Beziehung zwischen Elimination und Serumspiegel, nur, so meine ich, ist das nicht das primäre Problem des Klinikers.
Der Kliniker will wissen: Liegt ein Tumor vor oder nicht; dafür ist es
gleichgültig, ob das Tumorantigen im Serum auf das Zweifache, Dreifache
oder Vierfache erhöht ist, da ja keine Beziehung zur Tumorgröße besteht.
Das ist der Bereich, in dem die Elimination eine Rolle spielt, während
beim Vorliegen von Tumoren die Produktion einiger Tumorantigene, z. B.
des α_1-Fetoproteins, wo extreme Verhältnisse vorkommen, um den Faktor
von über 1 Million differieren kann. Um Zahlen zu nennen: Normalserum
enthält bis 6 ng/ml, es gibt Tumoren, bei denen bis über 6 Millionen
ng/ml Serum vorkommen. Wenn man das berücksichtigt, spielt die Elimination, die natürlich vorhanden und auch durch Radio- oder Chemotherapie beeinflußbar ist, eine wahrscheinlich geringe Rolle.

RÓKA:

Sie haben eine Gruppe abgegrenzt, bei der CEA zwischen 2,5 und 20 ng/ml
Serum liegt. Gerade bei dieser Gruppe wäre es interessant, ob man durch
irgendwelche Maßnahmen den Serumspiegel erhöhen kann, um sich eine
diagnostische Absicherung zu verschaffen.

LEHMANN:

Dazu muß man sagen, daß experimentelle oder am Menschen durchgeführte
Untersuchungen noch nicht vorliegen. Es gibt zwei Arbeiten, welche vielleicht richtungsweisend sind: Erstens kann man bei der nackten Maus
einen Colontumor mit radioaktiv markiertem Anti-CEA markieren. Das
ist beim Menschen wahrscheinlich nicht möglich, weil die Antikörper
humoral abgefangen werden. Zweitens ist folgendes gesichert: Einmal
haben Bevölkerungsgruppen mit einer hohen Carcinom-Incidenz häufig
transitorische Erhöhungen eines Tumorantigens in einem niedrigen Kon-
zentrationsbereich. Dazu kommt die Beobachtung, daß es in der Frühphase
der tierexperimentellen Carcinogenese zu einem reversiblen Tumoranti-
gen-Anstieg im Serum kommt, der sich wieder normalisiert, und daß
erst später mit Auftreten histologischer Veränderungen erneut ein Anstieg erfolgt. Das läßt natürlich Spekulationen zu, daß ein "Provokations-
test" sinnvoll sein könnte. Es gibt bisher keine prospektive Studie bei
chronisch-atrophischer Gastritis und Magencarcinom, bei Colitis ulcerosa
und Coloncarcinom. Wir haben eine Studie bei Lebercirrhose und Lebercarcinom gemacht, aber diese kann man beim Menschen nicht prospektiv
durchführen, weil sie 60 Jahre dauern würde.

LANG:

Zu den im Patienten gegen Tumorantigene gebildeten Antikörpern habe
ich zwei Fragen: Sind schon Einzelheiten darüber bekannt, wie häufig und
wie stark diese Antikörper beim Nachweis von Tumorantigenen interferieren? Kann man die Größe dieser Interferenz schon messen und bei
der Bestimmung von Tumorantigenen berücksichtigen?

GALLMEIER:

Ich sprach von den zwei grundsätzlich denkbaren Möglichkeiten einer
Immundiagnose bösartiger Erkrankungen: 1. Nachweis eines Tumorantigens, 2. Nachweis einer Immunreaktion (humorale, d.h. Antikörper, und
celluläre) gegen Tumorantigene. Der gleichzeitige Nachweis von
Tumorantigen und Tumorantikörper im Serum wäre für einen Immunologen
ungewöhnlich. Wir würden dann das Phänomen einer "Immunclearance"
für das betreffende Tumorantigen erwarten oder eine Adsorption des
Antikörpers an den Tumor. Aus diesen Gründen treffen wir in der Praxis
entweder ein nachweisbares Antigen oder einen nachweisbaren Antikörper
an. Für das CEA-System wurde diese Frage der gleichzeitig bestehenden
Antikörper untersucht. Der eindeutige Nachweis gelang nicht (s. Übersicht LAURENCE, Zitat 54 des Vortrages). Autoantikörper gegen AFP
sind bisher nicht beschrieben. Andererseits ist für das Melanomsystem
zwar der Antikörpernachweis eindeutig, hier wurde jedoch kein zirkulierendes Antigen gefunden. Ich meine also, daß die Frage der Interferenz
von Antigen und Antikörper zwar theoretisch wichtig, praktisch aber nur

von untergeordneter Bedeutung ist. Eine wichtige Rolle scheint übrigens zirkulierendes Tumorantigen in der Hemmung biologisch relevanter Abwehrmechanismen zu spielen (Zitat 17). Eine weitere Frage ist, inwieweit Tests zur Bestimmung von Antigen oder Antikörper nicht Immunkomplexe nachweisen. Grundsätzlich ist denkbar, daß die Messung von Tumorantikörpern eine Bedeutung erlangen kann. Dies setzt jedoch ein besseres Verständnis von Immunvorgängen gegen Tumoren beim Menschen voraus. Modellhaft konnte für den BURKITT-Tumor an Einzelfällen gezeigt werden, daß ein Verschwinden der Membranantikörper einem Tumorrezidiv vorausging (Zitat 50). Die Voraussetzung eines definierten Tumorantigens für die in vitro-Bestimmung solcher Antikörper ist jedoch bisher nicht erfüllt, so daß meine positive Antwort hypothetisch bleibt.

DENGLER:
Ich möchte einige Gedanken futurologischer Art weiterspinnen, die sich aus dem schönen Vortrag von Herrn GALLMEIER und den Bemerkungen von Herrn SCHMIDT sowie dem gegenwärtigen Stand der Krebsbehandlung ergeben. Nehmen Sie an, es würde gelingen, einen Tumorantigen-Test zu entwickeln, wie Sie ihn fordern, der 10^6 Zellen nachweist. Dies würde einem Tumor in der Größenordnung von 2 mm Durchmesser entsprechen. Als Folge der eben dargestellten Gruppenspezifität der Tumorantigene könnte dieser Tumor sich im Colon, Duodenum oder Pankreas befinden. Vorausgesetzt dieser Test existiere, hätten Sie dann Patienten, von denen sie mit Sicherheit wissen, daß sie an einem Carcinom erkrankt sind. Dieser Krebs dürfte mit großer Wahrscheinlichkeit auch nicht besonders chemosensibel sein. Wenn er es wäre, hätten Sie - zumindest heute - entsprechend wirksame Substanzen noch nicht zur Verfügung. Es bliebe also nichts anderes übrig, als das große Gebiet vom Pankreas und Duodenum bis zum Colon, das nur zum Teil endoskopisch zugänglich ist, so lange röntgenologisch zu untersuchen, bis irgendwann ein Tumor nachweisbarer Größe zu erkennen ist. Denkt man nun an das Gebiet des Knochens, wo Reduplikationszeiten von etwa 30 bis 200 Tagen in Betracht kämen, hätten Sie eine Strahlenbelastung, deren Konsequenzen kaum vorstellbar sind.

GALLMEIER:
Ich bin nicht ganz Ihrer Meinung, daß die Auswirkungen eines solchen Tests völlig utopisch sind. Sie hätten nämlich damit die Möglichkeit, Risikogruppen herauszugreifen, die Sie in eine andere, wahrscheinlich engere und anders geartete Überwachung nehmen könnten als eine unselektierte Population. Auf der anderen Seite stimme ich mit Ihnen überein: Es kommen z. B. zu uns Patienten mit positivem CASPARY-FIELD-Test, die behaupten, Krebs zu haben. Dieser Test soll viele Jahre vor Auftreten eines Tumors oder der klinischen Symptome positiv ausfallen. Diese Patienten sind natürlich, das ist ein weiteres Problem, psychisch verunsichert.

DENGLER:
Ich will die Zukunftsbilder nicht als abstrus bezeichnen, ich wollte nur auf die enormen Konsequenzen hinweisen, die damit auf die Medizin zukommen.

84

RÓKA:
Es gibt noch eine andere futurologische Konsequenz: Wenn man einen
spezifischen Antikörper gegen ein Tumorantigen hat, kann man durch
Anhängen eines Therapeuticums an diesen spezifischen Antikörper den
Tumor in einem Stadium schädigen oder zerstören, in dem wir ihn noch
gar nicht gesehen haben.

SCHLEBUSCH:
Ich möchte eine Frage zur Verlaufskontrolle stellen: Sie haben abgeleitet,
Herr GALLMEIER, daß eine einmalige Bestimmung der CEA-Konzentra-
tion für die Frühdiagnose oder die Spätdiagnose im Sinne von Herrn
SCHMIDT nicht sehr wertvoll ist. Sie haben aber die Frage der Bedeutung mehrmaliger Bestimmungen bei der Konkretisierung eines Opera-
tionserfolges und bei der Nachsorge nur kurz gestreift. Können Sie dazu
vielleicht noch etwas sagen? Herr LEHMANN beurteilt diese Anwendung
offensichtlich recht positiv.

GALLMEIER:
Wenn ein Test positiv war, fällt er in der Regel nach einer kompletten
Operation - beispielsweise eines Pankreascarcinoms oder eines colorec-
talen Tumors - innerhalb von 14 Tagen bis 4 Wochen auf Normwerte ab.
In einigen neueren Studien konnte nachgewiesen werden, daß ein Wiederansteigen des CEA-Spiegels für das Wiederauftreten des Tumors bewei-
send ist. Serielle Untersuchungen sind nützlich, wenn vor der Operation
ein erhöhter Spiegel gemessen wurde. Die Bedeutung des CEA-Tests
liegt gerade in dieser Form der Rezidivkontrolle behandelter Patienten.

PFLEIDERER:
Ich bin in einer schwierigen Situation: Was ich jetzt sagen möchte, gehört
zu meinem morgigen Vortrag; da aber das Thema so aktuell ist, halte
ich es für wichtig, diese Frage jetzt schon zu diskutieren. Ich möchte
die kühne Behauptung aufstellen, daß die Arbeitsrichtung der Tumorantigene leider, soweit wir sehen, in eine Sackgasse führt. Als Molekular-
biologe muß man sich überlegen, warum eine Zelle plötzlich Foetalpro-
teine produziert. In jeder Zelle sind ja alle Gene vorhanden, und diese
werden durch ein Regulationsphänomen plötzlich aktiviert, zum Beispiel
- ohne an Krebs zu denken - das Hb F. Das Hb F verschwindet bei der
Geburt und taucht bei manchen Krankheiten wieder auf.

Wir haben mit einer Methode, die ich erst morgen beschreiben werde,
die Möglichkeit, eine Reihe genetisch determinierter Isoenzmye quantitativ zu bestimmen. Hier wurde schon das REGAN-Isoenzym der alkalischen Phosphatase zitiert. Wir haben die Möglichkeit, die Entwicklung
verschiedener Isoenzymsysteme durch die gesamte Ontogenese des menschlichen Embryos zu verfolgen; es liegen bereits große Mengen von Ergebnissen vor. Dabei - das ist wichtig für die Frage Krebs - sieht man,
daß jedes Enzymsystem in jedem Organ verschiedene Entwicklungsstadien
durchläuft. In der entdifferenzierten Krebszelle, wie das schon in vielen
Arbeiten mehr oder weniger hypothetisch dargestellt wurde, findet man
vielfach das Foetalstadium. Diese Tatsache können wir nun beispielsweise
an der Creatinkinase beweisen, die bisher nicht untersucht werden konnte,

weil es keine Bestimmungsmethoden gab. Ich überspitze jetzt, um die
Diskussion zu beleben: Wir wagen jetzt schon zu behaupten, daß beim
Menschen - bei jedem Tier ist es verschieden - im frühembryonalen
Stadium nur oder überwiegend der BB-Typ der Creatinkinase vorkommt,
sozusagen als foetaler Typ, und wir haben andererseits bisher noch keinen Tumor gefunden, der nicht fast ausschließlich den BB-Typ enthält.
Das heißt, ich kann jetzt schon anhand einiger Beispiele voraussagen,
daß je nach Entdifferenzierungsgrad in einem Tumor das foetale Muster
der genetisch determinierten Isoenzyme erscheint. Zum Beispiel wage
ich beinahe zu behaupten, daß wir auch die REGAN-Phosphatase noch
bei anderen Tumoren finden werden.

Wenn wir unsere Beobachtungen generalisieren, und das möchte ich eigentlich tun, müssen wir sagen, daß wir bei Krebs immer foetales Gewebe
finden und daß es kein spezifisches Tumorantigen gibt. Das würde die
Aussichten für eine Frühdiagnose wesentlich verschlechtern, denn wir
würden bei allen Tumorarten immer wieder das foetale Enzymmuster
finden und könnten nicht sagen, wo der Tumor angesiedelt ist. Das ist
meine sehr pessimistische Voraussage.

C.G. SCHMIDT:
Das wird morgen eine heiße Diskussion geben. Ich möchte vorweg nur
Herrn GALLMEIER und Herrn LEHMANN fragen, ob es nicht tatsächlich
so ist, daß wir den Ausdruck Foetalantigen nur noch historisch zu verstehen haben. Zum Beispiel ist CEA natürlich im Foetalgewebe nachweisbar, aber der Nachweis kann bei jedem größeren Herzinfarkt positiv
werden, bei jedem starken Raucher und bei jeder akuten Cystitis, ohne
daß der Patient ein Blasencarcinom aufweist. Offensichtlich ist es nur
die historische Sequenz - die Entdeckung im Colongewebe und danach
der Nachweis großer Mengen dieses Antigens im foetalen Gewebe -, die
zu der Namensgebung "Carcinofoetales Antigen" geführt hat. Es ist ein
membrangebundenes Glykoprotein, das bei jedem Zellzerfall - überspitzt
formuliert - frei wird, und daher im Myokard, im Bronchialepithel und
in der Blasenschleimhaut freigesetzt werden kann, einen genügend großen
Zellzerfall vorausgesetzt. Daher hat nur die Messung quantitativer Unterschiede für das Follow Up und andere Fragestellungen, die Herr LEH-
MANN erwähnt hat, eine klinische Relevanz. Ob das Antigen noch foetal
zu nennen ist, möchte ich in Frage stellen. Ist das richtig?

LEHMANN:
Das ist völlig richtig, es handelt sich um ein rein quantitatives Problem.
Das gilt für alle Tumorantigene, soweit ich die Literatur übersehen kann.
Inwieweit man diese Antigene foetal nennen kann, ist eine Sache der In-
terpretation. Diejenigen Tumorantigene, die wir kennen und die zumindest
heute - und auch für die nächsten 2 - 3 Jahre - klinisch eine gewisse
Bedeutung haben können, werden alle - ähnlich wie das Herr PFLEIDE-
RER von den Isoenzymen gesagt hat - im embryonalen Gewebe gebildet.
Also scheint doch etwas Gemeinsames daran zu sein, indem es sich um
Proteine handelt, die in embryonalen Geweben gebildet werden, in nor-
malen Organen nicht oder nur in geringer Konzentration vorkommen und

in Carcinomen plötzlich wieder auftreten; dann sind sie auch im Serum
nachweisbar. Und nur dort, wo wir ein Protein nachweisen können, das
große Konzentrationsunterschiede zeigt wie z. B. das α_1-Fetoprotein,
wird es letztlich für den Kliniker interessant sein. Beim CEA, wo die
Werte maximal um den Faktor 10 differieren, sind natürlich die Inter-
ferenzmöglichkeiten sehr groß, vor allem, solange der Test noch nicht
standardisiert ist.

BREUER:

Ich möchte noch eine Ergänzung zur Aussagekraft des CEA-Tests machen:
bei einer Gruppe von Tumoren, die selten erwähnt wird, nämlich bei den
Hirntumoren. Wir haben in den letzten 3 Jahren etwa 30 Hirntumoren
untersucht und die Konzentration von CEA nach der HANSEN-Technik im
Serum bestimmt. Von diesen 30 Patienten mit erwiesenen malignen Tumoren hatten nur 5 einen CEA-Gehalt über 2, 5 ng/ml Serum. Zur Frage
der postoperativen Kontrolle: Im Falle des Glioblastoms - dieses war
mit etwa 50% vertreten - stellt sich postoperativ zunächst eine Beschwer-
defreiheit des Patienten ein, aber es kommt immer zu einem Rezidiv
und immer zum Tode des Patienten in kürzerem oder längerem Zeitraum.
Wir haben bis jetzt etwa 10 Patienten mit operiertem Glioblastom verfolgt,
und nur bei einem Patienten traf das Wiederauftreten der Krankheits-
symptome und der anschließende Tod des Patienten mit einem Anstieg
des CEA im Serum zusammen. Das heißt also, bei Hirntumoren ist die
Aussagekraft der CEA-Bestimmungen im Serum praktisch gleich Null,
auch in der postoperativen Phase.

KNEDEL:
Es sind doch grundsätzlich unterschiedliche Aspekte voneinander zu un-
terscheiden: Der erste Aspekt ist die Frage der Krebs-Frühdiagnose.
Als GOLD und FREEDMAN das CEA beschrieben, dachte man, die Volks-
durchuntersuchung für die Früherkennung des Krebses gefunden zu haben.
Das war eine falsche Hoffnung. Der zweite Aspekt ist auch klar, wie
Herr GALLMEIER anhand der vielen Studien gezeigt hat: Es gibt auch
jetzt schon einige kleine Ansätze der klinischen Brauchbarkeit. Es besteht kein Zweifel, daß bei der postoperativen Überwachung von solchen
Carcinomen, die primär einen CEA-Spiegel von 50 ng/ml oder darüber
hatten, der CEA-Test mit einer größeren Wahrscheinlichkeit als alle
anderen Methoden die Freiheit von Metastasen oder das Auftreten von
Metastasen nachweisen kann. Der dritte Aspekt ist, daß es offensichtlich
keine Methode gibt, die bei unklarem Verdacht auf Pankreas-Carcinom
eine so gut verwertbare zusätzliche Information gibt, wie der CEA-Test.
Damit ist allerdings zunächst das Ende der Praktikabilität des CEA-Tests
erreicht.

Ein anderes Problem ist die Grundlagenforschung. Da lohnt es sich, und
ich glaube, Herr LEHMANN, daß Sie einer Meinung mit mir sind, sehr
viel mehr zu tun. Um beispielsweise von den Zelloberflächenantigenen zu
sprechen: Kürzlich wurde das NCA-2 als Extrakt aus Faeces und Meco-
nium isoliert und gefunden, daß dieses Antigen in den normalen und pathologischen Membran-Oberflächen von Colonzellen an der Oberfläche, aber

bei Magentumoren in der Zelle und nicht an der Oberfläche lokalisiert
ist. Es ist eine Studie bei 833 Rauchern durchgeführt worden, die alle
erhöhte NCA-Spiegel hatten, welche schon im Verdachtsbereich lagen.
6 - 8 Wochen, nachdem sie aufhörten zu rauchen, sind über 90% der erhöhten Werte in den Normbereich zurückgegangen. Das heißt doch, daß
hier Pathomechanismen vorliegen, von denen wir nichts oder nur sehr
wenig kennen. Man muß annehmen, daß die Aktivierung von Operatoren
und Repressoren für solche Phänomene verantwortlich sind. Wir diskutieren hier über die Praktikabilität eines Systems in der Klinik, das noch
einer exakten Grundlagenforschung auf breitester Basis bedarf.

Als Diskussionspunkt zu den Vorstellungen von Herrn PFLEIDERER: Es
gibt Studien aus dem Institut Pasteur über den Spiegel von α_1-Fetoprotein
bei der Regeneration von Lebercirrhosen. Man kann sich vorstellen, daß
die Regeneration der Leberzellen zur Entwicklung foetaler Strukturen
führt. Spekulativ kann man denken, daß diese Regeneration eines Tages
von den Steuermechanismen des Organismus nicht mehr gezügelt werden
kann, bis eines Tages aus der Foetalstruktur das primäre Leberzellcarcinom entsteht.

HEIMBURGER:
Herr GALLMEIER stellte die Frage, wohin die Entwicklung auf dem Gebiet der Tumordiagnostik führen wird. Ich glaube nicht an tumorspezifische Antigene und würde sagen, daß die Entwicklung von der Bestimmung
einzelner Antigene oder Faktoren zu Mehrfaktorenbestimmungen führen
wird, wobei man bestrebt sein wird, die Faktoren zu erfassen, die das
maligne Wachstum charakterisieren.

Auf diesem Gebiet gibt es in jüngster Zeit neue Ansätze, die auf Arbeiten
von E. REICH et al. (J. exp. Med. 137, 83 (1973)) von der Rockefeller
University zurückgehen. Sie betreffen das Gebiet der tumorassoziierten
Fibrinolyse. Ich kann die Reaktionsmechanismen nur im Prinzip umreißen,
die diagnostisch brauchbar sein könnten. Wenn Fibroblasten-Kulturen mit
Viren infiziert werden, geben sie, noch bevor sie einer Transformation
unterliegen, einen Plasminogen-Aktivator in sehr hohen Konzentrationen
in die Nährflüssigkeit ab. Dies tun auch Zellen, die normalerweise wenig
oder keinen Aktivator synthetisieren. Unter der Freisetzung dieses Plas-
minogen-Aktivators kommt es zu einer Aktivierung des Plasminogens im
Zellmedium. Als Folgereaktion, das gilt speziell für Fibroblasten-Kulturen,
wird offenbar von dem entstehenden Plasmin ein Protein aus den Membranen herausgelöst. Dieses Protein ist in den letzten Wochen identifiziert
worden: Es handelt sich um einen Eiweißkörper, der dem Fibrinogen von
der Struktur und den Eigenschaften sehr nahesteht: das kälteunlösliche
Globulin (MOSESSON, M.W., and BERNIK, M.B.: J. biol. Chem. 245,
5728 (1970)). Damit könnte man mehrere in diesen Funktionskreis einlau-
fende Faktoren bestimmen und für die Diagnostik heranziehen. Zusätzlich
ließe sich diagnostisch vortesten, daß es unter der aktivierten Fibrinolyse
zur Entstehung von Fibrinogen-Spaltprodukten kommt. Durch die Bestimmung mehrerer Proteine ließe sich der Krankheitsverlauf verfolgen und
eine präzisere Diagnose treffen als durch die Bestimmung einzelner
Proteine.

Schließlich ist von Bedeutung, daß der von der infizierten und in die Transformation gehenden Zelle freigesetzte Aktivator nicht organspezifisch ist. Nach letzten Befunden scheint dieser Plasminogen-Aktivator immunologisch mit der Urokinase identisch und in der Spezifität weitgehend unabhängig vom Organ zu sein; untersucht sind bisher Herz, Niere, Lunge und Gefäße (BERNIK et al.: J. Lab. clin. Med. 84, 546 (1974)).

Es gibt auch Hinweise aus Arbeiten von NILSSON und HEDNER (Scand. J. Haemat. 11, 398 (1973)), daß bei soliden Tumoren die Abgabe großer Mengen des Aktivators durch die kompensatorische Bildung von Hemmstoffen gegen diesen Aktivator beantwortet wird. Die Autoren können differenzieren zwischen Personen, die nach Aktivierung des Plasmas durch Urokinase oder Streptokinase ein hohes oder niedriges fibrinolytisches Potential entwickeln. Auch das könnte im Zusammenhang mit dem eben geschilderten Mechanismus zu verstehen sein.

LAUE:
Ist es eigentlich richtig, daß wir die Tumoren immer noch nach morphologischen Kriterien definieren? Hätte unsere Diskussion nicht einen anderen Lauf genommen und wären die Ergebnisse der statistischen Auswertung nicht völlig anders, wenn wir die Einteilung der Tumoren nach biochemischen Eigenschaften vornehmen würden?

C.G. SCHMIDT:
Sie sprechen hier eine außerordentlich schwierige Frage an: Gibt es überhaupt biochemische Kriterien? Soviel ich weiß, gibt es solche mit ganz wenigen Ausnahmen nicht. Dagegen ist die morphologische Differenzierung der Tumoren sehr weit fortgeschritten und für den Kliniker von einer enormen Relevanz. Wir erleben zum augenblicklichen Zeitpunkt eine Renaissance der Wertigkeit der feineren histologischen Diagnose für die Kliniker, die so weit geht - ich möchte das expressis verbis so formulieren - daß Sie Ihre therapeutische Dosierung einschließlich der Radiotherapie von gewissen histologischen Klassifizierungen abhängig machen. Ein Beispiel sind die Nicht-HODGKIN-Lymphome, wo es bestimmte Formen gibt, die in der folliculären oder diffusen Struktur centroblastisch different behandelt werden. Ich würde es als außerordentlich unglücklich betrachten, wenn man die morphologische Charakterisierung aufgeben würde.

Immunologische Bestimmung von Hormonen

Moderator: W. SIEGENTHALER

Immunologische Bestimmung von Renin und Angiotensin

R. Beckerhoff, W. Vetter, J. Nussberger und W. Siegenthaler

Renin, zum ersten Mal 1898 als hypertensives Prinzip der Niere erwähnt (10), rückte mit der Postulierung des Renin-Angiotensin-Aldosteron-Systems (8), der Entdeckung des CONN-Syndroms (6) und der Hoffnung, der essentiellen Hypertonie über dieses System ätiologisch näher zu kommen, in das Interesse der Forschung. Biologische Nachweismethoden haben Bahnbrechendes geleistet, wurden jedoch in den letzten Jahren praktisch vollständig durch radioimmunologische Methoden ersetzt. Diese sind einfacher und genauer; von einem Idealzustand ist man jedoch trotz der weiten Verbreitung der Methoden noch weit entfernt.

RENIN-ANGIOTENSIN-SYSTEM

Zum besseren Verständnis soll zuerst kurz dargelegt werden, welche Komponenten des Renin-Angiotensin-Systems durch Radioimmunoassays heute erfaßt werden können. Alle Renin-Nachweismethoden sind indirekter Art und messen in der Regel das Angiotensin I, das entsteht, wenn das Enzym Renin mit seinem Substrat reagiert (Abb. 1). Inkubiert man Plasma,

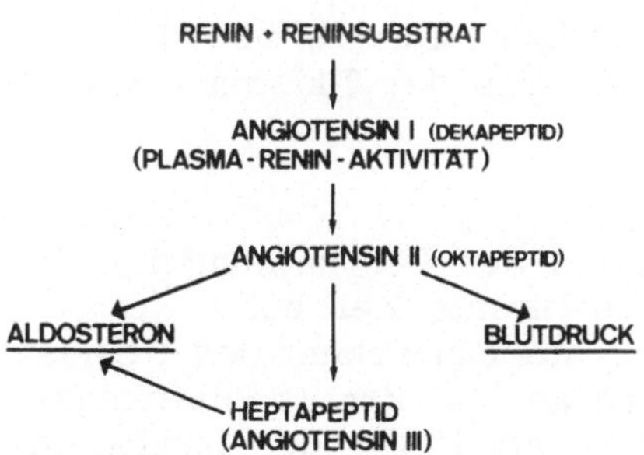

Abb. 1. Schematische Darstellung des Renin-Angiotensin-Systems.

dem Renin-Substrat im Überschuß zugesetzt wurde, so ist die gebildete Angiotensin-Menge unter gewissen Voraussetzungen nur von der Renin-Menge im Plasma abhängig und wird somit ein Maß für die Plasmarenin-Konzentration (1). Routinemäßig wird heute in der Regel nicht die Plasma-renin-Konzentration, sondern die Plasmarenin-Aktivität bestimmt. Hierbei wird Plasma wiederum inkubiert, fremdes Substrat jedoch nicht hinzugesetzt. Das gebildete Angiotensin I ist bei dieser Methode abhängig sowohl von der Renin-Konzentration als auch von der Reninsubstrat-Konzentration im Plasma. Die Plasmarenin-Aktivität gibt an, wieviel Angiotensin I in 1 ml Plasma in einer festgesetzten Zeit bei vorgegebener Temperatur und definiertem pH-Wert gebildet wird. Technische Details werden unten diskutiert. Angiotensin II, die eigentlich aktive, d. h. die vasopressorisch wirkende und aldosteronstimulierende Substanz, kann radioimmunologisch im Plasma nachgewiesen werden (9). Da die Plasmakonzentrationen jedoch nur wenige Picogramm betragen und da Angiotensin II instabil ist, sind die Nachweise schwierig und bleiben speziellen Labors vorbehalten. Es besteht jedoch eine enge Korrelation zwischen der Plasmarenin-Aktivität und der Plasma-Angiotensin II-Konzentration, so daß die Plasmarenin-Aktivität ein indirektes, aber recht genaues Maß für die tatsächliche Angiotensin II-Konzentration im Plasma ist.

Immer mehr hat sich gezeigt, daß das Heptapeptid Des-1-Angiotensin II eine besondere Rolle im Stoffwechsel spielt. Dieser Stoff, in der Literatur schon als Angiotensin III bezeichnet, wirkt stärker auf die Aldosteron-Bildung als Angiotensin II und kommt auch im Blut vor (4). Quantitative Aussagen sind jedoch noch nicht möglich, da keine spezifischen Nachweismethoden existieren. Im folgenden sollen nur Probleme der Bestimmung der Plasmarenin-Aktivität diskutiert werden.

BESTIMMUNG DER PLASMARENIN-AKTIVITÄT

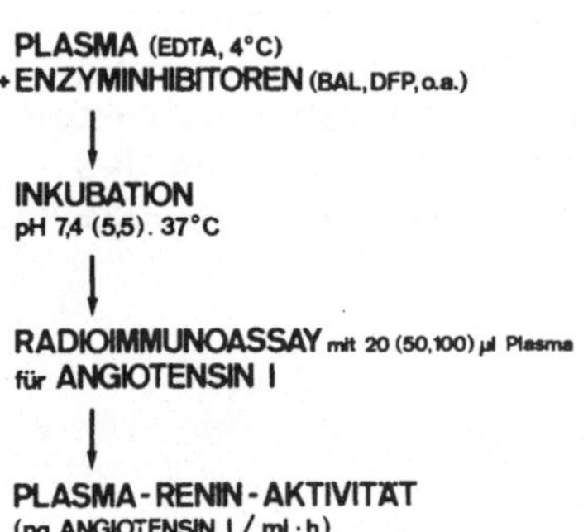

Abb. 2. Schematische Darstellung des Bestimmungsprinzips der Plasmarenin-Aktivität.

Abb. 2 veranschaulicht den normalen Vorgang bei der Bestimmung der Plasmarenin-Aktivität: Plasma wird für eine bestimmte Zeit bei 37 °C inkubiert. Das während dieser Inkubation durch die Einwirkung des Renins auf sein Substrat entstehende Angiotensin I wird anschließend radioimmunologisch gemessen. Um die Bildung von Angiotensin II vor der Inkubation

zu verhindern, muß das Blut sofort nach der Entnahme gekühlt werden.
Außerdem wird es mit Substanzen versetzt, die verhindern, daß das
Angiotensin I zerstört bzw. in Angiotensin II umgewandelt wird.

Standardkurven

Der Radioimmunoassay für Angiotensin I ist heute weitgehend standardisiert und bei der Renin-Bestimmung ein wenig kritischer Punkt. Abb. 3
zeigt verschiedene Angiotensin I-Standardkurven, hergestellt mit unterschiedlichen, kommerziell erhältlichen Antiseren und Tracern. Die Standardkurven sind ausreichend steil, um exakte Bestimmungen von Angiotensin zu ermöglichen. Sie sind auch sensitiv genug, um das bei der
Inkubation gebildete Angiotensin I, das in der Größenordnung von einem
Nanogramm pro ml Plasma und pro Stunde Inkubation liegt, nachzuweisen.

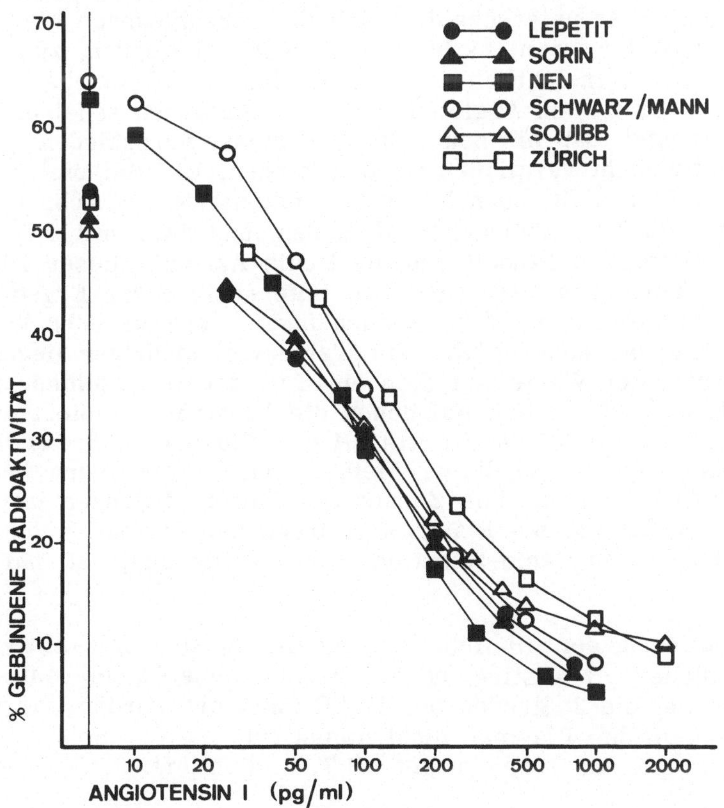

Abb. 3. Angiotensin I-Standardkurven. Die Kurven wurden
hergestellt mit 6 verschiedenen Antiseren und Tracern.

Markierung

Auch die radioaktive Markierung von Angiotensin mit ^{125}Jod bereitet keine größeren Probleme. Markiertes Angiotensin ist auch käuflich erhältlich. In den letzten Jahren hat sich dieses kommerzielle Angiotensin in seiner Qualität deutlich verbessert, so daß reproduzierbare Ergebnisse erreicht werden können. So kann man sich heute die Mühe der eigenen Markierung ersparen. Auch das Problem der Standards scheint gelöst zu sein. Angiotensin I kann in geeichten Standardlösungen gekauft oder vom Medical Research Council bezogen werden.

Inkubation

Die spezifischen Probleme der Renin-Bestimmung liegen weniger im Radioimmunoassay als bei der Inkubation und den hiermit zusammenhängenden Fragen. Hier unterscheiden sich die verschiedenen Methoden, die zur Bestimmung der Renin-Aktivität veröffentlicht wurden, zum Teil recht beträchtlich. Da offensichtlich auch recht kleine methodische Unterschiede die Menge des gebildeten Angiotensins zu beeinflussen scheinen, ist es nicht überraschend, daß bis heute die Ergebnisse verschiedener Untersucher quantitativ nicht verglichen werden können. Ein Beispiel soll die Vielfalt, die leider z. Zt. noch herrscht, demonstrieren (Abb. 4): 20 Plasmen wurden nach 6 verschiedenen Methoden, und zwar mit 5 Kits und der eigenen Methode behandelt und die Renin-Aktivität dieser Plasmen somit nach 6 Verfahren bestimmt. Die Unterschiede der Ergebnisse sind erstaunlich. Mit einem der Kits wurden fast durchwegs hohe Werte ermittelt, während bei anderen Kits die Werte viel niedriger liegen. Bei genauer Analyse der Werte läßt sich ein Teil der Unterschiede mit den unterschiedlichen pH-Werten, bei denen die Plasmen inkubiert wurden, erklären. So kontrolliert ein Kit das pH des Plasmas während der Inkubation überhaupt nicht. Bei dieser Methode wird Nativplasma inkubiert. Wenn man jedoch Plasma ohne Zusatz von Puffersubstanzen inkubiert, verschiebt sich das pH des Plasmas während der Inkubation ins Alkalische (Tab. 1). Da die Renin-Reaktion stark pH-abhängig ist, hat eine

Tab. 1. Auswirkung der pH-Änderung auf die Plasmarenin-Aktivität. Durchschnittlicher pH-Anstieg und durchschnittliche Plasmarenin-Aktivität von 20 Plasmen, die 3 Stunden bei 37 $^{\circ}$C inkubiert worden waren.
Linke Rubrik: pH der Plasmen nicht adjustiert,
rechte Rubrik: pH der Plasmen auf pH 7,4 adjustiert.

	pH nicht adjustiert	pH adjustiert
pH-Anstieg Mittel	0,37	0,03
Bereich	0,23 - 0,48	0,01 - 0,07
Plasmarenin-Aktivität (ng/ml x 3 Std) Mittel	3,98	4,45

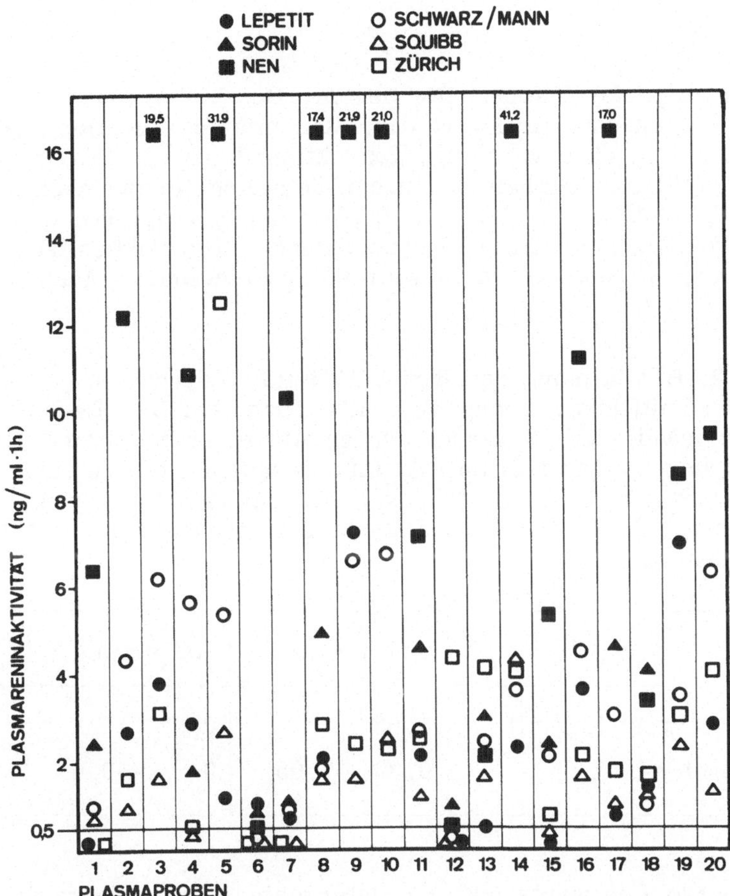

Abb. 4. Plasmarenin-Aktivität von 20 verschiedenen Plasmen. Renin-Aktivität der Plasmen 1 bis 20 nach 6 verschiedenen Methoden.

derartige pH-Verschiebung eine durchschnittlich niedrigere Renin-Aktivität zur Folge. Da zudem die pH-Änderungen zwischen einzelnen Plasmen sehr differieren, ist es verständlich, daß sich gegenüber Renin-Aktivitäten in Plasmen, deren pH vor der Inkubation adjustiert war, Unterschiede ergeben müssen. Andere Kits adjustieren das Plasma-pH auf Werte zwischen 5,5 und 6,5, weil in diesem Bereich das pH-Optimum der Renin-Reaktion liegt. Höhere Renin-Aktivitäten und somit leichtere Meßbarkeit des Angiotensin I sind die Folge. Allerdings muß hierzu bemerkt werden, daß eine Angiotensin-Bildung bei einem derart veränderten Plasma-pH weit von den normalen physiologischen Verhältnissen entfernt ist.

<u>Leerwert</u>

Eine weitere mögliche Fehlerquelle bei der Bestimmung der Renin-Aktivität stellt der sogenannte Leerwert dar. Man mißt das gebildete Angiotensin in der Regel ja ohne vorherige Extraktion direkt in 20 oder 50 μl
Plasma. Jedes Plasma enthält nun neben dem Angiotensin noch andere
Substanzen, die möglicherweise mit den Antiseren reagieren und so falsch
hohe Werte vortäuschen können. Verschiedene Antiseren besitzen derartige
kreuzreagierende Eigenschaften in sehr unterschiedlichem Maße (Tab. 2).

Tab. 2. Bestimmung der Renin-Aktivität: Leerwerte.
Durchschnittlicher Leerwert von 20 Plasmen. Der Leerwert
wurde jeweils mit 2 verschiedenen Antiseren bestimmt. Bei
Benutzung von Antiserum 1 konnte in jedem Plasma ein
Leerwert gemessen werden, während bei Benutzung von
Antiserum 2 nur in einem Plasma ein meßbarer Leerwert
gefunden wurde.

	Antiserum 1	Antiserum 2
Mittelwert (ng/ml)	1, 68	0, 02
Bereich	0, 30 - 2, 95	0 - 0, 4

Werden derartige Leerwerte und die Unterschiede zwischen verschiedenen
Antiseren nicht berücksichtigt, ergeben sich falsch hohe Renin-Aktivitäten.
Aber auch wenn diese Leerwerte von dem nach der Inkubation erhaltenen
Wert subtrahiert werden, sind die mit zwei verschiedenen Antiseren er-
haltenen Renin-Aktivitäten nicht unbedingt identisch.

Diese technischen Bemerkungen, die keinesfalls vollständig sind, sollen
darlegen, daß die Schwierigkeiten der Renin-Bestimmung trotz der Fülle
der auf dem Markt befindlichen Kits mit ihren oft recht einfachen Ge-
brauchsanweisungen keinesfalls gelöst sind. Man muß sich die einzelnen
Schritte einer Methode zuerst intensiv selbst erarbeiten, um Fehlermög-
lichkeiten zu erkennen, Ergebnisse kritisch würdigen und schließlich eine
aussagekräftige Renin-Bestimmung durchführen zu können.

TESTBEDINGUNGEN FÜR DIE RENIN-BESTIMMUNG

Die Höhe der Renin-Sekretion hängt von außerordentlich vielen Faktoren
ab. Um aussagefähige Resultate bei einer Renin-Bestimmung zu erhalten,
müssen die Bedingungen, unter denen ein Test durchgeführt wird, so gut

wie irgend möglich kontrolliert werden. Hierzu gehören a) die Tageszeit
der Blutentnahme, b) die Körperlage des Patienten, d. h. wurde das Blut
liegend nach Bettruhe oder stehend nach körperlicher Aktivität abgenom-
men, c) die Kochsalz-Bilanz während des Testtages und während der Tage
vor dem Testtag, d) die Medikamente während der Zeit vor dem Test,
um nur die wichtigsten bekannten Punkte zu nennen. Abb. 5 demonstriert,
wie die Normbereiche durch unterschiedliche Körperlage und durch unterschiedliche Ernährung vor dem Test beeinflußt werden. Man bekäme einen

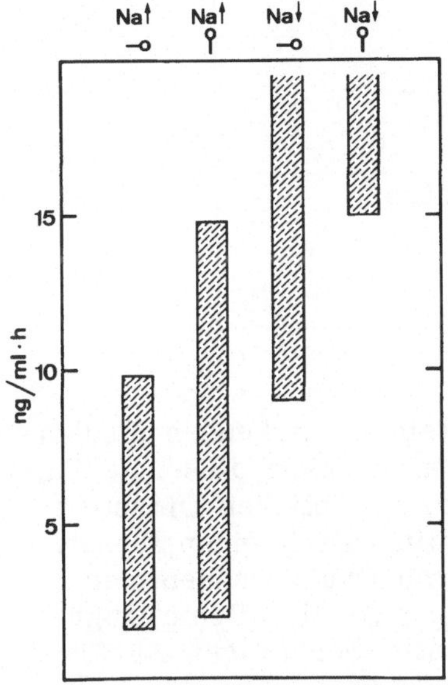

Abb. 5. Normalwerte der Plasmarenin-
Konzentration. Na ↑ unter Natrium-
Belastung (300 meq Na/die); Na ↓ nach
Natrium-Entzug (10 meq Na/die);
—o nach Bettruhe; ♀ nach vierstündiger
Orthostase.

sehr großen Normbereich und würde viele pathologisch hohe und pathologisch tiefe Werte nicht als solche erkennen, wüßte man nichts über den
Natriumzustand und die Körperlage des Patienten am Testtage. Da es
unmöglich ist, jeden Patienten einige Tage lang kontrollierten diätetischen
Bedingungen zu unterwerfen, hat man Kompromisse eingehen müssen.
Wir empfehlen eine Normalkost über 3 - 5 Tage vor dem Test und bestimmen die Natrium-Ausscheidung im 24-Stunden-Urin, der vom Patienten
von dem Tage vor dem Test auf den Testtag gesammelt wurde. Eine
normale Natrium-Ausscheidung von 100 - 150 mÄq in 24 Stunden vorausgesetzt, können wir die Ergebnisse mit unseren entsprechenden Normal-
werten vergleichen. Da man auch eine achtstündige Bettruhe vor der Blutentnahme, besonders bei ambulanten Patienten, nicht erreichen kann,
begnügen wir uns mit 2 oder 3 Stunden, nehmen das Blut jedoch immer
zur selben Tageszeit ab, um die tageszeitlichen Schwankungen der Renin-
Sekretion als Fehlerquelle zu eliminieren. Ein zweiter Wert nach zwei-
stündigem Umhergehen zeigt an, ob das System auf den Orthostasereiz
regelrecht reagiert.

Tab. 3. Einfluß von Medikamenten auf das Renin-
Angiotensin-System.

I.   Erhöhung der Plasmarenin-Aktivität

    1. Diuretica
    2. Aldosteron-Antagonisten
    3. Laxantien

II.   Erniedrigung der Plasmarenin-Aktivität

    1. Beta-Blocker
    2. Methyl-Dopa
    3. Andere Antihypertensiva
    4. Carbenoxolon

III.   Erhöhung des Renin-Substrates

    1. Ovulationshemmer (Oestrogene)
    2. (NNR-Steroide)

Tab. 3 zeigt die wichtigsten, auf das Renin-System einwirkenden Medikamente. Will man aussagefähige Resultate erzielen, müssen diese Medikamente vor dem Test abgesetzt werden, und zwar die üblichen Diuretica
für mindestens 7 - 10 Tage, Spironolacton für mindestens einen Monat.
Bis zu drei Monaten dauert es, bis sich die durch Ovulationshemmer
bzw. durch Oestrogene hervorgerufenen Veränderungen des Renin-Angiotensin-Systems normalisiert haben. Aus diesen stichwortartigen Ausführungen ist ersichtlich, daß eine Renin-Bestimmung auch bei einer weiteren Vereinfachung der Methodik nie zu einer Gelegenheitsbestimmung
werden kann. Die Vorbereitungen, die für ein aussagekräftiges Ergebnis
unerläßlich sind, sind aufwendig und verlangen eine genaue Indikations-
stellung.

INDIKATION ZUR RENIN-BESTIMMUNG

Nierenarterienstenose

Die Nierenarterienstenose ist eine der häufigsten, chirurgisch heilbaren
Hypertonieformen. Auch eine optimale chirurgische Korrektur einer
Stenose führt nicht immer zur Heilung einer gleichzeitig bestehenden
Hypertonie. Um derartige Fehlschläge zu vermeiden, muß präoperativ
die Kausalität zwischen einer nachgewiesenen Gefäßveränderung und
einer Hypertonie bewiesen werden. Die pathologisch erhöhte Renin-Pro-
duktion der kranken Niere stellt wahrscheinlich den pathogenetisch wichtigsten Faktor bei der renovasculären Hypertonie dar. Die erhöhte Renin-
Sekretion wird durch die Bestimmung der Renin-Aktivität im Nieren-

venenblut beider Nieren nachgewiesen (7, 11). Eine Nierenarterienstenose wird dann als funktionell wirksam angesehen, wenn die Plasmarenin-Aktivität der kranken Seite mindestens 1,5 mal so hoch ist wie die der gesunden Seite und wenn die Plasmarenin-Aktivität der gesunden Seite gleich hoch oder sogar niedriger ist als in der Peripherie bzw. in der Vena cava. Letzteres zeigt, daß alles im Blut vorhandene Renin von der kranken Niere gebildet wird. Es hat sich herausgestellt, daß die absolute Höhe der Renin-Aktivität im Blut häufig keine sichere Aussage bei der Nierenarterienstenose zuläßt. Peripher werden sogar nicht selten "normale" Werte gefunden. Entscheidend ist der Seitenunterschied zwischen kranker und gesunder Niere. Dieses für die Nierenarterienstenose Gesagte trifft wahrscheinlich auch für die Hypertonie bei einseitigen Schrumpf-nieren anderer Genese zu. Die Erfahrungen sind jedoch wahrscheinlich noch nicht ausreichend, um endgültige Aussagen machen zu können. Beweist die selektive Nierenvenenrenin-Bestimmung einen Zusammenhang zwischen Hypertonie und einseitiger Nierenerkrankung, hängt das weitere Procedere natürlich nicht nur vom Renin, sondern auch von allen anderen anamnestischen, klinischen und klinisch-chemischen Daten ab.

Primärer Aldosteronismus

Zum primären Aldosteronismus gehört neben der erhöhten Aldosteron-Sekretion eine subnormale, supprimierte und nicht oder kaum stimulier-bare Renin-Sekretion (2) (Abb. 6). Details des diagnostischen Vorgehens bei dieser Erkrankung werden im Kapitel Aldosteron ausführlich abge-handelt.

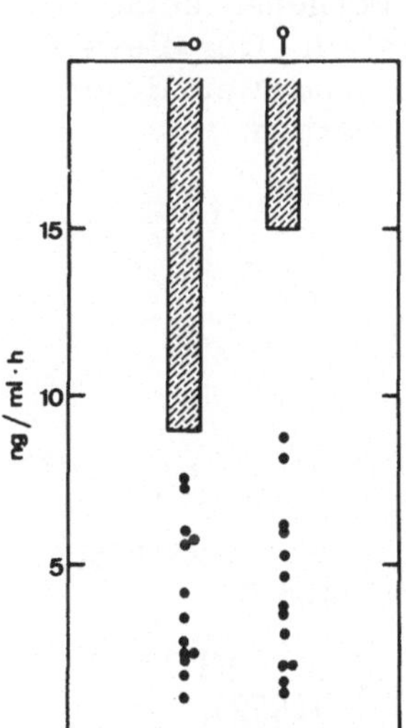

Abb. 6. Plasmarenin-Konzentration beim primären Hyperaldosteronismus. Dargestellt sind die Werte nach Natrium-Entzug (10 meq Na/die für 4 - 5 Tage). —o nach Bettruhe; ♀ nach vierstündiger Orthostase.

Dialyse-resistente Hypertonie bei terminalem Nierenversagen

Ein kleiner Prozentsatz der Patienten, die einer chronischen Hämodialyse
unterworfen sind, bleibt trotz optimaler Dialysebehandlung hyperton. Der
Hochdruck verschlimmert sich unter der Dialyse sogar und bleibt mit-
unter therapeutisch unbeeinflußbar. Eine pathologisch erhöhte Renin-Sekretion scheint bei dieser seltenen, aber maligne verlaufenden Hypertonie-
form eine wichtige pathogenetische Rolle zu spielen. Bei diesen Patienten
finden sich extrem hohe Plasmarenin-Werte. Erst die Nephrektomie mit
Elimination des vermehrten Renins macht den Blutdruck kontrollierbar.
Man wird sich darum eher zu einer Nephrektomie in einem derartigen
Fall entschließen können, wenn extrem hohe Renin-Werte nachgewiesen
und so die Ursache der Unbeeinflußbarkeit der Hypertonie erkannt worden
ist.

Essentielle Hypertonie

Bei der essentiellen Hypertonie finden sich meistens normale Renin-Werte.
10 - 20% der Patienten haben erhöhte und 15 - 30% erniedrigte Renin-
Werte. Viel Aufsehen erregte die Hypothese, daß dieser Einteilung eine
prognostische, insbesondere aber auch eine therapeutische Bedeutung
zukommt (4, 5). Es wurde postuliert, daß ein Hypotoniker gemäß seiner
Unterteilung in eine dieser Untergruppen - Low, Normal oder High Renin
Hypertensive - mit speziellen Antihypotensiva zu behandeln sei. Sollten
sich diese Hypothesen als wahr herausstellen, müßte bei jedem essentiellen Hypertoniker vor der Therapie eine Renin-Bestimmung durchgeführt werden. Wir sind der Meinung, daß derartige Schlüsse momentan
noch verfrüht sind. Wir glauben, daß bei der gewöhnlichen essentiellen
Hypertonie eine Renin-Bestimmung für das praktische Vorgehen keine
wesentliche zusätzliche und notwendige Information darstellt. Der Beweis
von eventuellen Zusammenhängen zwischen Renin und essentieller Hypertonie muß erst durch weitere Untersuchungen erbracht werden.

Literatur

1. BECKERHOFF, R., WILKINSON, R., LUETSCHER, J.A., VETTER,
   W., und SIEGENTHALER, W.: Klin. Wschr. 50, 702 (1972).

2. BECKERHOFF, R., WILKINSON, R., LUETSCHER, J.A., VETTER,
   W., und SIEGENTHALER, W.: Klin. Wschr. 50, 783 (1972).

3. BLAIR-WEST, J.R., COGHLAN, J.P., DENTON, D.A., FUNDER,
   J.W., SCOGGINS, B.A., and WRIGHT, R.D.: J. clin. Endocr. 32,
   575 (1971).

4. BRUNNER, H.R., SEALEY, J.E., and LARAGH, J.H.: Circ. Res. 32, Suppl. I, 99 (1973).

5. BÜHLER, F.R., LARAGH, J.H., BAER, L., VAUGHAN, E.D. Jr., and BRUNNER, H.R.: New Engl. J. Med. 287, 1209 (1972).

6. CONN, J.W.: J. Lab. clin. Med. 45, 6 (1955).

7. ENDRES, P., SIEGENTHALER, W., BAUMANN, K., GYSLING, E., SCHÖNBECK, M., WEIDMANN, P., WERNING, C., und WIRZ, P.: Schweiz. Med. Wschr. 98, 1959 (1968).

8. GROSS, F.: Klin. Wschr. 36, 693 (1958).

9. NUSSBERGER, J., BECKERHOFF, R., VETTER, W., ARMBRUSTER, H., and SIEGENTHALER, W.: In: Radioimmunoassay and related procedures in medicine, p. 429. Vienna: International Atomic Energy Agency 1974.

10. TIGERSTEDT, R., und BERGMANN, P.G.: Skand. Arch. Physiol. 8, 223 (1898).

11. VAUGHAN, E.D., Jr., BÜHLER, F.R., and LARAGH, J.H.: Amer. J. Med. 55, 402 (1973).

Immunologische Bestimmung von Aldosteron

W. Vetter, H. Vetter, H. Armbruster, R. Beckerhoff, K. Záruba,
J. Nussberger, U. Schmied und W. Siegenthaler

Steroide sind Substanzen, welche erst durch Kopplung an ein Trägereiweiß
Antigencharakter gewinnen. Eine besondere Eigenschaft der Steroid-Anti-
körper ist, daß sie aufgrund der nahen chemischen Verwandtschaft der
einzelnen Steroidhormone nur schlecht zwischen einem spezifischen Hapten
und verwandten Substanzen unterscheiden können. Dies bedingt, daß zur
genauen Bestimmung eines Steroidhormons ein Trennverfahren eingeschaltet werden muß. Diese Grundregel galt bis vor kurzer Zeit besonders
für die radioimmunologischen Aldosteron-Bestimmungen, da die relativ
niedrige Spezifität der Antiseren noch durch die geringe Konzentration
des Aldosterons und die im Vergleich dazu weitaus höhere Konzentration
anderer Steroide - wie z. B. Cortisol oder Corticosteron - verstärkt wurde.

In der letzten Zeit jedoch haben sich unsere Kenntnisse, wie man möglichst spezifische Antiseren erzeugt, stark erweitert. Man weiß heute,
daß die Spezifität eines Antikörpers weitgehend von der Kopplungsstelle
zwischen Trägerprotein und Hapten abhängt. Allgemein gilt, daß die Antikörperspezifität umso mehr zunimmt, je weiter die Konjugationsstelle
von den determinierenden Gruppen des Steroidmoleküls entfernt ist. Da
die determinierenden Gruppen der C_{21}-Steroide am C- und D-Ring liegen,
ist die "ideale" Kopplungsstelle der A-Ring. Wir haben diese Erkenntnisse auf das Aldosteron übertragen. Damit war eine wichtige Voraussetzung zur Gewinnung spezifischer Aldosteron-Antikörper gegeben.
Mittels dieser Antikörper gelang dann die Entwicklung chromatographiefreier Methoden.

ANTISEREN

In vergleichenden Studien ließ sich zeigen, daß Antiseren, welche mit
Aldosteron-3-carboxymethoxim-Rinder-γ-Globulin (BGG) erzeugt waren,
deutlich höhere Antikörperspezifität aufwiesen als Seren, welche mit

Aldosteron-3-Hydrazon oder Aldosteron-21-Hemisuccinat-BGG gewonnen
waren (1).

Abb. 1 zeigt Standardkurve und Kreuzreaktion (mit anderen Steroiden)
eines Antikörpers, welcher mit einem Aldosteron-3-carboxymethoxim-
BGG-Konjugat erzeugt wurde. Der Verlauf der Standardkurve dokumen-
tiert hohe Antikörpersensitivität. Besonders eindrücklich ist, daß selbst
durch sehr hohe Konzentrationen anderer Steroide als Aldosteron entweder
nur eine geringe oder keine Verdrängung von gebundenem ^{3}H-Aldosteron
zu erzielen war. Es ist wichtig zu betonen, daß diese Konzentrationen
weitaus höher als die natürlich vorkommenden Plasmaspiegel der untersuchten Steroidhormone liegen. Die extrem hohe Spezifität des Antiserums
erfüllte somit die theoretische Voraussetzung, ausschließlich Aldosteron
in Gegenwart anderer Steroide zu binden.

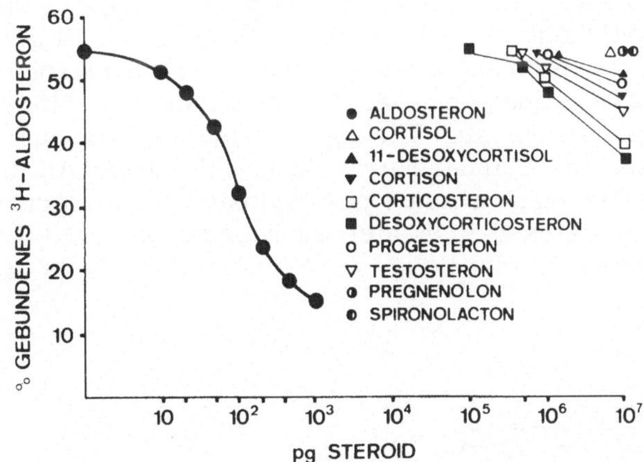

Abb. 1. Standardkurve und Verdrängungs-
kurven verschiedener Steroidhormone eines
Antiserums, das mit Aldosteron-3-oxim-
Rinder-γ-Globulin (BGG) gewonnen wurde.
Antikörperverdünnung 1 : 400.

Allgemein sollten noch folgende Punkte beachtet werden: 1. Für praktische Zwecke sind hohe Antikörpertiter wünschenswert. Da mit steigender
Haptendichte die Antigenität der Konjugate zunimmt, sollten Steroid-
Protein-Konjugate mit möglichst hoher Hapten-Inkorporationsrate verwendet werden (2). 2. Die Spezifität und auch die Sensitivität eines Serums
ändert sich möglicherweise beträchtlich im Verlaufe der Immunisierung
(3). Eine immunologische Analyse jeder Probe ist somit angezeigt.
3. Die Wahl des Trägerproteins erscheint von untergeordneter Bedeutung,
da das Trägereiweiß nicht die immunologische Charakteristik des Antiserums beeinflußt (2). Für die weitverbreitete und ausschließliche Verwendung von Rinder-Serum-Albumin (BSA)-Konjugaten bestehen somit
keine stichhaltigen Argumente.

METHODE

Ausführliche Beschreibungen der radioimmunologischen Bestimmungsmethode für Plasmaaldosteron sind an anderer Stelle erschienen (4, 5).

Radioimmunoassay

Plasma oder Urin - letzterer nach Vorextraktion mit Methylenchlorid und
anschließender 24-stündiger saurer Hydrolyse - werden mit Methylenchlorid extrahiert. Nach Verdampfen des Methylenchlorid-Extraktes wird dieser mit Puffer wieder in Lösung gebracht. In diesen Pufferlösungen wird
die Aldosteron-Konzentration - nach Zugabe einer bekannten Menge ^{3}H-
Aldosterons und verdünnter Antikörperlösung und nach 16-stündiger Inkubation bei + 4 $^{\circ}$C und anschließender Trennung von gebundenem und freiem
Hormon mittels Aktivkohle - bestimmt. Die in der jeweiligen Probe vorkommende Aldosteron-Konzentration wird an einer Standardkurve abgelesen.
Abb. 2 zeigt typische Standardkurven 14 verschiedener Aldosteron-Anti-
seren. In der Regel eignen sich für die Plasmamethode nur solche Seren
mit steilem Verlauf der Standardkurve (d. h. mit hoher Antikörpersensitivität). Da die Urinkonzentrationen des Aldosteron-18-glucuronids um
einiges höher liegen, lassen sich hier auch Seren mit relativ geringer
Sensitivität verwenden.

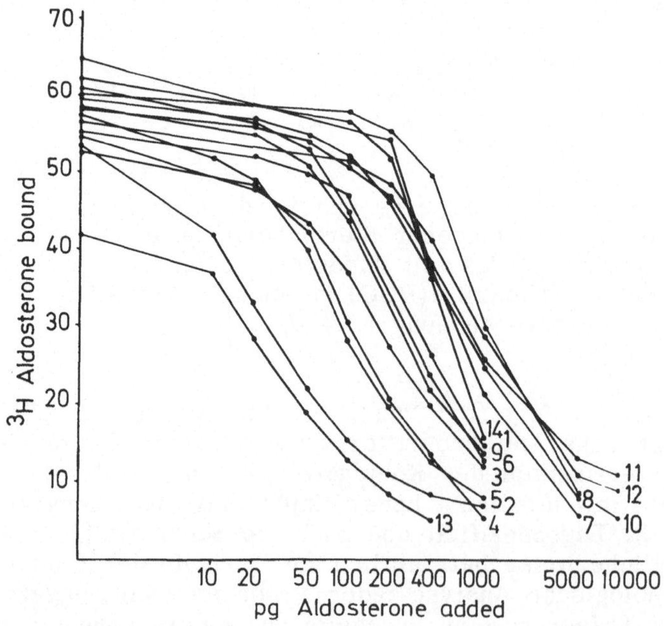

Abb. 2. Standardkurven 14 verschiedener Antiseren (1-14),
die mit Aldosteron-3-oxim-Rinder-γ-Globulin (BGG) erzeugt
wurden. Antikörperverdünnung zwischen 1:100 und 1:40 000.

<u>Spezifität der Methode</u>

Die Spezifität der Urinmethode wurde durch Vergleich mit der Doppel-
Isotopen-Methode von KLIMAN und PETERSON (6) ermittelt. Die lineare
Regression der mit beiden Methoden ermittelten Werte y = 0,913 x
- 0,415 sowie der Korrelationskoeffizient r = 0,994 lassen die Schlußfolgerung zu, daß in dem von uns verwendeten Radioimmunoassay-System
keine Kreuzreaktion aufgetreten war.

Eine andere Möglichkeit, unspezifische Kreuzreaktionen weitgehend auszu-
schließen, besteht unserer Meinung nach darin, mit verschiedenen Antiseren
ermittelte Werte zu vergleichen. Aufgrund theoretischer Überlegungen
und aufgrund von Kreuzreaktionsstudien unterscheidet sich beinahe jedes
Antiserum in Sensitivität und Spezifität von einem oder mehreren anderen
Antiseren. Dies bedingt, daß jede Substanz, welche eine unspezifische
Bindung mit dem jeweiligen Antikörper eingeht, von verschiedenen Antiseren unterschiedlich stark gebunden wird. Demzufolge sollten bei gege-
benen Proben im Falle unspezifischer Kreuzreaktion mit verschiedenen
Seren voneinander abweichende Werte ermittelt werden, während die
Messung einer einzigen Substanz (in unserem Falle des Aldosterons)
dann wahrscheinlich ist, wenn mit verschiedenen Antiseren identische
Werte ermittelt werden.

Abb. 3 zeigt die Anwendung dieses Prinzips bei der Ermittlung von Urin-
exkretionsraten des Aldosteron-18-glucuronids bei 10 Normalpersonen mit
14 verschiedenen Antiseren. Es geht aus der Abbildung hervor, daß mit
6 Seren bei allen Personen vergleichbare Werte nachgewiesen wurden.
Wie oben ausgeführt, schließen wir daraus auf die alleinige Messung von
Aldosteron. Es ist wichtig zu betonen, daß eines dieser 6 Seren zum
Vergleich mit der Doppel-Isotopen-Methode herangezogen wurde. Dies
stützt zusätzlich unsere Annahme, daß identische, mit verschiedenen
Seren ermittelte Werte unspezifische Kreuzreaktion sehr unwahrscheinlich machen. Mit 8 weiteren Antiseren ließen sich dagegen bei allen
Personen höhere und voneinander häufig stark abweichende Werte ermitteln. Mit Sicherheit war hier eine unerwünschte Kreuzreaktion mit anderen Substanzen aufgetreten. Um die verwirrende Vielfalt der Kreuzreak-
tionsphänomene zu illustrieren, haben wir die entsprechenden Werte miteinander verbunden.

<u>Normbereiche</u>

Unter bilanzierter Zufuhr von 120 - 150 mval Natrium/Tag betragen
die Plasmaaldosteron-Spiegel bei liegenden Normalpersonen um 8,00 Uhr
morgens zwischen 40 und 104 pg/ml.

Die Urinexkretion des säurelabilen Aldosteron-18-glucuronids schwankt
unter vergleichbarer Kochsalzeinfuhr zwischen 4 und 14 µ g/24 Std.

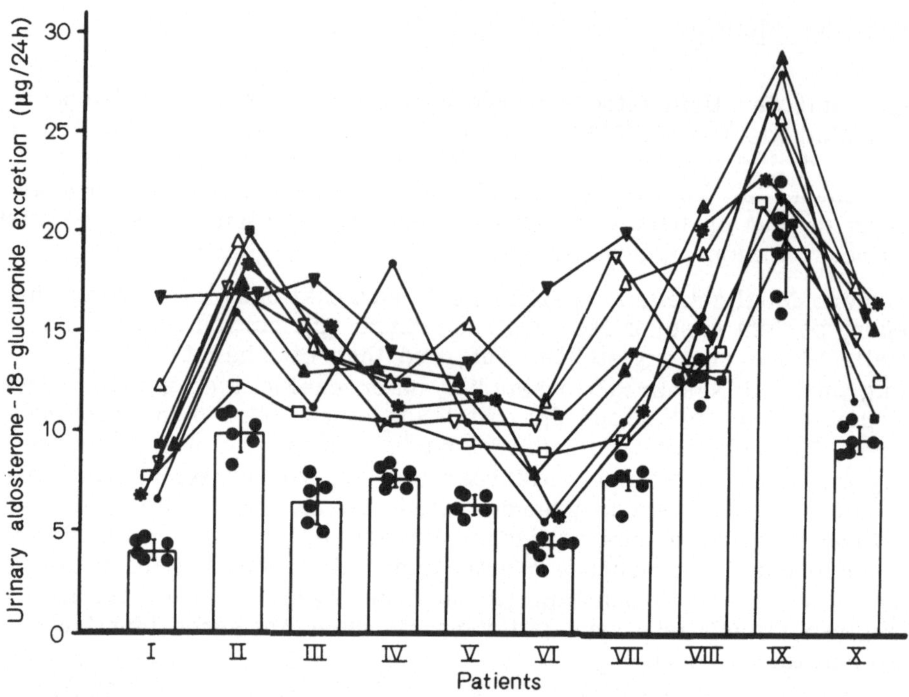

Abb. 3. Urin-Exkretionsraten des säurelabilen Aldosteron-18-glucu-
ronids (µg/24 Std) von 10 Normalpersonen (I - X). Die Bestimmung
erfolgte mit 14 verschiedenen Antiseren. 6 dieser Antiseren (ge-
schlossene Kreise) ergaben bei allen Personen beinahe identische
Werte. Die Säulen geben die mittleren Exkretionsraten dieser 6
Antiseren wieder. 8 Antiseren (verschiedene Symbole) ergaben deutlich höhere Werte. Die einzelnen Werte dieser 8 Antiseren sind
durch ausgezogene Linien miteinander verbunden.

ANWENDUNG DER METHODE

Die von uns entwickelte Methode zur radioimmunologischen Bestimmung
der Plasmaaldosteron-Konzentration ist sehr einfach und rasch durchzuführen. Ein besonderer Vorteil besteht darin, daß die Hormonkonzentra-
tion schon in 1 ml Plasma bestimmt werden kann. Wiederholte Bestimmungen der Plasmaaldosteron-Konzentration bei ein und derselben Person
sind deshalb möglich, ohne einen durch zu hohen Blutverlust induzierten
Anstieg der renalen Renin-Sekretion und somit sekundär der adrenalen
Aldosteron-Ausschüttung zu verursachen. Damit war die Voraussetzung
gegeben, tagesrhythmische Veränderungen des Plasmaaldosterons bei
Normalpersonen (7), bei Patienten mit primärem Aldosteronismus (8) und
bei nierenlosen Patienten (9) zu untersuchen. Auf einige repräsentative
Beispiele soll im folgenden eingegangen werden. Die gleichzeitige Bestim-

mung der Plasmacortisol-Konzentration mittels Protein-Bindungsmethode (10) und der Plasmarenin-Aktivität mittels Radioimmunoassay für Angiotensin I (11) erlaubt die Aussage, ob die jeweilige Veränderung der Plasmaaldosteron-Konzentration durch eine Schwankung der ACTH-Sekretion oder durch eine solche der renalen Renin-Sekretion verursacht wurde.

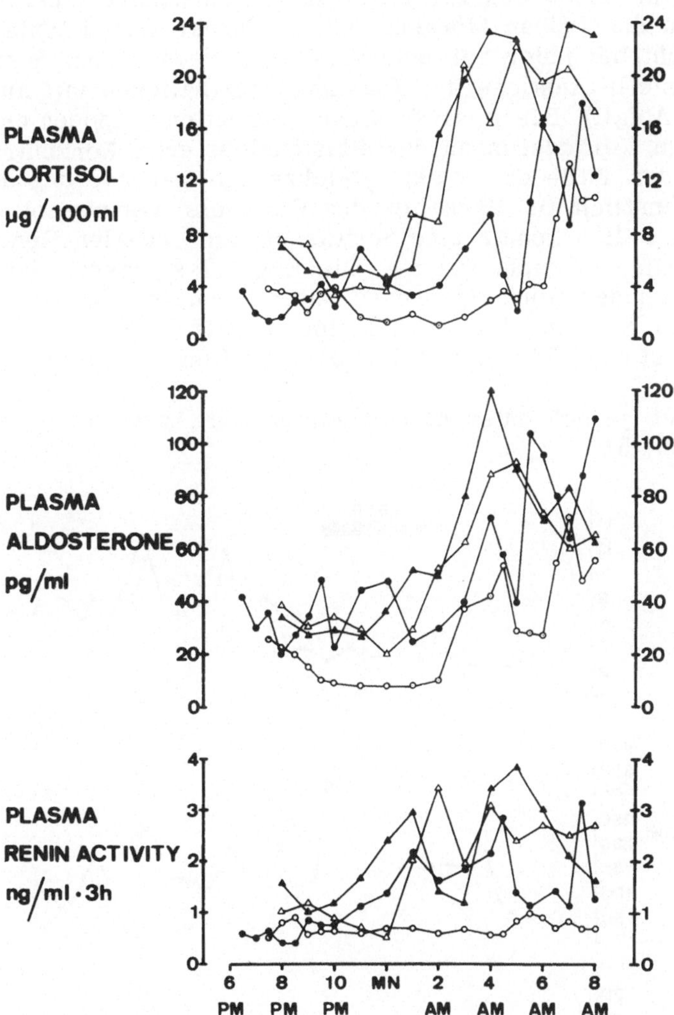

Abb. 4. Schwankungen von Plasmaaldosteron (pg/ml), Plasmacortisol (µg/100 ml) und Renin-Aktivität (ng/ml · 3 Std) bei 4 liegenden Normalpersonen zwischen 18,00 und 8,00 Uhr. Jede Person ist durch verschiedene Symbole gekennzeichnet. Die Untersuchungen erfolgten unter einer täglichen Natrium-Zufuhr von 120 - 150 mval.

<u>Normalpersonen</u>

Bei 4 liegenden Normalpersonen wurden unter einer täglichen Kochsalzeinfuhr von 120 - 150 mval Natrium Plasmaaldosteron, Plasmacortisol
und Plasmarenin-Aktivität in kurzen Zeitabständen zwischen 18,00 und
8,00 Uhr gemessen (Abb. 4). Die Ergebnisse zeigen relativ niedrige
Hormonwerte am Abend und vor Mitternacht und höhere Werte nach Mitternacht und in den frühen Morgenstunden. Ferner treten typischerweise
nach Mitternacht bei jeder der untersuchten Personen sog. Sekretions-
episoden auf (steile Anstiege der Plasmakonzentrationen mit anschließen-
dem raschem Abfall). Die Analyse dieser Sekretionsepisoden ergab, daß
die betreffenden Veränderungen der Plasmaaldosteron-Konzentration in
der Mehrzahl der Fälle durch eine gleichzeitige Veränderung der ACTH-
Sekretion (erkenntlich am Verhalten des Cortisols) verursacht wurde.
Nur in einigen Fällen konnte eine Schwankung der renalen Renin-Sekretion verantwortlich gemacht werden. Die Ergebnisse lassen den Schluß
zu, daß bei liegenden Normalpersonen unter normaler Kochsalzeinfuhr
(120 - 150 mval Natrium/Tag) ACTH eine wichtigere Rolle in der Regulation der Aldosteron-Sekretion spielt als das Renin-Angiotensin-System.

Dies ändert sich jedoch unter natriumarmer Diät, wie das folgende Beispiel zeigt (Abb. 5).

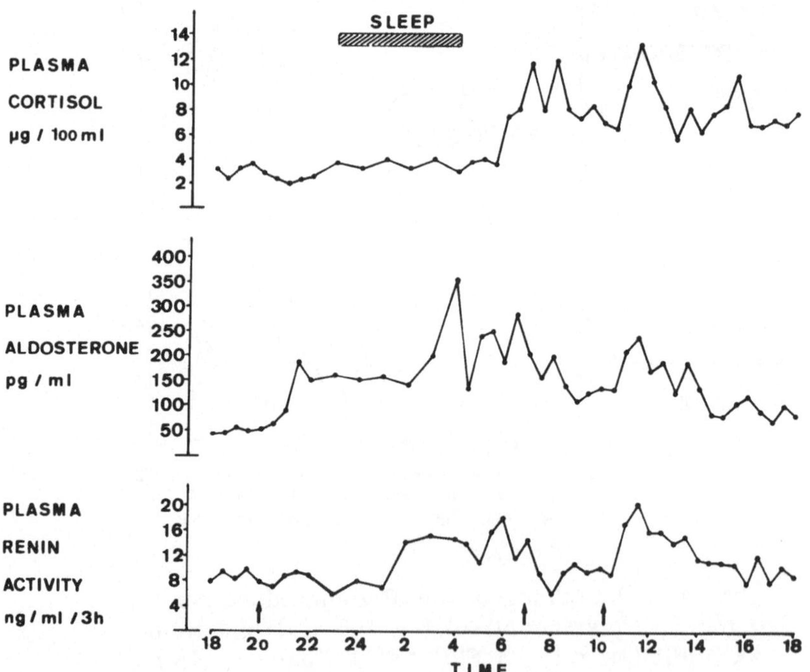

Abb. 5. Circadianer Rhythmus von Plasmaaldosteron
(pg/ml), Plasmacortisol (µg/100 ml) und Renin-Aktivität
(ng/ml · 3 Std) bei einer liegenden Normalperson. Die
Untersuchung erfolgte nach mehrtägigem Natrium-Entzug
(< 10 mval/24 Std).

Die Abbildung zeigt tagesrhythmische Schwankungen von Aldosteron, Cortisol und Renin-Aktivität einer Normalperson, welche nach mehrtägigem Salzentzug (< 10 mval Natrium/Tag) untersucht wurde. In diesem Falle ergab sich ein beinahe paralleles Verhalten zwischen Plasmaaldosteron und Plasmarenin-Aktivität. Beide lagen im Mittel etwa 3 - 5fach höher als unter normaler Kochsalzzufuhr. Nur vereinzelt ließen sich konkomitante Veränderungen von Aldosteron und Cortisol nachweisen. Diese Ergebnisse, die durch Untersuchungen mehrerer Personen bestätigt wurden, weisen darauf hin, daß unter Salzentzug Veränderungen des Plasmaaldosterons durch das Renin-Angiotensin-System und weniger durch ACTH gesteuert werden.

Zusammenfassend läßt sich sagen, daß je nach Natriumbilanz entweder ACTH oder das Renin-Angiotensin-System die Steuerung der adrenalen Aldosteron-Ausschüttung (bei liegenden Normalpersonen) übernehmen.

Primärer Aldosteronismus

Mehrere Patienten mit primärem Aldosteronismus wurden unter ähnlichen Versuchsbedingungen untersucht. Die tägliche Natrium-Zufuhr betrug 120 - 150 mval. Abb. 6 zeigt einen Tagesrhythmus von Plasmaaldosteron und Plasmacortisol einer Patientin mit einem aldosteronproduzierenden Adenom der linken Nebennierenrinde. Es zeigt sich hier eine auffallende Parallelität zwischen abnorm hohem Plasmaaldosteron und normalem Plasmacortisol. Durch Untersuchungen anderer Gruppen kann angenommen werden, daß das nachweisbare Aldosteron vollständig aus dem Adenom stammt (12, 13). Die gleichzeitig ermittelte Plasmarenin-Aktivität war konstant unterhalb des meßbaren Bereichs (< 0,16 ng/ml · 3 Std). Eine Beeinflussung der nachweisbaren Schwankungen des Plasmaaldosterons durch das Renin-Angiotensin-System erscheint deshalb sehr unwahrscheinlich. Die Ergebnisse lassen die Annahme zu, daß bei dieser Patientin tageszeitliche Veränderungen der Plasmaaldosteron-Konzentration ACTH-gesteuert waren.

Abb. 7 zeigt ähnliche Befunde bei zwei weiteren Patienten mit einem aldosteronproduzierenden Adenom der Nebenniere. Beide Patienten wurden über einen Zeitraum von 12 Stunden (20,00 - 8,00 Uhr) sowohl unter intakter ACTH-Sekretion als auch unter Suppression der hypophysären ACTH-Ausschüttung mittels Dexamethason untersucht. Unter intakter ACTH-Sekretion ließ sich bei beiden Patienten ein paralleles Verhalten zwischen abnorm hohem Plasmaaldosteron und normalem Plasmacortisol nachweisen, während die Plasmarenin-Aktivität konstant unter 0,16 ng/ml · 3 Std lag. Die Annahme, daß die nachweisbaren Schwankungen des Plasmaaldosterons ACTH-gesteuert waren, ließ sich durch Untersuchungen unter Dexamethason-Medikation erhärten. Unter diesen Bedingungen waren bei beiden Patienten in Gegenwart von niedrigem Plasmacortisol nur unwesentliche Schwankungen der Plasmaaldosteron-Konzentration zu beobachten.

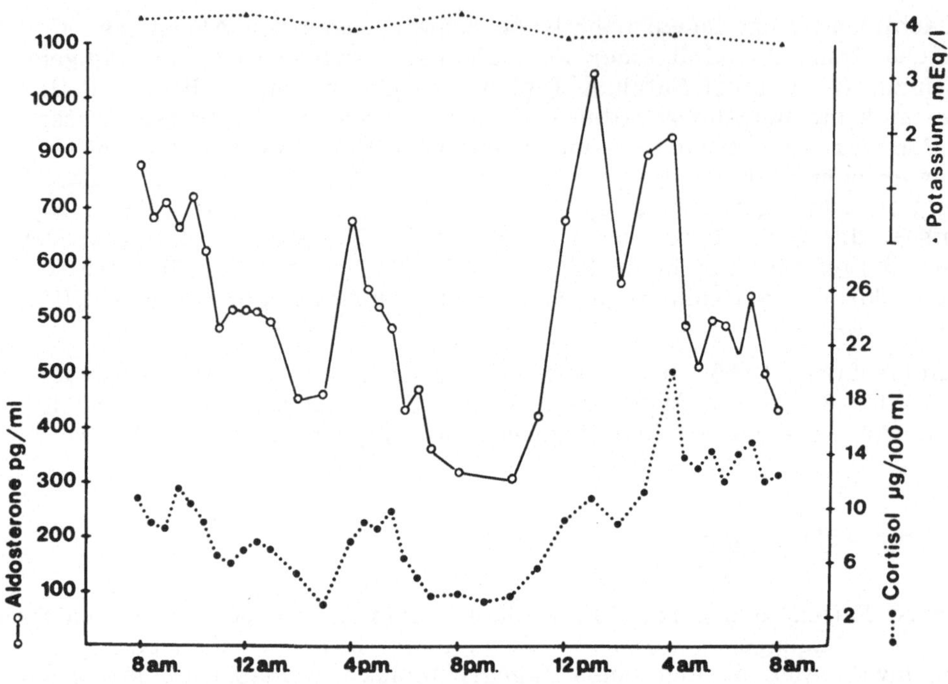

Abb. 6. Circadianer Rhythmus von Plasmaaldosteron (pg/ml) und
Plasmacortisol (µg/100 ml) bei einer liegenden Patientin mit einem
aldosteronproduzierenden Adenom der linken Nebennierenrinde.
Die Untersuchung erfolgte unter einer täglichen Natrium-Zufuhr von
120 - 150 mval.

Wir haben bis heute tageszeitliche Veränderungen des Plasmaaldosterons,
des Plasmacortisols und der Renin-Aktivität bei etwa 15 Patienten mit
einem primären Aldosteronismus untersucht. Dabei zeigte sich, daß bei
Patienten mit einem aldosteronproduzierenden Adenom in der Regel ein
ACTH-gesteuerter Tagesrhythmus nachweisbar war, während bei den
wenigen Patienten mit bilateraler idiopathischer Hyperplasie (n = 2)
keine Parallelität zwischen Plasmaaldosteron und Plasmacortisol beobachtet werden konnte. Einer dieser Patienten mit Hyperplasie zeigte
vielmehr konkomitante Schwankungen zwischen Aldosteron und, wenn auch
niedriger, Plasma-Renin-Aktivität. Es erscheint deshalb möglich, daß bei
Patienten mit bilateraler idiopathischer Hyperplasie der Nebennierenrinde
Schwankungen der Plasmaaldosteron-Konzentration durch Veränderungen
der renalen Renin-Sekretion verursacht werden.

Für die Klinik ist der Nachweis einer ACTH-gesteuerten Tagesrhythmik
für die oft schwierige präoperative Differentialdiagnose Adenom-Hyper-
plasie wichtig (14). Im Rahmen der seitengetrennten Bestimmung der
Aldosteronkonzentration im Nebennierenvenenblut gelingt oft aus technischen Gründen die Sondierung der rechten Nebennierenvene nicht.

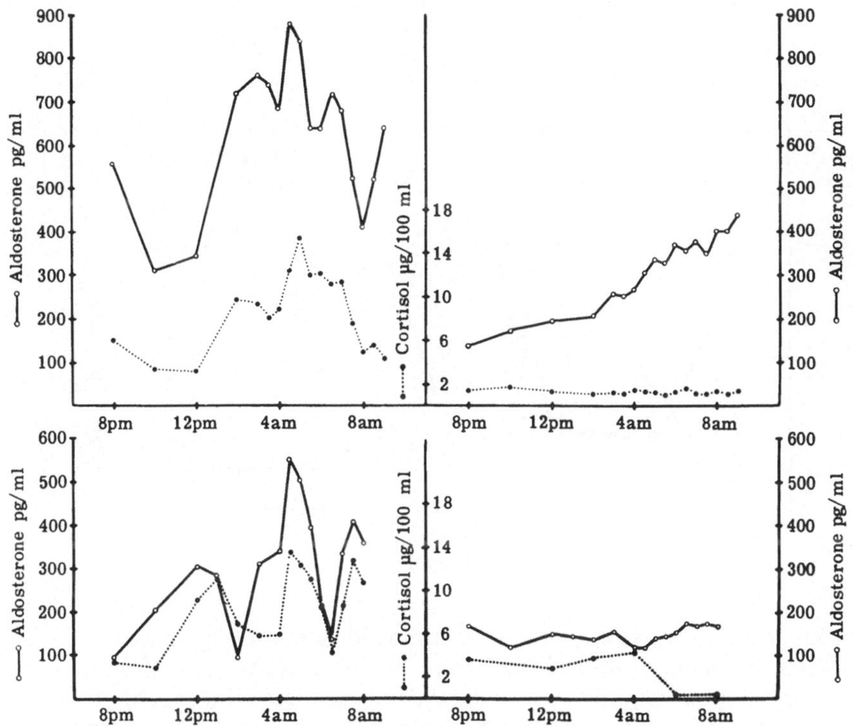

Abb. 7. Schwankungen von Plasmaaldosteron (pg/ml) und
Plasmacortisol (µg/100 ml) zwischen 20 Uhr und 8 Uhr bei
zwei liegenden Patienten mit einem aldosteronproduzierenden
Adenom der Nebennierenrinde. Patienten W.K. und P.D.
Linke Abbildung: vor Dexamethason-Medikation, rechte Abbildung: unter Dexamethason-Medikation. o Aldosteron-Werte,
● Cortisol-Werte. Die Untersuchungen erfolgten unter einer
täglichen Natrium-Zufuhr von 120 - 150 mval.

Wird in einem solchen Fall in der linken Nebennierenvene ein pathologischer Wert ermittelt, so ist aus dieser Untersuchung allein sowohl ein
linksseitiges Adenom als auch eine bilaterale Hyperplasie möglich. Zeigt
jedoch der betreffende Patient einen ACTH-gesteuerten Rhythmus des
Plasmaaldosterons, so kann auf ein linksseitiges Adenom geschlossen
werden.

Nierenlose Patienten

Wegen ihrer fehlenden renalen Renin-Sekretion bieten nierenlose Patienten
die Möglichkeit, den Einfluß anderer Faktoren als des Renin-Angiotensin-
Systems auf die adrenale Aldosteron-Ausschüttung zu untersuchen. Wir
haben deshalb bei nierenlosen Patienten tageszeitliche Veränderungen des
Plasmaaldosterons untersucht.

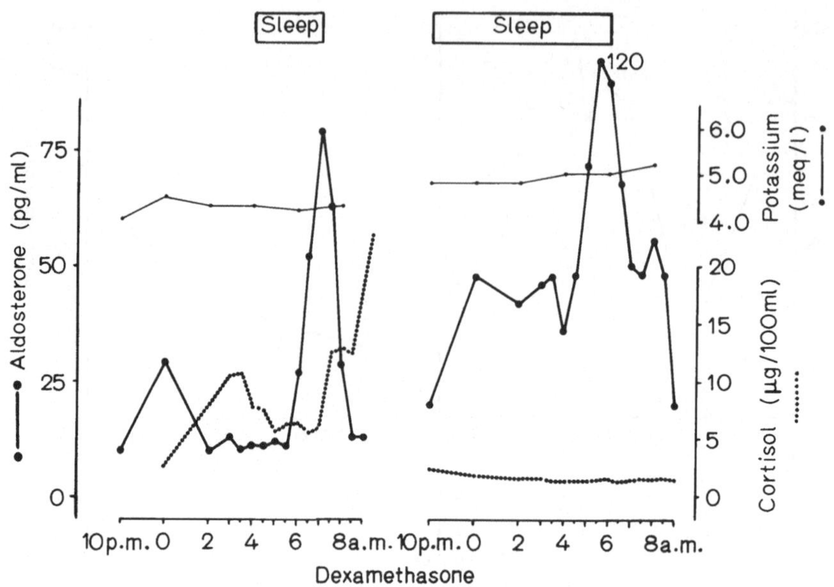

Abb. 8. Schwankungen von Plasmaaldosteron (pg/ml),
Plasmacortisol (µg/100 ml) und Serumkalium (mval/l) bei
einem liegenden, nierenlosen Patienten. Die Untersuchungen erfolgten jeweils während einer Nacht nach Hämodialyse. Linke Abbildung: unter Normalbedingungen, rechte
Abbildung: unter Dexamethason-Medikation.

Abb. 8 zeigt Schwankungen der Plasmaaldosteron-Konzentration bei einem
nierenlosen Patienten. Der Patient wurde sowohl unter intakter ACTH-
Sekretion als auch unter Dexamethason-Medikation untersucht. Die Blut-
entnahmen erfolgten jeweils in der Nacht nach Hämodialyse (22,00 -
9,00 Uhr). Unter intakter ACTH-Sekretion traten zwar Sekretionsepisoden
sowohl des Aldosterons als auch des Cortisols auf, jedoch konnte kein
paralleles Verhalten der Plasmakonzentrationen beider Hormone nachgewiesen werden. So wurde um 5,30 Uhr der Beginn einer Sekretionsepisode
des Aldosterons beobachtet, während die Plasmacortisol-Konzentration
nur unwesentliche Schwankungen zeigte. Dies scheint schon darauf hinzuweisen, daß in diesem Falle keiner der uns bekannten Faktoren an der
Regulation des Plasmaaldosterons beteiligt war. Ein etwaiger Einfluß
von Serumkalium oder Serumnatrium ist unwahrscheinlich, da über den
beobachteten Zeitraum nur geringgradige Schwankungen dieser Serum-
elektrolyte auftraten.

Unsere Annahme, daß ein oder mehrere unbekannte Faktoren bei nierenlosen Patienten an der Regulation der Aldosteron-Sekretion beteiligt sind,
wurde dadurch bestärkt, daß unter Dexamethason-Medikation die episodische Sekretion des Aldosterons persistierte (Abb. 8).

Auffallenderweise scheinen diese noch nicht identifizierten Faktoren nur in der Nacht nach Hämodialyse, d. h. nach Volumen- oder Natriumentzug, und nicht in der Nacht vor Hämodialyse ihre Wirkung zu entfalten (9).

Überlegungen über die Herkunft dieser Faktoren sind natürlich spekulativ. Der Umstand jedoch, daß diese Faktoren in der Lage sind, eine episodische Aldosteron-Sekretion zu verursachen, läßt als Ursprungsort das Hypothalamus-Gebiet vermuten. Weitere Untersuchungen müssen zeigen, ob diese Faktoren auch bei noch vorhandener renaler Renin-Sekretion eine Rolle spielen oder ob ihre Bedeutung sich auf Anephriker beschränkt.

Literatur

1. VETTER, W., FREEDLENDER, E., and HABER, E.: Clin. Immunol. Immunopathol. 2, 361 (1974).

2. VETTER, W., ARMBRUSTER, H., TSCHUDI, B., and VETTER, H.: Steroids 23, 741 (1974).

3. VETTER, H., and VETTER, W.: J. Steroid Biochem. 5, 197 (1974).

4. VETTER, W., VETTER, H., and SIEGENTHALER, W.: Acta Endocr. 74, 558 (1973).

5. VETTER, H., VETTER, W., and SIEGENTHALER, W.: Symposium on Radioimmunoassay and related procedures in medicine, Vol. I, p. 429. Wien: International Atomic Energy Agency 1974.

6. KLIMAN, B., and PETERSON, R. E.: J. biol. Chem. 235, 1639 (1960).

7. ARMBRUSTER, H., VETTER, W., BECKERHOFF, R., NUSSBERGER, J., VETTER, H., and SIEGENTHALER, W.: Submitted for publication to Acta Endocr.

8. VETTER, H., BERGER, M., ARMBRUSTER, H., SIEGENTHALER, W., and VETTER, W.: Clin. Endocr. 3, 41 (1974).

9. VETTER, W., ZÁRUBA, K., ARMBRUSTER, H., BECKERHOFF, R., RECK, G., and SIEGENTHALER, W.: Clin. Endocr. 3, 411 (1974).

10. MURPHY, B. E. P., ENGELBERG, W., and PATTEE, C. J.: J. clin. Endocr. 23, 293 (1963).

11. HABER, E., KOERNER, T., PAGE, L. B., KLIMAN, B., and PURNODE, A.: J. clin. Endocr. 29, 1349 (1969).

12. BIGLIERI, E. G., SLATON, P. E., SILEN, W. S., GELANTE, M., and FORSHAM, P. H.: J. clin. Endocr. 26, 553 (1966).

13. CONN, W. J., COHEN, E. L., and ROVNER, D. R.: J. Amer. med. Ass. 190, 213 (1964).

14. VETTER, H.: Acta Endocr. Suppl. 193, 138 (1975).

DENGLER:
Welche Bedeutung haben die Methoden, bei denen Renin-Substrat zugesetzt wird?

BECKERHOFF:
Man glaubt, daß die Reaktionsgeschwindigkeit zwischen Renin und seinem
Substrat in vivo auch von der Substratkonzentration im Plasma abhängig
ist, denn normalerweise ist das Enzym Renin nicht mit seinem Substrat
gesättigt. Wenn man Substrat zum Reaktionsgemisch hinzugibt und das
endogene Substrat denaturiert, muß man soviel Substrat hinzugeben, daß
das Enzym mit dem Substrat gesättigt ist. Dann wird die Angiotensin-
Menge, die gebildet wird, ein besserer Parameter für die tatsächliche
Renin-Konzentration im Plasma als normalerweise, wenn keine Substratsättigung vorliegt. Man sollte bei Methoden, die mit Substratsättigung
arbeiten, besser nicht von der Bestimmung der "Plasma-Renin-Konzentration", sondern vielleicht von "Plasma-Renin-Aktivität mit Substratsättigung" sprechen.

DENGLER:
Das ist mir klar; ich wollte eine Beurteilung hören, was Sie für richtiger
halten.

BECKERHOFF:
Ich glaube, für die Krankheitsbilder, die ich geschildert habe, gibt es
keine Vorteile der Bestimmung der Renin-Aktivität mit Substratzugabe.
Es gibt aber bestimmte Zustände, bei denen es wichtig ist, den Einfluß
der Substratkonzentration zu eliminieren; insbesondere sind das Hyper-
tonien bei Frauen, die Ovulationshemmer einnehmen. Bei diesen Frauen
finden wir eine große Vermehrung des Renin-Substrates. Da ist es interessant, etwas Genaueres über die aktuelle Renin-Konzentration zu wissen.

PFLEIDERER:
Ich habe nur eine kurze Verständnisfrage: Sie hemmen das Converting
Enzyme mit Diisopropylfluorphosphat?

BECKERHOFF:
Diese Substanz wurde von verschiedenen Autoren empfohlen.

PFLEIDERER:
Mir ist nicht bekannt, daß Renin keine Serinprotease ist, daher müßte
es doch eigentlich in Anwesenheit von DFP unwirksam sein?

TRAUTSCHOLD:
Sind Sie sicher, daß nicht doch noch Aktivität des Converting Enzyme
übrig bleibt?

BECKERHOFF:
Ich habe das DFP nur aus der Literatur zitiert, wir selbst verwenden
es nicht.

PFLEIDERER:
Man müßte eigentlich erwarten, daß das Renin tot ist.

BECKERHOFF:
Das DFP wird dem Plasma häufig bei den Methoden zugesetzt, bei denen
man die aktuelle Plasmakonzentration des Angiotensin II messen möchte.
Dann werden die weiteren Angiotensinasen durch das DFP gehemmt.

TRAUTSCHOLD:
Was verwenden Sie selbst als Hemmstoff?

BECKERHOFF:
Wir verwenden EDTA, BAL und 8-Hydroxychinolin.

TRAUTSCHOLD:
Das ist sehr problematisch; das Converting Enzyme scheint ein sehr
universelles und nicht spezifisch auf Abspaltung des Peptides His-Leu
ausgerichtetes Enzym zu sein. Bekanntermaßen wird diese Gruppe der
Proteasen durch Chelatbildner nur partiell gehemmt. Können Sie quantitative Angaben über die mit Ihrer Methodik gebildete Angiotensin II-Menge
machen?

BECKERHOFF:
Nein, das haben wir nicht quantifiziert. Wir sind uns durchaus bewußt,
daß die von uns verwandte Methode von der Theorie her nicht 100%ig
das Beste ist. Sie ist praktikabel und hat sich allgemein eingebürgert.

TRAUTSCHOLD:
Wenn Sie die Arbeiten von ERDÖS anschauen mit der großen Zahl von
Carboxypeptidase-Hemmstoffen, so werden maximal Hemmungen von
70 - 80% erzielt. Da die Aktivität des Converting Enzyme sehr unterschiedlich sein kann, haben Sie dann nicht einen unkontrollierbaren Faktor
in Ihrer Bestimmung?

BECKERHOFF:
Das ist durchaus möglich. Allerdings ist zu sagen, daß das Ausmaß der
Konversion wegen der Probleme, die der Angiotensin-II-Nachweis bietet,
schwierig zu quantifizieren ist.

Ich wollte mit meinen Ausführungen aufzeigen, wo die Schwierigkeiten bei
der Renin-Bestimmung heute liegen, welche Unterschiede man unter Verwendung verschiedener Methoden und mit verschiedenen Inhibitoren bekommt. Jede Firma bietet unterschiedliche Inhibitoren an. Hier ist sicherlich noch kein Idealzustand erreicht.

PFLEIDERER:
Ich muß jetzt einmal hartnäckig sein: Sie können niemals mit EDTA genau
den Punkt treffen, wo das eine Enzym noch ganz aktiv ist und das andere
gar nicht mehr. Wir benutzen EDTA gerade dann, wenn wir Exopeptidase-
Aktivität von Endopeptidase-Aktivität trennen wollen. Sie können mit EDTA
nach meiner Ansicht Renin nicht spezifisch hemmen, und man muß ja Bedingungen finden, wo das eine Enzym noch voll aktiv ist und das andere
total gehemmt wird.

BECKERHOFF:
Das Converting Enzyme ist ein calciumabhängiges Enzym, und durch
EDTA hofft man, die Aktivität des Converting Enzyme zu hemmen.

RÓKA:
Wie lange inkubieren Sie Ihr Substrat mit Renin? Für wie lange reicht
das Substrat aus, damit Renin noch gesättigt ist? Denn Sie extrapolieren
aus der Menge Angiotensin, die freigesetzt worden ist, zurück auf die
Renin-Aktivität.

BECKERHOFF:
Gesättigt ist das Enzym wahrscheinlich nicht. Aus diesem Grund sprechen wir auch von Plasmarenin-Aktivität. Man will damit ausdrücken,
daß es sich um die Aktivität des Renins, wenn es mit serumeigenem
Substrat reagiert, handelt.

RÓKA:
Aber wenn es nicht gesättigt ist, muß man annehmen, daß ein Zeitgang
eine Rolle spielt, d. h. wenn Sie doppelt so lange inkubieren, dann wird
in der 2. Periode weniger umgesetzt als in der 1. Periode.

BECKERHOFF:
Das ist durchaus richtig. Dieses Problem macht sich bei der Inkubations-
dauer, die wir benutzen (3 Stunden) bei Plasmen, in denen eine sehr hohe
Renin-Aktivität vorhanden ist, bemerkbar.

RÓKA:
Eigentlich dürfen Sie die in drei Stunden gemessene Größe nicht als
Aktivität ansprechen. Bei nur einer Stunde Inkubation hätten Sie einen
ganz anderen Wert.

BECKERHOFF:
Wenn wir drei Stunden inkubieren, geben wir auch immer an, daß wir
drei Stunden inkubiert haben, während andere einfach durch drei dividie-
ren. Eine derartige Rechnung ist sicherlich nicht erlaubt und nicht richtig.

Viele geben die Renin-Aktivität einfach in Nanogramm Angiotensin I pro
Milliliter Plasma und Stunde an; die Inkubationszeiten variieren aber
von weniger als einer bis zu vierundzwanzig Stunden.

RÓKA:
Können Sie an einem konkreten Beispiel zeigen, wie stark die Ergebnisse
differieren, wenn man eine Stunde oder drei Stunden inkubiert?

BECKERHOFF:
Das hängt ganz von der Höhe der Renin-Aktivität ab, aber z.B. bei einer
Aktivität von 20 ng in der ersten Stunde würden in der zweiten Stunde
möglicherweise 15 und in der dritten etwa vielleicht noch 10 ng gebildet.
Es kommt natürlich auch noch die Produkthemmung hinzu.

BLEYL:
Ich möchte noch einmal auf das Problem zurückkommen, das Herr DENG-
LER angesprochen hat, nämlich das der externen Substratzugabe. Wir
messen im Grunde genommen eine Enzymaktivität, aber in der Probe
selbst ist das Substrat mitenthalten. Wie vorhin schon angesprochen wurde,
reicht offenbar die Menge des Substrats nicht aus, um über die Inkubationsdauer den gleichen Substratumsatz innerhalb der Zeiteinheit zu gewährleisten. Herr BECKERHOFF, Sie inkubieren drei Stunden. Wir haben
uns anders geholfen: In Anlehnung an die üblichen Enzymbestimmungen
inkubieren wir alle Proben mindestens 3, besser sogar 4 Zeitperioden
und verwerten nur die Abschnitte, in denen das pro Zeiteinheit freigesetzte Angiotensin I konstant ist. Wir berechnen die Aktivität auf die
Stunde, d.h. wir inkubieren 15, 30, 45 Minuten. Wenn wir eine Lineari-
tät finden, rechnen wir um auf die Stunde. Das tun wir aus folgendem
Grunde: Wir haben Renin-Bestimmungen in seitengetrenntem Nierenvenen-
blut verglichen, einmal mit einer einzigen Inkubationszeit und zum anderen
mit unserer Methode. Es zeigte sich, daß wir in fast allen Fällen mit
der Zeitperioden-Messung den von Ihnen angegebenen Faktor von 1,5
gefunden haben, der bei der anderen Methode untergeht.

BECKERHOFF:
Mit meinen Ausführungen wollte ich vor allem darstellen, wie die Situation im Moment ist, was von der Industrie angeboten und was an vielen
Stellen gemacht wird. Ich glaube, ich habe gezeigt, daß der momentane
Stand nicht voll befriedigend ist. Als am Renin-System besonders Inter-
essierte wenden wir, besonders für wissenschaftliche Fragestellungen,
eine Renin-Messung mit Substratzugabe an, weil wir glauben, daß die
Ergebnisse aus den von Ihnen geschilderten Gründen exakter sind. Es
ist wahrscheinlich richtig, daß bei Ihrem Vorgehen exaktere Resultate
erhalten werden. Aber für den täglichen Gebrauch, wenn jeden Tag 10
oder 20 Blutproben zur Renin-Bestimmung ins Labor kommen, ist natürlich solch eine Methode, wie Sie sie erwähnen, sehr aufwendig.

WIELAND:
Ich wollte noch einmal zurückkommen auf die Unsicherheiten der Renin-
Aktivitätsbestimmung. Ist eigentlich etwas bekannt, ob bestimmte Plasma-

komponenten, wie z. B. der Harnstoff, der ja unter Umständen in solchen
Fällen sehr hoch ansteigen kann, auf dieses Enzym einwirken? Man
könnte sich vorstellen, daß da etwas passiert. Ist etwas bekannt über
den Einfluß der bekannten Proteasen-Inhibitoren des Plasmas wie α_2-
Makroglobulin u. a. ?

VETTER:
Die Gruppe von KOTCHEN konnte nachweisen, daß im Plasma von Patienten mit terminalem Nierenversagen Faktoren vorkommen, die die Renin-
Aktivität beeinflussen. Wir benutzen die Renin-Aktivität ja, wie Herr
BECKERHOFF sagte, um diese Patienten in Gruppen einzuteilen, um zu
entscheiden, Nephrektomie ja oder nein. In der Tat sind bei der Gruppe
der unkontrollierbaren Hypertoniker die Werte so hoch, daß diese Faktoren für den normalen klinischen Gebrauch kaum eine Rolle spielen, vielleicht aber für wissenschaftliche Fragestellungen.

WIELAND:
Haben Sie Ihre Ergebnisse einmal zur Harnstoff-Konzentration korreliert?

SIEGENTHALER:
Nein, das haben wir nicht.

HEINTZ:
Es gibt zahlreiche Untersuchungen, die zeigen, daß zwischen Harnstoff-
Konzentration und Renin-Aktivität keine Korrelation besteht.

DEUTSCH:
Wäre es nicht vorteilhafter, prinzipiell Renin-Aktivitäten m i t Substrat-
zugabe und nicht Renin-Aktivitäten o h n e Substratzugabe zu bestimmen ?
Man hätte doch eine bessere Vergleichbarkeit zwischen den Laboratorien.

BECKERHOFF:
Ja und nein. Eine bessere Vergleichbarkeit hätte man nur, wenn alle
dasselbe Substrat nehmen würden. Die Substratherstellung ist relativ
trickreich und ziemlich aufwendig; außerdem gibt es keine standardisierte
Methode zur Substratherstellung. Man kann das Substrat aus verschiedenen Tierspecies herstellen, andere versuchen es mit menschlichem Plasma.
Je nach Species erhält man ganz unterschiedliche Reaktionsgeschwindig-
keiten. Außerdem glauben wir, und das haben auch andere gezeigt, daß
die Renin-Aktivität ohne Substratzugabe die Höhe des tatsächlichen Angiotensin II-Plasmaspiegels besser reflektiert als die Renin-Aktivität mit
Substratsättigung. Angiotensin II ist schließlich die Substanz, die biologisch aktiv ist, d. h. die auf Blutdruck bzw. Aldosteron-Bildung einwirkt.

BREUER:
Rein theoretisch haben Sie recht, Herr DEUTSCH, und aus enzymkineti-
schen Überlegungen wäre es wahrscheinlich besser, Plasmarenin-Konzen-
trationen zu bestimmen, weil die Bestimmung der Aktivität keine Reaktion
nullter Ordnung ist. Aber aus praktischen Überlegungen, auf die Herr
BECKERHOFF hingewiesen hat, ist es sicher für die Klinik legitim,

die Plasmarenin-Aktivität anstelle der Plasmarenin-Konzentration zu bestimmen, weil das Renin-Substrat sehr unterschiedliche Herkunft hat.

DEUTSCH:
Es wäre doch sicherlich Aufgabe einer wissenschaftlichen Gesellschaft zu versuchen, eine weitgehende Standardisierung herbeizuführen. Man könnte sich vielleicht bezüglich des Substrats einigen.

BECKERHOFF:
Die Diskussion hat gezeigt, daß die Bestimmung der Renin-Aktivität im Theoretischen und vom praktischen Standpunkt aus nicht ganz befriedigend ist. Darum streben wir jetzt an, das Angiotensin II im Plasma direkt zu bestimmen. Wir, d. h. insbesondere Herr NUSSBERGER in unserem Labor, haben eine Methode entwickelt, die praktikabel ist und die reproduzierbare Ergebnisse liefert. Wir wenden diese Methode routinemäßig an, lassen aber die Bestimmung der Renin-Aktivität immer nebenher laufen. Man muß allerdings sagen, daß sich die Methoden zur Angiotensin II-Bestimmung kaum so in der Routine durchsetzen werden wie die im Vergleich einfache Bestimmung der Renin-Aktivität.

HEINTZ:
Mich interessiert vor allem die Bemerkung über den Nachweis von Angiotensin II, weil Angiotensin II der eigentliche aktive Faktor im Blut ist. Wir haben uns auch jahrelang damit beschäftigt und versucht, Angiotensin II direkt zu bestimmen. Es scheiterte daran, daß es uns nicht gelungen ist, einen guten Antikörper zu produzieren. Soweit ich weiß, sind bisher nur die Arbeiten von PEART in dieser Richtung erfolgreich gewesen. Sind Ihre Untersuchungen und Methoden schon veröffentlicht?

BECKERHOFF:
Wir haben sie veröffentlicht in "Radioimmunoassay and related procedures in medicine", Vol. 1, p. 429, 1974 , herausgegeben von der International Atomic Energy Agency. Wie Sie richtig sagen, ist das A und O eines Radioimmunoassays der richtige Antikörper. Wir haben viel Zeit und Mühe darauf verwendet, und mit viel Energie und etwas Glück haben wir einen extrem sensitiven und, wie wir glauben, auch recht spezifischen Antikörper erhalten, der es möglich macht, Angiotensin II in der Größenordnung von 5 pg/ml exakt zu messen.

TRAUTSCHOLD:
Wir haben vor etwa 14 Jahren als eine der ersten Gruppen Isorenin nachgewiesen, und zwar in verschiedenen Organen, besonders in den Speicheldrüsen. Können Sie uns sagen, wie Ihr System auf das Isorenin reagiert? Ist die Steuerung in diesem System in irgendeiner Weise an die Regulation für das Nieren-Renin-System gekoppelt?

BECKERHOFF:
Aus unseren Erfahrungen wissen wir nur, daß bei nephrektomierten Patienten Plasmarenin-Aktivität nachweisbar ist, daß diese Aktivität also aus irgendeinem anderen Organ kommen muß. Ob es eine Steuerung dieses "Isorenins" gibt, darüber weiß man wenig. Man weiß nur, daß

die Tagesrhythmik, die Herr VETTER beschrieben hat, für das Isorenin
nicht vorhanden ist.

TRAUTSCHOLD:
Das Renin-System der Niere ist sicherlich in vielen anderen Organen
zur Autoregulation der Durchblutung in Form der Isorenine nachgeahmt.
Neuerdings haben wir gelernt, daß Isorenin in relativ hoher Konzentration
auch im Gehirn vorkommt; ich weiß nicht, ob es die Blut-Liquor-Schranke
durchdringt. Jedenfalls kann man von den Speicheldrüsen annehmen, daß
sie etwas Isorenin ausschütten. Die Auswirkung des Renin-Systems auf
den gesamten Systemkreislauf ist ja auch nur ein Feedback-Mechanismus
und kein ursprünglich von der Natur vorgesehener Mechanismus.

VETTER:
Die tageszeitlichen Schwankungen der Plasmarenin-Aktivität, die wir sehen,
scheinen einem zentralen Einfluß unterworfen zu sein. Wir haben bis heute
etwa 12 - 14 nierenlose Patienten rhythmisiert, die bei fehlender renaler
Renin-Sekretion ein klassisches Beispiel liefern, auch die Bedeutung der
Gewebsrenine zu untersuchen. Ich will nichts gegen die Wertigkeit des in
der Speicheldrüse und im Gehirn vorkommenden Renins sagen; allerdings
läßt sich sagen, daß die dort vorkommenden Renine keinen Einfluß auf
die bei nierenlosen Patienten nachweisbare episodische Aldosteron-Sekretion haben. Die Renin-Aktivitäten im Blut, die wir bei diesen Patienten
messen können, bilden praktisch eine starre Linie.

BLEYL:
Eine Frage, die das Problem noch von einer anderen Seite beleuchtet:
Die Patienten, die wir auf ihre Plasmarenin-Aktivität untersuchen, sind
ja Hypertoniker. Es kommt häufig vor, daß der Kliniker sagt, dieses
oder jenes Medikament kann ich unmöglich absetzen. D. h. wir stehen
vor der Frage, ob wir unter diesen Umständen kein Plasmarenin bestimmen sollen, denn dafür kennen wir keine Normalwerte, oder soll man
die Auswirkung der Medikamente in Kauf nehmen? Kann man unter Medikamenten seitengetrennt Renin bestimmen oder bringt das nichts?

SIEGENTHALER:
Das ist eine Frage, vor die man in der Klinik immer wieder gestellt
ist. Ich glaube, es ist in jedem Falle schwierig, unter Gabe von Medikamenten Renin zu bestimmen. Man hat dann Werte, von denen man zum
Schluß doch nicht weiß, ob man sie verwenden kann und wie man sie
interpretieren soll.

BECKERHOFF:
Häufig muß man einen Kompromiß eingehen: Unter Diuretica-Medikation
ist eine Renin-Bestimmung sinnlos, denn man findet fast immer erhöhte
Werte, ob man sie erwartet oder nicht. Diuretica müssen abgesetzt werden. Haben Patienten unter anderen Antihypertensiva erhöhte Renin-Werte,
dann werden diese Werte höchstwahrscheinlich auch ohne diese Antihypertensiva erhöht sein, denn die meisten Antihypertensiva führen zu einer
Suppression des Renin-Systems, weil sie irgendwo hemmend am vegeta-

tiven Nervensystem angreifen, welches stimulierend auf die Renin-Sekretion einwirkt. Zur Frage Nierenvenen-Renin-Bestimmung und Medikamente glaube ich, daß die Medikamente keinen so großen Einfluß auf die Renin-Relation zwischen beiden Nierenvenen wie auf die absolute Höhe des Renins haben. Wir führen Bestimmungen von Nierenvenen-Renin unter Medikamenten, auch unter Diuretica, durch.

TRAUTSCHOLD:
Es ist interessant, daß das Heptapeptid (Des-Phe-Angiotensin II), obwohl es keine blutdruckwirksame Komponente mehr darstellt, eine regulatorische Wirkung auf das Gesamtsystem hat. Haben Sie einmal getestet, welches die Minimalsequenz ist, die diese regulatorische Funktion erfüllt? Kann es auch noch das Hexa- oder Pentapeptid?

BECKERHOFF:
Das Hexapeptid hat praktisch keine biologische Wirkung mehr.

TRAUTSCHOLD:
Biologisch im Sinne der Aldosteron-Regulation?

BECKERHOFF:
Aldosteron-Stimulation, ja, und zwar in vivo im Tierexperiment.

KRÜSKEMPER:
Herr VETTER, ich wollte fragen, ob Sie unter Umständen schon hypophysektomierte Patienten hinsichtlich ihrer Aldosteron-Sekretion beobachtet haben. Vor allem solche, bei denen man sicher weiß, daß sie kein ACTH mehr produzieren, und ob diese noch solche rhythmischen Erscheinungen zeigen?

VETTER:
Ja, das haben wir. Wir haben etliche Patienten gesehen, die "Hypophysektomierte" waren, bei denen aber die Analyse der Werte ergab, daß sie tatsächlich einen, wenn auch niedrigeren, aber normalen Tagesrhythmus im Cortisol hatten. Ich wäre sehr dankbar, wenn jemand uns einen total Hypophysektomierten bereitstellen könnte.

KRÜSKEMPER:
Wir haben einige solche Fälle, die schon seit vielen Jahren beobachtet werden.

SIEGENTHALER:
Das haben wir bei unseren Fällen zunächst auch angenommen.

KRÜSKEMPER:
Bei unseren Patienten ist versucht worden, Cortisol unter Metopiron zu messen; von Herrn KLEY ist auch ACTH gemessen worden, es konnte nichts mehr nachgewiesen werden. Wie sieht es denn umgekehrt mit dem Aldosteron-Spiegel bei hypothalamischem CUSHING-Syndrom aus?

VETTER:

Bei den CUSHING-Syndromen - ich gebe jetzt Ergebnisse meines Bruders
H. VETTER (Bonn) wieder - kommt es wahrscheinlich zu einer intra-
adrenalen Hemmung der Aldosteron-Synthese. Wir sehen bei CUSHING-
Syndromen ganz unterschiedliches Verhalten des Plasma-Cortisols, einmal
über die Norm entartete Tagesrhythmen, einmal eine fast fixe Sekretions-
Starre, einmal nur minimal erhöhte Werte, aber immer niedriges Aldo-
steron bei unterschiedlich hohem Renin, wobei die Fälle mit erhöhter
Plasma-Renin-Aktivität sich dadurch erklären lassen, daß die Steroid-
Überproduktion eine Synthesesteigerung des in der Leber gebildeten Renin-
Substrats bewirkt. Auf jeden Fall besteht keine Korrelation zwischen
Renin und Aldosteron. Daraus resultiert die Schlußfolgerung, daß in diesem
Fall die Aldosteron-Sekretion nicht Renin-getriggert ist. Die niedrige
Aldosteron-Produktion erklärt sich vielmehr über eine intraadrenale
Substrathemmung.

NOCKE-FINCK:

Zuerst möchte ich die Befunde, die Herr VETTER genannt hat, bestätigen.
Auch bei uns sind die Normbereiche der Aldosteron-Bestimmung mit dem
Radioimmunoassay im Urin niedriger als mit der gaschromatographischen
und der Doppelisotopen-Technik. Zum zweiten: Wir haben unter ACTH-
Kurzbelastung festgestellt, daß das Aldosteron nach 30 Minuten etwa auf
das Dreifache ansteigt. Dann habe ich noch eine Frage an Sie, Herr
VETTER: Haben Sie ähnlich, wie es Herr BECKERHOFF gemacht hat,
beim Renin die Einflüsse verschiedener Medikamente auf die Aldosteron-
Menge im Plasma bestimmt? Das ist das große Problem, vor allem bei
von auswärts eingeschickten Plasmaproben. Die Patienten haben unter
Umständen Aldactone bekommen, wobei das Aldosteron sehr stark ansteigt. Die Interpretation der Werte ist dann nicht mehr möglich.

VETTER:

Zur Frage Medikamente und Renin-Angiotensin-Aldosteron-System ist zu
sagen, daß die Regulation der Aldosteron-Sekretion neben dem Renin noch
durch andere Faktoren (ACTH, Kalium, Natrium) beeinflußt wird. Sobald
man z.B. ein Medikament appliziert, das Renin supprimiert, kann unter
Umständen ein anderer Faktor die Steuerung der Aldosteron-Sekretion
übernehmen. Deshalb sehen wir bei Gabe von Beta-Blockern eine sehr
schnelle Suppression des Renins bei unverändertem Aldosteron. Ein
gleichzeitiger Abfall der Aldosteron-Produktion bleibt deshalb aus, da
nach unseren Befunden ACTH sofort die Regulation des Aldosterons
übernimmt.

SIEGENTHALER:

Grundsätzlich kann man sagen, daß Diuretica das Aldosteron erhöhen.

VETTER:

Über eine Steigerung der Renin-Sekretion.

BREUER:
Damit kommen wir zu einem Punkt, den wir hier schon einmal vor zwei
Jahren diskutiert haben, nämlich die Interferenz zwischen Arzneimittel
und zu bestimmendem klinisch-chemischem Parameter. Man soll hier an
dieser Stelle klar sagen, es gibt einmal die m e t h o d i s c h e Interferenz
und dann die s y s t e m i s c h e Interferenz, auf die Sie, Herr SIEGENTHA-
LER, vor zwei Jahren ausdrücklich hingewiesen haben. Ich glaube, die
Frage von Frau NOCKE war, inwieweit andere Hormone, bespielsweise
Aldosteron, nicht methodisch, sondern systemisch interferieren.

NOCKE-FINCK:
Ja.

BREUER:
Deswegen fordern wir natürlich bei dem Einsenden von Proben auch eine
genaue Angabe über die Behandlung des Patienten mit Hormonen. Wenn
ich noch an Herrn BECKERHOFF anschließen darf: Sie haben gesagt, daß
die Renin-Aktivität unter Contraceptiva im Regelfall erhöht sei und daß
dieses die Folge einer oestrogenbedingten, vermehrten Synthese des Renin-
Substrats in der Leber ist. Dies trifft zu, aber darüber hinaus enthalten
Contraceptiva noch Gestagene. Diese interferieren auf einer anderen Ebene,
nämlich auf der Nierenreceptoren-Ebene mit Aldosteron, so daß also der
Effekt der Contraceptiva auf die Renin-Aktivität ein vielschichtiger ist.
Dies ist ein typisches Beispiel für eine systemische Interferenz.

VETTER:
Interessant ist der vorhin von Frau NOCKE angesprochene Einfluß des
Aldactone auf das Renin-Angiotensin-Aldosteron-System. Die Veränderun-
gen der Renin-Sekretion sind eindeutig, es kommt immer zu einem Hyper-
reninismus, während in der Literatur unterschiedliche Angaben über den
Effekt auf die Aldosteron-Sekretion zu finden sind. Ein Vergleich der von
verschiedenen Gruppen erhobenen Ergebnisse wird zudem dadurch erschwert, daß ganz unterschiedliche Mengen Aldactone verwendet wurden.
Möglicherweise könnte sich bei Aldactone das, was ich vorhin über das
CUSHING-Syndrom sagte, wiederholen, daß es auch hier mit steigenden
Dosen Aldactone zu einer intraadrenalen Hemmung der Aldosteron-Produktion kommt, während die Renin-Sekretion dosisabhängig stimuliert
wird. Der aktuelle Aldosteron-Wert wäre also die Summe zweier ganz
unterschiedlicher Mechanismen. Vielleicht bietet sich hier eine Erklärung
der von verschiedenen Gruppen erhobenen unterschiedlichen Ergebnisse.

TRAUTSCHOLD:
Bei Störungen in der Cortisol-Synthese wird immer wieder die Steigerung
der Aldosteron-Synthese beschrieben. Würden Sie diesen Effekt auch auf
das ACTH zurückführen, das ja dann vermehrt ausgeschieden wird?

VETTER:
Ich würde einfach sagen, da wird sozusagen ein Verkehrsfluß in eine
andere Richtung abgelenkt. Es kommt einfach, da nicht mehr alles in das
Cortisol läuft, ein Anstau vor dem Cortisol zustande.

TRAUTSCHOLD:
Das wäre ein Substratdruck. Ohne zusätzliche Regulation durch ACTH?

VETTER:
Ich würde sagen, ohne zusätzliche Regulation durch ACTH.

TRAUTSCHOLD:
Aber es wurde doch ACTH als deutlicher Stimulus für die Synthese nachgewiesen.

VETTER:
Meines Wissens nach übt auch ein Anstieg von Cortisol-Vorstufen einen
hemmenden Einfluß auf die ACTH-Sekretion aus.

KRÜSKEMPER:
Da kann ich nicht so ohne weiteres folgen, denn der Haupteinfluß von
ACTH liegt doch in der 11β-Hydroxylierung, aber nicht in den späteren
Stadien.

VETTER:
Sie haben es wahrscheinlich über die Entfernung nicht hören können: Ich
habe nur eine Erklärung für eine vermehrte Aldosteron-Produktion bei
Störungen der Cortisol-Synthese gegeben.

RÓKA:
Gibt es für die kurzzeitigen Oscillationen eine Richtgröße, z.B. wie groß
die Amplitude und Frequenz sein können? Bleibt deren Betrag erhalten,
wenn der Spiegel erhöht oder erniedrigt ist?

SIEGENTHALER:
Das ist eine enorm wichtige Frage, da es sich um Erscheinungen handelt,
die wir erst seit kurzem nachweisen können und woran die beiden Herren
selbst sehr beteiligt waren.

VETTER:
Definitionsgemäß spricht man von einer Sekretionsepisode, wenn in mindestens zwei aufeinanderfolgenden Proben ein über die doppelte Standardabweichung hinausgehender Anstieg der Plasmahormon-Konzentration beobachtet werden kann. Wenn man dieser Definition folgt, so sieht man,
daß ein großer Teil der Hormonschwankungen nicht als typische Sekretionsepisode bezeichnet werden kann, weil in diesen Fällen unmittelbar
nach einem Anstieg der Plasmakonzentration ein Abfall auftritt. Bei
einem Vergleich verschiedener Studien muß man zudem beachten, daß
von den einzelnen Untersuchern unterschiedliche Abstände zwischen den
einzelnen Proben verwendet wurden. Die eine Gruppe wählt 6 Stunden,
die andere 2, die andere 1 Stunde. Wir nehmen 30 Minuten, zuweilen
15 Minuten. Es versteht sich, daß bei einer Halbwertszeit des betreffenden Hormons von 60 Minuten Schwankungen der Plasmahormon-Konzentration dann dem Nachweis entgehen können, wenn zwischen den einzelnen
Proben ein Abstand von 2 oder sogar 6 Stunden liegt. Ein schönes Bei-

spiel sind die neuesten Arbeiten anderer Untersucher über die Kurzzeit-
schwankungen des ACTH und des Cortisols. Hier kommt es zuweilen aufgrund der ungleich kürzeren Halbwertszeit des ACTH zu Veränderungen
der ACTH-Plasmaspiegel ohne nennenswerte Änderung des Plasmacortisols.

RÓKA:
Entspricht die Abfallgeschwindigkeit bei der Oscillation der Halbwertszeit?

VETTER:
Man kann aus dem 24 Stunden-Rhythmus mit seinen auftretenden Episoden
aus jeder Episode die Halbwertszeit berechnen. Der Mittelwert aller
Halbwertszeiten entspricht dann der tatsächlichen Halbwertszeit des betreffenden Hormons.

Immunologische Bestimmung von Gastrin

T.-U. Hausamen, W.-P. Fritsch und W. Rick

Gastrin ist ein Polypeptidhormon, das die Magensekretion von allen physiologisch vorkommenden Substanzen am stärksten stimuliert (Übersicht bei 11). Den jahrelangen Bemühungen der Arbeitsgruppe um GREGORY und TRACY ist es zu verdanken, daß Gastrin 1964 in reiner Form isoliert und seine chemische Struktur aufgeklärt wurde. Kurz darauf gelang der Arbeitsgruppe von KENNER die Synthese eines biologisch aktiven Gastrin-Moleküls.

Gastrin-Komponenten im Serum

Das von GREGORY und TRACY isolierte Gastrin-Molekül besteht aus 17 Aminosäuren und kommt in zwei Formen als Gastrin I und Gastrin II vor. Die physiologische Aktivität des Gastrins ist an das C-terminale Tetrapeptid gebunden (Tab. 1). Dieses findet sich auch bei dem gastrointestinalen Hormon Cholecystokinin-Pankreozymin (CCK-PZ). Diese Strukturverwandtschaft beider Moleküle führt zu Kreuzreaktionen zwischen Gastrin-Antikörpern und CCK-PZ.

Immunreaktives Gastrin wurde im Antrum des Magens, im Duodenum und im proximalen Jejunum nachgewiesen. Auch im Pankreas wurden gastrinhaltige Zellen gefunden. Der Gastrin-Gehalt des Pankreas liegt aber weit unter dem der bereits angeführten Organe. Der Hauptbildungsort des Gastrins sind das Antrum und das Duodenum.

Von den im Serum vorkommenden Gastrin-Komponenten ist nur eine mit dem von GREGORY und TRACY ursprünglich isolierten Gastrin identisch (26, 31). Es wird heute als "Little Gastrin" bezeichnet und vorwiegend in Extrakten aus dem Antrum gefunden (Tab. 2). Im Duodenum liegt nur etwa die Hälfte des Gastrins als "Little Gastrin" vor (22). Neben diesem "Little Gastrin" konnten aus Serum noch zwei größere Gastrin-Moleküle isoliert werden. "Big Gastrin" besteht aus 34 Aminosäuren und hat ein

Tab. 1. Aminosäurezusammensetzung von Gastrin, Gastrin-Teilstücken, Cholecystokinin-Pankreozymin (CCK-PZ) und Caerulein. In Gastrin II ist in Position 12 Tyr(SO_3H) statt Tyr enthalten.

```
                                                          C-terminales Tetrapeptid
Gastrin I      Pyroglu-Gly-Pro-Try-Leu-Glu(5)-Ala-Tyr-Gly-  | Try-Met-Asp-Phe(NH2) |
                  1    2   3   4   5   6-10  11  12  13       14  15  16      17
               |------------------------------ (2-17)Gastrin ------------------|
               |------------ (1-13)Gastrin ------------|

Pentagastrin                          N-t-Butyloxycarbonyl-β-Ala-  | Try-Met-Asp-Phe(NH2) |

CCK-PZ       (C-terminales Octapeptid) Asp-Tyr(SO3H)-Met-Gly-  | Try-Met-Asp-Phe(NH2) |

Caerulein    (C-terminales Octapeptid) Asp-Tyr(SO3H)-Thr-Gly-  | Try-Met-Asp-Phe(NH2) |
```

Tab. 2. Herkunft und Eigenschaften verschiedener Gastrinkomponenten im Serum.

Bezeichnung	Molekular-gewicht	Herkunft	H^+-Sekretion	Serumhalb-wertszeit	Vorkommen im Serum	
					beim Nüchternen	nach Stimulation
Little Gastrin I (G - 17) II	2 096 2 176	Antrum (Duodenum)	Stimulation	3 min	(+)	Anstieg
Big Gastrin I + II (G - 34)	ca. 3 900	Duodenum (Antrum)	Stimulation	9 min	+	Anstieg
Big Big Gastrin	ca. 20 000	Dünndarm?	?	90 min	+	kein Anstieg

Molekulargewicht von fast 4 000. Es stimuliert ebenfalls die H^+-Sekretion, auf molarer Basis etwa im gleichen Ausmaß wie das "Little Gastrin" (7). Die Wirkung tritt jedoch langsamer ein und hält länger an. Durch Inkubation mit Trypsin konnte "Big Gastrin" in "Little Gastrin" überführt werden (32). "Big Big Gastrin" mit einem Molekulargewicht von über 20 000 wurde durch YALOW und WU (33) zunächst in ZOLLINGER-ELLISON-Tumoren nachgewiesen. Es handelt sich hierbei aber nicht um eine homogene Fraktion. Methodische Faktoren haben einen großen Einfluß auf den Gehalt des Serums an "Big Big Gastrin". Über seine biologische Aktivität ist bisher noch nichts bekannt.

"Big Gastrin" stellt den Hauptanteil der immunologischen Gastrin-Aktivität des Nüchternserums dar. Nüchternseren enthalten nur einen kleinen Anteil an "Little Gastrin". Nach Verabreichung einer Testmahlzeit steigt vorwiegend das "Little Gastrin" und das "Big Gastrin" an. In Seren und Tumorgewebe von Patienten mit ZOLLINGER-ELLISON-Tumoren (Gastrinome) konnten noch zwei weitere Gastrin-Komponenten in geringer Menge nachgewiesen werden. Es handelt sich um das "Mini Gastrin" ("Little Little Gastrin") mit 13 Aminosäuren und ein Gastrin-Molekül, das aus 45 Aminosäuren besteht (25).

Radioimmunoassay für Gastrin

Voraussetzung für die Bearbeitung zahlreicher Probleme aus der Physiologie und Pathophysiologie der Magensekretion war die Ausarbeitung eines zuverlässigen und empfindlichen Bestimmungsverfahrens für Gastrin. Aufgrund der Erfahrungen mit anderen Polypeptidhormonen erschien der Radioimmunoassay auch für Gastrin geeignet.

Für die Gewinnung von Gastrin-Antiseren hat sich die Immunisierung von Kaninchen oder Meerschweinchen mit synthetischem menschlichem Gastrin I, das nach der Carbodiimid-Methode an Rinderserumalbumin gekoppelt wurde (20), sowie die Verwendung eines teilweise gereinigten sogenannten Stage II-Gastrins aus Schweineantrum bewährt (30).

Die Herstellung des Tracerhormons erfolgt nach einer Modifikation der Chloramin T-Methode, wie sie ursprünglich von HUNTER und GREENWOOD für das Wachstumshormon ausgearbeitet wurde. Bei Verwendung von synthetischem menschlichem Gastrin I erreicht man im Antikörperüberschuß eine Bindung von etwa 60 - 65% (Tab. 3). Durch Reinigung mit Aminoäthylcellulose läßt sich das monojodierte Gastrin von dijodiertem Gastrin und den Degradationsprodukten abtrennen. Die Bindung im Antikörperüberschuß steigt auf etwa 75% an. Neuerdings wurde eine enzymatische Markierungsmethode von HOLOHAN et al. (12) angegeben, die sich auch für Gastrin eignet. Das entstehende Tracerhormon hat bessere immunologische Eigenschaften, die sich in einer höheren Bindung des Tracers im Antikörperüberschuß zeigen.

Methodische Einzelheiten des Gastrin-Radioimmunoassays wurden verschiedentlich ausführlich beschrieben (15, 20, 21, 30). Prinzipiell bestehen keine Unterschiede zu anderen radioimmunologischen Bestimmungsverfahren. Es sollten auf jeden Fall Dreifachbestimmungen durchgeführt werden. Die ermittelte Gastrin-Konzentration kann dann als Mittelwert mit Standardabweichung oder mit zugehörigem Vertrauensbereich angegeben werden.

Tab. 3. Herstellung von Gastrin-^{125}J.

| Methode | Im Antikörperüberschuß | |
	% Bindung	% Bindung nach AE-Cellulose-chromatographie**
Chloramin T*	ca. 60 - 65	ca. 75
Lactoperoxydase***	ca. 70 - 75	ca. 85

*   GREENWOOD et al.: Biochem. J. <u>89</u>, 114 (1963)
**   STADIL und REHFELD: Scand. J. clin. Invest. <u>30</u>, 361 (1972)
*** HOLOHAN et al.: Clin. Chim. Acta <u>45</u>, 153 (1973)

In unserem Radioimmunoassay lag der durchschnittliche Variationskoeffizient innerhalb der Serie um 8% bei Gastrin-Konzentrationen unter 100 pg/ml und um 6% bei Gastrin-Konzentrationen über 100 pg/ml. Als Maß für die Reproduzierbarkeit der Testergebnisse wurde in jeder Serie die Gastrin-Konzentration eines Poolserums bestimmt. Über einen Zeitraum von 7 Monaten lag der Variationskoeffizient bei 14%. Diese Ergebnisse liegen in einem Bereich, der auch von anderen Autoren und bei anderen Radioimmunoassays gefunden wurde. Zum Vergleich der Ergebnisse verschiedener Laboratorien empfiehlt sich das Mitführen eines internationalen Standards. Zur Zeit ist ein solcher Standard für synthetisches Gastrin I und Schweinegastrin II vom Medical Research Council, England, erhältlich.

Von der Fa. A.R. Smith Laboratories ist ein gefriergetrocknetes Referenzserum für Gastrin in den Handel gebracht worden. Vom Hersteller wurde die Gastrin-Konzentration in der von uns benutzten Charge mit 435 pg/ml Serum angegeben, der 95%-Vertrauensbereich lag zwischen 361 und 509 pg/ml. Diese Ergebnisse beruhen auf Analysen von 20 Referenzlaboratorien. Mehrfache Bestimmungen der Gastrin-Konzentration dieser Charge in unserem Laboratorium ergaben eine mittlere Gastrin-Konzentration von 380 pg/ml.

Gastrin-Bestimmungen können im Serum und Plasma durchgeführt werden. Die Blutentnahme erfolgt morgens beim nüchternen Patienten. Die Gabe calciumhaltiger Antacida sollte mindestens 24 Stunden vorher eingestellt werden. Für die Versendung von gastrinhaltigen Proben ist wegen der beschränkten Haltbarkeit die Versandart von Bedeutung. Gastrin-Bestimmungen eines Poolserums über mehrere Monate ließen keinen Abfall der radioimmunologisch bestimmten Konzentration dieses Hormons erkennen, wenn die Serumproben bei - 20 °C aufbewahrt wurden (Abb. 1).

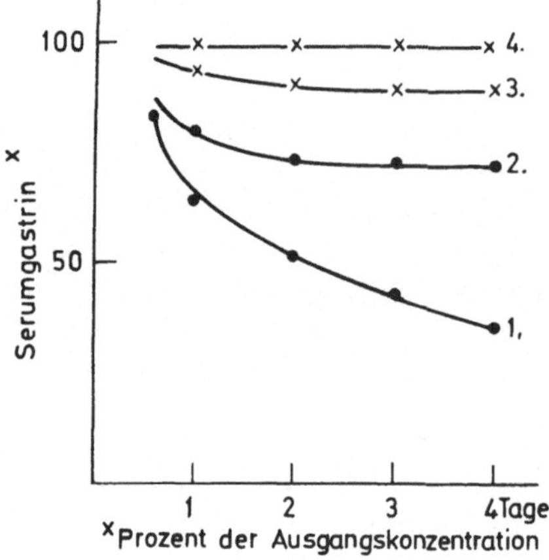

Abb. 1. Haltbarkeit des Gastrins in Serumproben.

	Vorinkubation	Aufbewahrung
1.	-	20 °C
2.	40 min 56 °C	Zimmertemp.
3.	10 min 65 °C	Zimmertemp.
4.	-	- 20 °C

Längeres Stehen bei Zimmertemperatur hatte eine Verminderung der Gastrin-Konzentration zur Folge. Durch Vorinkubation des Serums bei 65 °C konnte dieser Verlust wesentlich vermindert werden. Möglicherweise werden dabei Peptidasen inaktiviert, die zu einer Degradation des Hormons führen. Aufgrund dieser Befunde sollten Serumproben nur in tiefgefrorenem Zustand, z. B. mit Trockeneis in einem DEWAR-Gefäß, versandt werden. Die Hitzeinaktivierung stellt demgegenüber ein weniger praktikables Verfahren dar.

Beim Radioimmunoassay lassen sich 4 hauptsächliche Fehlerquellen eruieren (Tab. 4). An erster Stelle stehen die methodischen Fehler. Sie können weitgehend durch Einführung einer Qualitätskontrolle entdeckt werden. Eine Beeinflussung der Antikörperbindung des Tracerhormons verursachen hohe Harnstoff-Konzentrationen. Dies sollte bei der Bestimmung der Serumgastrin-Spiegel bei Urämiepatienten beachtet werden. Das Serum enthält außerdem einige Faktoren, z. B. bei Hämolyse, die die Antikörperbindung des Tracerhormons vermindern. Indirekt wird die Antikörperbindung des Tracerhormons durch Heparin verändert, insbesondere bei Verwendung des Ionenaustauschers Amberlite CG 400 (15). Heparin vermindert die Bindung des freien markierten Hormons an den Ionenaustauscher und beeinflußt damit die Meßergebnisse. Die Spezifität des Antiserums kann durch Kreuzreaktionen mit anderen Hormonen, durch die Erfassung biologisch inaktiver Fragmente des Gesamtmoleküls oder nur eines Teils der Serumgastrin-Komponenten die Meßergebnisse verändern.

Immunisierungsversuche mit Gastrin und mit synthetischen Teilstücken des Moleküls haben ergeben, daß Gastrin verschiedene antigene Determinanten besitzt. Für einen Vergleich der mit radioimmunologischen Methoden gewonnenen Ergebnisse verschiedener Arbeitsgruppen ist eine Charak-

Tab. 4. Fehlerquellen bei der radioimmunologischen Serumgastrin-Bestimmung.

I. Methodik:

1. Falsche Vorbereitung des Patienten
2. Unsachgemäße Aufbewahrung der Untersuchungsproben
3. Ungenaues Arbeiten im Laboratorium
4. Schlechte Qualität des Tracerhormons oder der Standardsubstanz
5. Fehlerhafte Auswertung der Meßergebnisse

II. Beeinflussung der Bindung des Tracerhormons an den Antikörper:

1. Hohe Harnstoff-Konzentration
2. Hämolytische Serumproben
3. Verwendung Gastrin-haltiger Seren bei Erstellung der Eichkurve

III. Veränderung der Eigenschaften des Trennmittels:

1. Heparin-Plasma bei Verwendung von Amberlite CG 400 I, OH-Form
2. Serumproteine bei Verwendung von Dextran-Holzkohle

IV. Spezifität des Antiserums:

1. Kreuzreaktion mit Cholecystokinin-Pankreozymin
2. Bestimmung von Degradationsprodukten
3. Unterschiedliche Erfassung der einzelnen Gastrin-Komponenten

---

terisierung des benutzten Antiserums erforderlich. Die Verhältnisse werden auch dadurch kompliziert, daß im Serum verschiedene Gastrin-Komponenten vorkommen können, die sich in ihrer Immunreaktivität gegenüber Gastrin-Antiseren unterscheiden. Wir prüften das immunologische Verhalten des von uns benutzten Antiserums gegenüber synthetischen Teilstücken des Gastrins I* (Tab. 5). Aus den Ergebnissen kann geschlossen werden, daß das Antiserum vorwiegend gegen den C-terminalen Anteil des Gastrin-Moleküls gerichtet ist, wobei der Hauptanteil der Bindungsstellen das C-terminale Heptapeptid erfaßt. Vergleichsweise große Mengen der N-terminalen Peptide sind notwendig, um eine 50%ige Hemmung der Antikörperbindung des Tracerhormons zu erzielen. Jedoch nimmt auch mit Verkürzung der C-terminalen Peptide die Bindung an den Antikörper ab. Diese Ergebnisse sind von Bedeutung, da die Sequenz der 5 C-terminalen Aminosäuren des Gastrins und des intestinalen Hormons CCK-PZ (Tab. 1) identisch sind. Zusätzlich wurden auch Gastrin II und "Big Gastrin"* getestet. Die Immunreaktivität dieser beiden Gastrinformen in unserem Radioimmunoassay ist vergleichbar mit derjenigen von synthetischem menschlichem Gastrin I.

---

*Diese Substanzen wurden uns freundlicherweise von Herrn Prof. GREGORY und Herrn Dr. MORLEY zur Verfügung gestellt.

Tab. 5. Immunreaktivität von Gastrin und Gastrin-Teilstücken

	Menge des Peptids* $(\text{Mol} \cdot 10^{-13})$	Relative Immunreaktivität (SHG I = 1,00)
(1 - 17) SHG I	0,45	1,00
(3 - 17) SHG I	0,45	1,00
(8 - 17) SHG I	0,83	0,542
(11 - 17) SHG I	2,60	0,173
(13 - 17) SHG I	4,10	0,110
(14 - 17) SHG I	9,20	0,049
(1 - 13) SHG I	1 400	0,00032
(3 - 13) SHG I	1 550	0,00029
(9 - 13) SHG I	1 050	0,00043
CCK - PZ	157	0,0029

*Menge des Peptids, die die Antikörperbindung des SHG I-^{125}J um 50% reduzierte.

Normbereich

Die Ermittlung eines Normbereichs ist nicht nur beim Radioimmunoassay problematisch. Neben der Zusammensetzung des Kollektivs spielen methodische Faktoren eine große Rolle. Diese Schwierigkeiten sollen an einem Beispiel illustriert werden (Abb. 2). In den Jahren 1970 bis 1972 wurde in unserem Laboratorium ein Radioimmunoassay aufgebaut, wobei

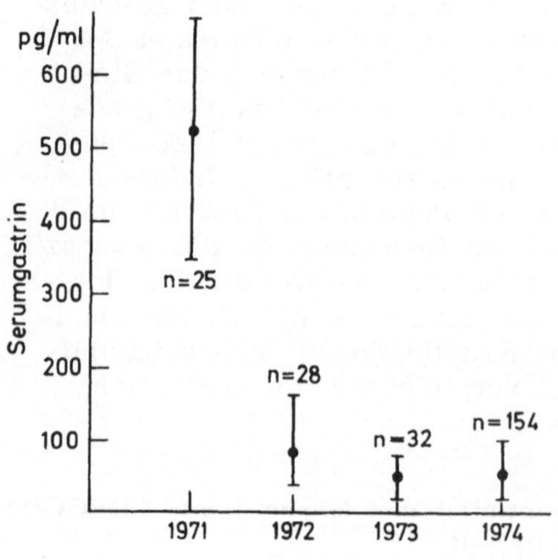

Abb. 2. Abhängigkeit des Normbereichs von methodischen Faktoren. Normbereiche = $\bar{x} \pm 2s$.

insbesondere bei der Herstellung des Tracerhormons große Probleme
auftraten. Der zuerst aufgestellte Normbereich lag zwischen 350 und
700 pg/ml. Dieser Bereich, der damals auch von einigen anderen Arbeitsgruppen gefunden wurde, lag deutlich über den Angaben von McGUIGAN
sowie YALOW und BERSON. Erst im Laufe des Jahres 1972 gelang uns
die Herstellung eines Tracerhormons, das im Antikörperüberschuß zu
über 65% an den Antikörper gebunden wurde. Der Normbereich wurde
damit zwischen 41 und 166 pg/ml bestimmt. Zur Herstellung der Eichkurve wurde zu diesem Zeitpunkt ein synthetisches menschliches Gastrin I
(SHG-I) verwandt, das bereits über ein Jahr in der Tiefkühltruhe gelagert
war und dessen immunologische Eigenschaften offensichtlich nicht mehr
voll intakt waren. Über eine ähnliche Beobachtung wurde auch von JAFFE
und WALSH (15) berichtet. Mit der Verwendung einer neuen Charge
SHG-I lag der Normbereich dann zwischen 22 und 99 pg/ml. Dieser Wert
konnte an verschiedenen Kollektiven zu verschiedenen Zeitpunkten und
mit verschiedenen neuen Gastrin-Chargen immer wieder bestätigt werden.

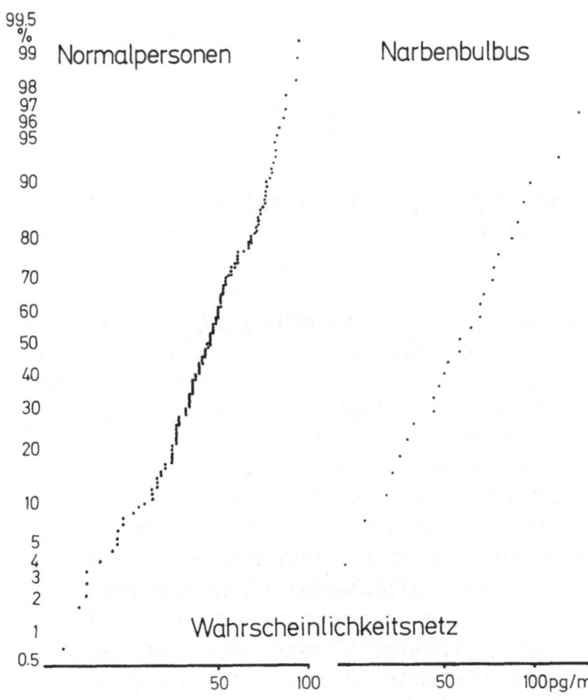

Abb. 3. Summenhäufigkeit
der Serumgastrin-Konzen-
trationen bei Normalper-
sonen und Patienten mit
Narbenbulbus.

Bei Auftragung im Wahrscheinlichkeitsnetz besteht eine logarithmische
Normalverteilung der Einzelwerte. Dies gilt für die Werte der Normalpersonen, aber auch für sämtliche untersuchten Patientengruppen, insbesondere für die Patienten mit Ulcus duodeni (Abb. 3, 4). Sämtliche Be-
rechnungen werden daher mit Logarithmen durchgeführt.

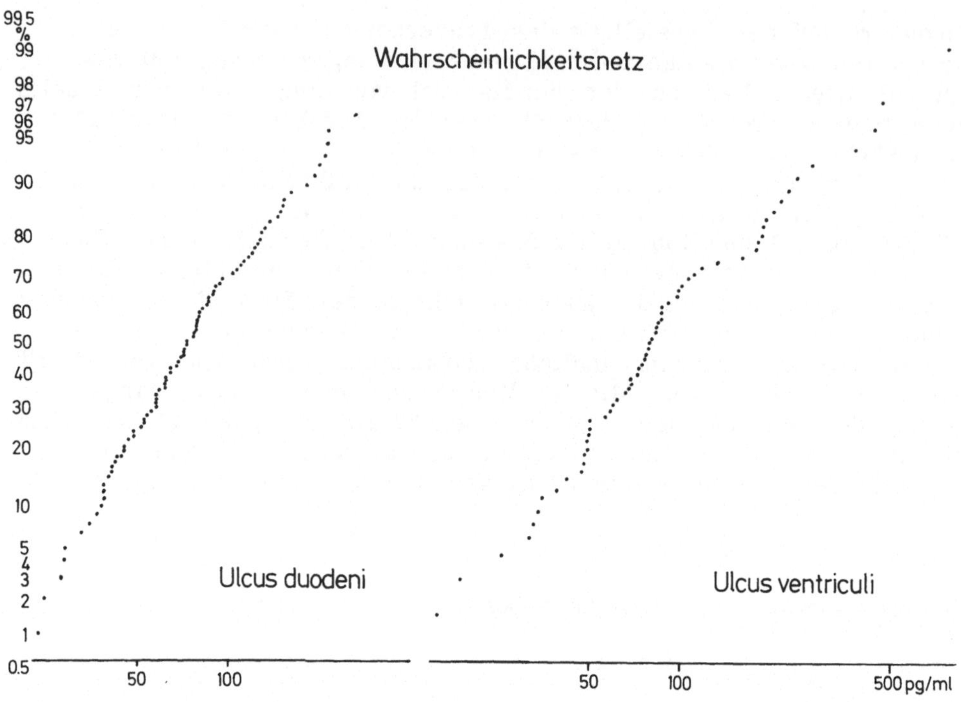

Abb. 4. Summenhäufigkeit der Serumgastrin-Konzentrationen bei Patienten mit Ulcus duodeni und Ulcus ventriculi.

Auch die Spezifität des Antiserums ist bei der Erstellung des Normbereichs zu berücksichtigen. Dies konnte von HANSKY et al. (10) mit zwei Gastrin-Antiseren sowohl bei Normalpersonen als auch bei verschiedenen Patientengruppen gezeigt werden. Mit einem Antiserum, das vorwiegend Gastrin I binden konnte, wurden bei Normalpersonen signifikant niedrigere Serumgastrin-Konzentrationen gemessen als mit einem Antiserum, das die gleiche Immunreaktivität mit Gastrin I und Gastrin II aufwies (Tab. 6). Bei Patienten mit Duodenalulcus fanden sich mit dem monospezifischen Antiserum gegenüber Normalpersonen erniedrigte Serumgastrin-Spiegel, während bei dem gleichen Patientenkollektiv die Serumgastrin-Konzentrationen mit dem polyvalenten Antiserum signifikant höher lagen. Diese Befunde zeigen, daß eine Charakterisierung der Eigenschaften des Gastrin-Antiserums eine Voraussetzung für die Erstellung eines Normbereichs, die Beurteilung pathophysiologischer Zusammenhänge und damit auch für den Vergleich von Meßergebnissen verschiedener Arbeitsgruppen ist.

Die obere Grenze des Normbereichs liegt bei den meisten Autoren zwischen 100 und 200 pg/ml (Tab. 7). Besonders niedrige Werte werden von den Arbeitsgruppen CREUTZFELDT (19) sowie HANSKY (17) angegeben. Zumindest für die zuletzt genannten Autoren läßt sich dieser niedrige Normbereich dadurch erklären, daß ein Antiserum verwendet wird, das vorwiegend Gastrin I erfaßt.

Tab. 6. Serumgastrin-Spiegel bei Verwendung von Antiseren mit unterschiedlicher Spezifität*.

Probanden	Anzahl	Serumgastrin-Konzentration (pg/ml)** mit Antiserum spezifisch für		p
		Gastrin I	Gastrin I + II	
Normalpersonen	36	27 ± 2,9	41 ± 5,5	< 0,05
Patienten mit Duodenalulcus	20	12 ± 3,5	72 ± 16,2	< 0,005
Patienten mit Magenulcus	8	60 ± 11,0	119 ± 32,2	< 0,05

* HANSKY et al. (10)
**Mittelwert und Standardirrtum

Tab. 7. Normbereiche der Gastrin-Konzentration im menschlichen Serum oder Plasma.

Antiserum gegen	n	Normbereich (pg/ml)*		
(2-17)SHG I-BSA	35	84 ± 116	McGUIGAN	1971
		62 ± 64	SCHRUMPF	1972
	100	45 ± 19	KAESS	1973
	120	52 ± 124	REHFELD	1973
	93	32 ± 42	HANSKY	1971
	197	10 - 150	DAGFINN	1974
	153	22 - 99	FRITSCH	1974
	19	16 ± 17	CREUTZFELDT	1974
Stage II-Gastrin	63	< 300**	YALOW	1970
	113	< 289**	GANGULI	1971

* $\bar{x} \pm 2s$ oder 95%-Bereich
** Bereich aller Einzelwerte

KLINISCHE DIAGNOSTIK

Gastrinome und Excluded Antrum-Syndrom

Welche Krankheitsbilder gehen mit erhöhten Serumgastrin-Spiegeln einher und müssen bei der Differentialdiagnose der Hypergastrinämie berücksichtigt werden (5)? Ein Teil der Patienten mit Ulcus duodeni weist erhöhte Serumgastrin-Spiegel auf (Tab. 8). Auch bei Patienten mit benigner Magenausgangsstenose werden häufig erhöhte Serumgastrin-Konzentrationen beobachtet. Beim ZOLLINGER-ELLISON-Syndrom wird aus Tumoren, sogenannten Gastrinomen, die sich vorwiegend im Bereich des Pankreas befinden, Gastrin autonom freigesetzt. Durch die Hypergastrinämie kommt es zu einer massiv gesteigerten Säuresekretion der Magenschleimhaut. Die Serumgastrin-Spiegel liegen jedoch auch z. T. in einem Bereich, der bei Ulcus duodeni-Patienten ohne Gastrinom beobachtet wurde.

Tab. 8. Funktionsdiagnostik des Magens: Differentialdiagnose der Hypergastrinämie.

---

1. Peptische Ulcuskrankheit
2. Benigne Magenausgangsstenose
3. ZOLLINGER-ELLISON-Syndrom
4. "Excluded Antrum Syndrom" bei Magenteilresektion nach BILLROTH II
5. Chronisch-atrophische Gastritis mit Hyposekretion oder Anacidität

---

Von POLAK et al. wurde 1972 (24) der Begriff des ZOLLINGER-ELLISON-Syndroms Typ I eingeführt, und zwar für ein Syndrom der antralen G-Zellhyperplasie mit Hypergastrinämie, Hypersekretion und peptischem Ulcusleiden. Dieser Typ I des ZOLLINGER-ELLISON-Syndroms ist gekennzeichnet durch das Fehlen eines Gastrinoms. Die Gastrin-Freisetzung läßt sich durch Nahrungsaufnahme stimulieren, ist also nicht autonom, so daß an sich keine Beziehung zum ZOLLINGER-ELLISON-Syndrom zu erkennen ist.

Bei einer Magenteilresektion nach BILLROTH II kann am Duodenalstumpf ein Teil des Antrums verbleiben. Dieses Antrum, das ja der Hauptbildungsort des Gastrins ist, kommt nicht mehr mit Säure in Kontakt, so daß die Hemmung der Gastrin-Freisetzung durch die Säure ausbleibt. Der zurückbelassene Antrumrest (Excluded Antrum) setzt also kontinuierlich Gastrin frei und stimuliert die Säuresekretion im verbliebenen Magenrest. Die Folgen sind rezidivierende Anastomosengeschwüre oder Ulcera peptica jejuni. Aufgrund der Magensekretionsanalyse ist eine Abgrenzung vom ZOLLINGER-ELLISON-Syndrom nicht möglich. Die Differentialdiagnose dieser Krankheitsbilder ist klinisch von Wichtigkeit und hat therapeutische Konsequenzen. Während beim ZOLLINGER-ELLISON-

Syndrom die Entfernung des Tumors und die totale Gastrektomie die
Therapie der Wahl ist, genügen beim Ulcusleiden bzw. beim zurückbelassenen Antrumrest weniger eingreifende operative Maßnahmen. Die
chronisch-atrophische Gastritis bereitet dagegen keine diagnostischen
Schwierigkeiten und wird nur der Vollständigkeit halber erwähnt.

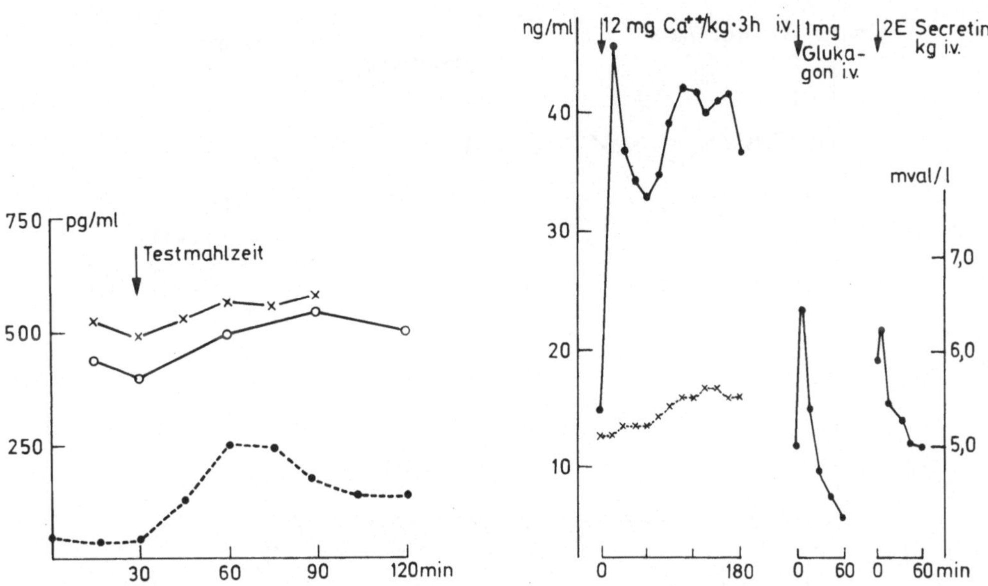

Abb. 5 (links). Serumgastrin-Konzentrationen nach Verabreichung von
100 g Fleisch p.o. ● ----- ● Pat. F.E., männl., 37 J. (peptisches
Ulcusleiden). x ——— x Pat. H.L., weibl., 37 J. (ZOLLINGER-ELLISON-
Syndrom). o ——— o Pat. W.M., männl., 49 J. (Magenausgangsstenose).
Ordinate: Serumgastrin-Konzentration (pg/ml). Abszisse: Zeit (min).

Abb. 6 (rechts). Verhalten des Serum-Gastrins nach i.v. Applikation von
Calcium, Glukagon und Secretin bei einem Patienten mit einem Gastrinom.
Pat. G.S., männl., 46 J. (ZOLLINGER-ELLISON-Syndrom). BAO:
9,0 mval H^+/Std, PAO: 10,1 mval H^+/Std. ● ——— ● Gastrin-Konzentration im Serum. x ----- x Calcium-Konzentration im Serum. Ordinate
links: Serumgastrin-Konzentration (pg/ml). Ordinate rechts: Serumcalcium-
Konzentration (mval/l). Abszisse: Zeit (min).

Beim Vorliegen einer Hypersekretion und Hypergastrinämie können verschiedene Funktions- bzw. Evokationstests zum Nachweis oder auch Aus-
schluß eines Gastrinoms durchgeführt werden. Unterliegt die Gastrin-
Freisetzung den physiologischen Kontrollmechanismen, so erfolgt - z.B.
bei Patienten mit peptischem Ulcus ohne Gastrinom - nach einer Testmahlzeit ein deutlicher, zeitlich begrenzter Anstieg der Serumgastrin-
Konzentration (Abb. 5).

Bei Patienten mit ZOLLINGER-ELLISON-Syndrom kommt es dagegen nach der Testmahlzeit nicht zu einer signifikanten Änderung des Serumgastrin-Spiegels, d. h. die Gastrin-Freisetzung erfolgt autonom. Auch bei Patienten mit Magenausgangsstenose wird häufig keine eindeutige Änderung des Serumgastrin-Spiegels beobachtet. Dadurch ist der differentialdiagnostische Wert der Testmahlzeit eingeschränkt.

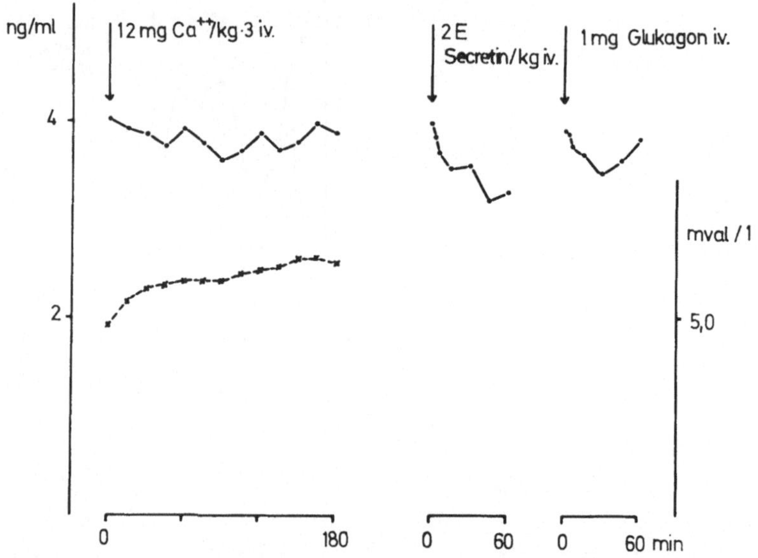

Abb. 7. Serumgastrin-Konzentration nach i. v. Applikation von Calcium, Secretin und Glukagon. Pat. H. K. männl., 57 J. (Anacidität bei chronisch-atrophischer Gastritis). ● ———— ● Gastrin-Konzentration im Serum x ----- x Calcium-Konzentration im Serum. Ordinate links: Serumgastrin-Konzentration (ng/ml). Ordinate rechts: Serumcalcium-Konzentration (mval/l). Abszisse: Zeit (min).

Untersuchungen an Patienten mit ZOLLINGER-ELLISON-Syndrom haben weiterhin ergeben, daß bei dieser Patientengruppe nach Infusion von Calcium, Secretin und Glukagon im Gegensatz zu Patienten ohne gastrinbildende Tumoren ein deutlicher Anstieg der Serumgastrin-Konzentration beobachtet wird (14, 18, 23) (Abb. 6*, 7). Für die morphologische Diagnose eines Gastrinoms ist der Nachweis gastrinhaltiger Zellen im Tumorgewebe entscheidend (Abb. 8). Nach vollständiger Entfernung des Gastrinoms erfolgt ein Abfall des Serumgastrin-Spiegels (Abb. 9). Allerdings ist ein derartiger Operationserfolg und postoperativer Verlauf die Ausnahme.

---

* Diese Beobachtung verdanken wir Herrn Prof. G. STROHMEYER, II. Med. Univ.-Klinik Düsseldorf.

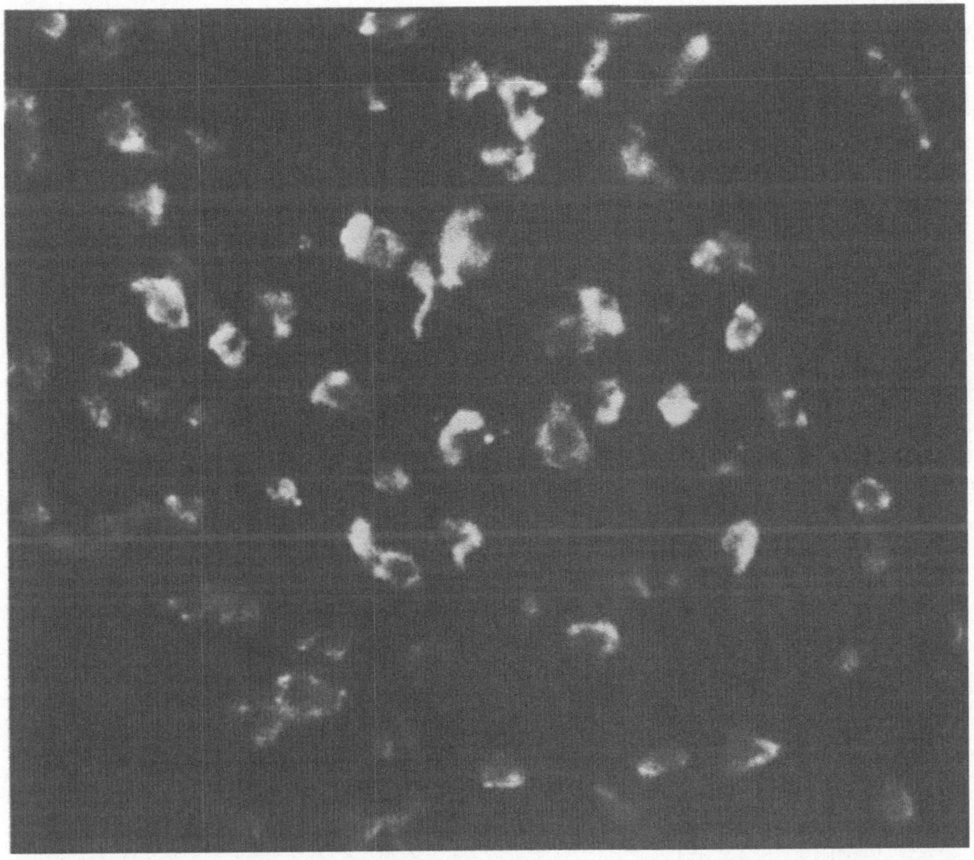

Abb. 8. Nachweis Gastrin-haltiger Zellen in einem Gastrinom mittels
der indirekten Immunfluorescenz-Methode. Pat. G. S., männl., 46 J.
(ZOLLINGER-ELLISON-Syndrom).

Eine eindrucksvolle Beobachtung zu dem erwähnten Excluded Antrum-
Syndrom verdanken wir Herrn WEDELL (29) aus der Chirurgischen Klinik
der Technischen Hochschule Aachen. Bei einer heute 50jährigen Patientin
wurde 1968 eine Magenteilresektion nach BILLROTH II durchgeführt, wobei
jedoch das Antrum infolge eines entzündlichen Konglomerattumors im
Pankreaskopfbereich nicht entfernt werden konnte. Seit Dezember 1971
ließ sich unverändert ein großes Anastomosengeschwür nachweisen, das
konservativ nicht zur Abheilung gebracht werden konnte. Die Serumgastrin-Bestimmung ergab bei dieser Patientin präoperativ Werte zwischen
200 und 300 pg/ml bei einer oberen Normgrenze von 99 pg/ml (Abb. 10).
Nach Antrumresektion und Vagotomie kam es zu einem Abfall der Serumgastrin-Konzentrationen auf Werte im unteren Normbereich. Das Ulcus
heilte in kurzer Zeit, die Patientin ist heute beschwerdefrei.

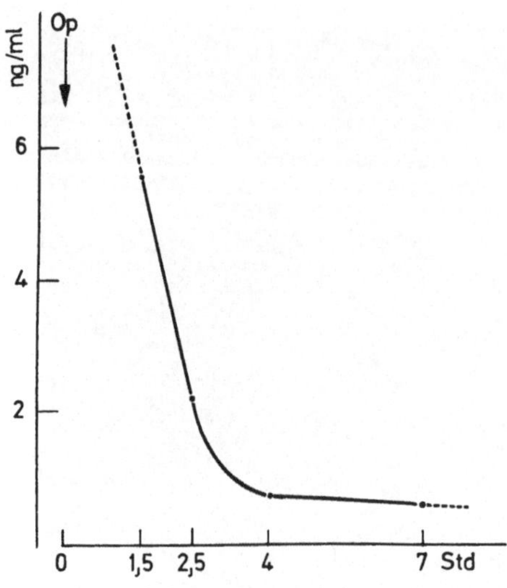

Abb. 9. Abfall der Serumgastrin-
Konzentration nach Gastrektomie
und Entfernung eines Tumorkno-
tens. Pat. G. S. , männl. , 46 J.
(ZOLLINGER-ELLISON-Syndrom).

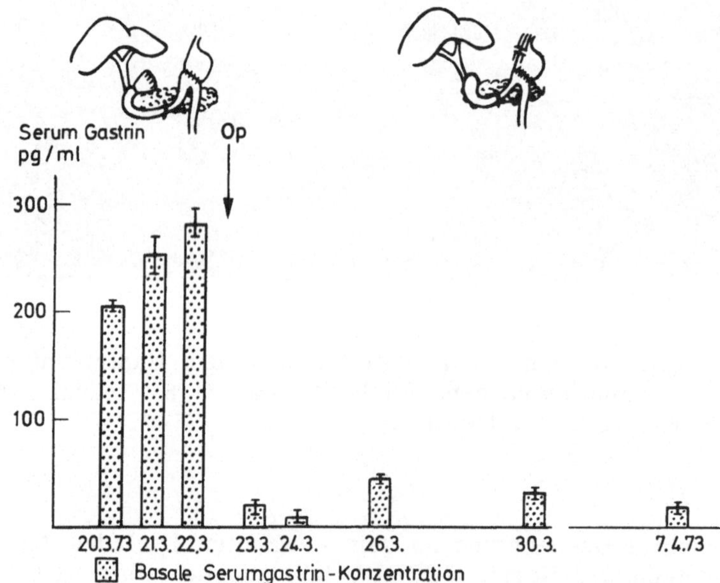

Abb. 10. Serumgastrin-Konzentration präoperativ
und postoperativ bei einer Patientin mit Excluded
Antrum-Syndrom. Pat. M. G. , weibl. , 50 J.

Die vorhin bei der Differentialdiagnose zwischen Ulcus duodeni ohne
Gastrinom und ZOLLINGER-ELLISON-Syndrom erwähnten Infusionstests
haben auch für die Differentialdiagnose zwischen Excluded Antrum-Syndrom und ZOLLINER-ELLISON-Syndrom ihre Gültigkeit. Während beim
ZOLLINGER-ELLISON-Syndrom mit Magenteilresektion die Serumgastrin-

Werte auf Calcium, Secretin und Glukagon ansteigen, verhält sich der Serumgastrin-Spiegel beim Excluded Antrum-Syndrom wie bei den Ulcuspatienten ohne Gastrinom (16).

Tab. 9. Funktionsdiagnostik des Magens: Indikationen zur radioimmunologischen Serumgastrin-Bestimmung.

A. Nach klinischen Angaben:

  1. Schweres peptisches Ulcusleiden mit

      a) jahrelangen Ulcusrezidiven
      b) Diarrhöen
      c) gleichzeitig multiplen Ulcera
      d) Ulcera distal vom Bulbus duodeni

  2. Rezidivulcera nach Magenteilresektion

B. Nach dem Ergebnis der fraktionierten Magensekretionsanalyse:

  1. Basalsekretion über 15 mval/Std
  2. Basalsekretion über 5 mval/Std nach Magenteilresektion
  3. Verhältnis Basalsekretion : Gipfelsekretion über 0,45

Eine Serumgastrin-Bestimmung ist selbstverständlich nicht routinemäßig bei jedem peptischen Ulcus durchzuführen. Nach klinischen Kriterien sollte beim schweren peptischen Ulcusleiden mit jahrelangen Ulcusrezidiven, beim gleichzeitigen Bestehen von Diarrhöen oder multiplen Ulcera oder bei Ulcera distal vom Bulbus duodeni eine Serumgastrin-Bestimmung veranlaßt werden (Tab. 9). Diese Symptome bzw. Befunde sind verdächtig auf das Vorliegen eines Gastrinoms. Bei Auftreten von Rezidivulcera nach Magenteilresektion, insbesondere bei B II-operierten Patienten, sollte ebenfalls eine Serumgastrin-Bestimmung erfolgen. Bei diesen Patienten kann aufgrund der Serumgastrin-Bestimmung ein zurückbelassener Antrumrest als Ursache des Rezidivulcus diagnostiziert oder ausgeschlossen werden. Auch bei den aufgeführten Ergebnissen der Magensekretionsanalyse sollte an ein ZOLLINGER-ELLISON-Syndrom gedacht werden.

Es ist auch darauf hinzuweisen, daß für die Beurteilung eines Serumgastrin-Spiegels unbedingt das Ergebnis einer Magensekretionsanalyse vorliegen muß. Die im Sekretionsverhalten des Magens so entgegengesetzten Syndrome wie die chronisch-atrophische Gastritis mit Anacidität und das ZOLLINGER-ELLISON-Syndrom mit massiver Hypersekretion sind durch den Serumgastrin-Spiegel nicht zu unterscheiden. In beiden Fällen findet man eine Hypergastrinämie, die selbstverständlich im Falle der chronischen Gastritis keinen Krankheitswert besitzt.

Gastrin und peptische Ulcuskrankheit

Beim Vorliegen eines Gastrinoms oder bei einem zurückbelassenen Antrumrest ist die Hypergastrinämie die Ursache für die Entstehung der
Hypersekretion, die zu einem schweren peptischen Geschwürsleiden führt.
Es besteht heute Einhelligkeit darüber, daß auch bei vielen Ulcuspatienten
ohne Gastrinom der Hypersekretion des Magens eine entscheidende Bedeutung bei der Entstehung des Duodenalulcus zukommt. Da Gastrin das
stärkste humorale Stimulans der Magensekretion darstellt, erhoffte man
sich von der Serumgastrin-Bestimmung besondere Informationen über die
Pathogenese des peptischen Ulcusleidens.

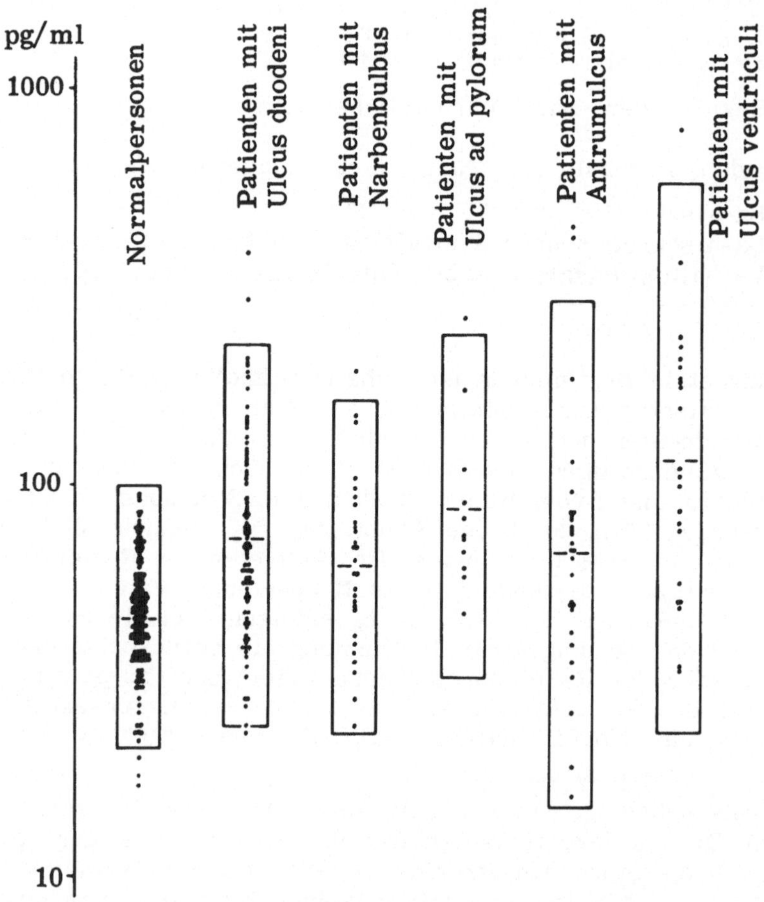

Abb. 11. Gastrin-Konzentration im Nüchternserum.

Bei Patienten mit Ulcus duodeni finden sich signifikant erhöhte Gastrin-
Konzentrationen im Nüchternserum im Vergleich zur Kontrollgruppe
(Abb. 11). Auf die weite Überlappung beider Bereiche sei hingewiesen.

Außerhalb des 95%-Normbereichs lagen lediglich 25 Patienten mit Ulcus
duodeni. Die Berichte in der Literatur über Serumgastrin-Spiegel bei
Ulcus duodeni-Patienten sind widersprüchlich. Ebenfalls erhöhte Werte
fanden u. a. die Arbeitsgruppen von YALOW (2), von THOMPSON (28) und
von CREUTZFELDT (19), während HANSKY und Mitarb. (9) über erniedrigte Werte berichten. Neben unterschiedlicher Zusammensetzung der
einzelnen Kollektive dürfte auch hier die bereits besprochene unterschiedliche Spezifität der Antiseren von Bedeutung sein.

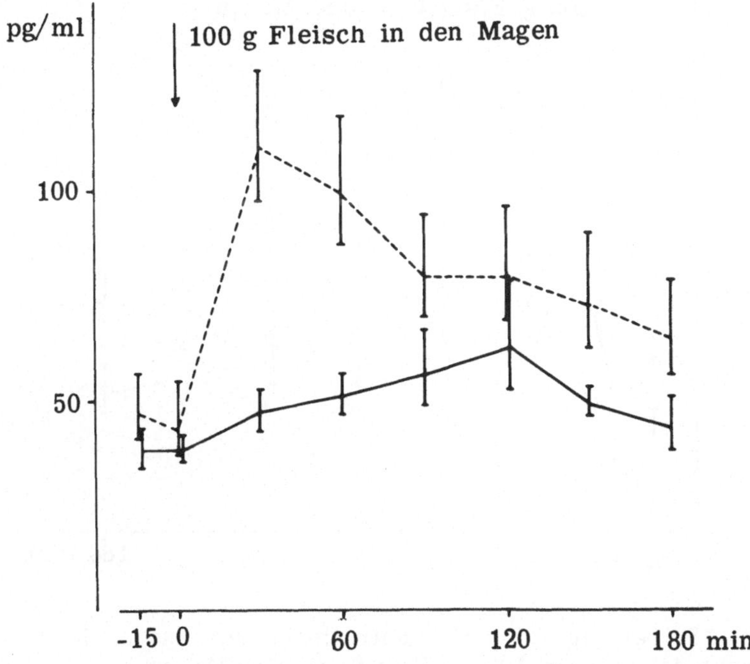

Abb. 12. Gastrin-Stimulation durch Verabreichung von
100 g Fleisch in den Magen. - - - - Gesunde Probanden (n = 9). ——— Patienten mit Magenteilresektion
nach BILLROTH I (n = 10). Ordinate: Serumgastrin-
Konzentration (pg/ml). Abszisse: Zeit (min).

Nach Verabreichen einer Testmahlzeit kommt es bei Normalpersonen
zu einem signifikanten Anstieg des Serumgastrin-Spiegels (Abb. 12).
Untersuchungen bei Patienten mit Magenteilresektion nach BILLROTH I
ergaben, daß auch bei dieser Patientengruppe nach einer oralen Testmahlzeit ein Anstieg des Serumgastrin-Spiegels erfolgt (Abb. 12). Ähnliche Befunde wurden früher schon von STERN und WALSH (27) mitgeteilt. Da bei diesen Patienten das Antrum reseziert ist, muß angenommen
werden, daß dieses Gastrin aus den extragastrischen Bildungsorten
stammt. Der Kurvenverlauf bei den B I-Patienten unterscheidet sich

deutlich von der Kontrollgruppe. Der Gipfelwert nach der Testmahlzeit
wird bei den B I-Patienten 90 min später erreicht als bei den Kontrollpersonen. Der erste Gipfel, der bei den Kontrollpersonen zu beobachten
ist, fehlt bei den B I-Patienten. Aus einem Vergleich dieser beiden Kurven läßt sich ableiten, daß der erste Gipfel bei Normalpersonen im wesentlichen auf der Freisetzung von antralem Gastrin beruht, während die
Schulter nach dem Gipfel vorwiegend der extragastrischen Gastrin-Freisetzung zuzuschreiben ist.

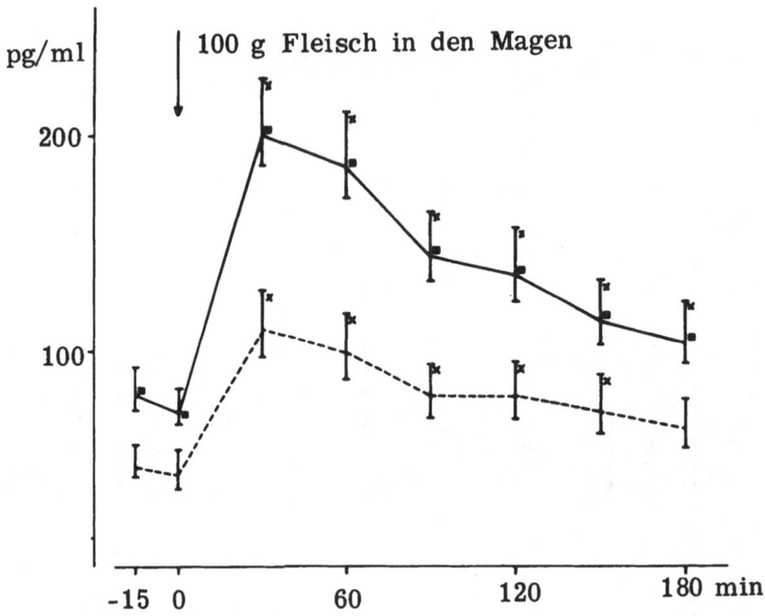

Abb. 13. Serumgastrin-Konzentrationen vor und nach
Verabreichung von 100 g Fleisch in den Magen.
- - - - Gesunde Probanden (n = 9). ———— Patienten
mit Ulcuskrankheit (n = 34). x signifikant gegenüber
der Konzentration zum Zeitpunkt 0 erhöht. ■ signifikant
höhere Gastrin-Konzentrationen gegenüber der Vergleichsgruppe. Ordinate: Serumgastrin-Konzentration
(pg/ml). Abszisse: Zeit (min).

Bei einem Kollektiv von 34 Ulcus duodeni-Patienten lagen die Serumgastrin-Spiegel nach der Testmahlzeit signifikant höher und waren auch
länger andauernd erhöht (Abb. 13). Die erhöhte Gastrin-Freisetzung
erfolgt sowohl in der antralen als auch in der extragastrischen Phase.
Bezüglich des Verhaltens des Serumgastrin-Spiegels nach der Testmahlzeit und des höheren Ansteigens der Spiegel bei Ulcus duodeni-Patienten
besteht in der Literatur Einhelligkeit. Ähnliche Befunde wurden früher
bereits u.a. von BERSON et al. (3), FEURLE et al. (4) sowie HANSKY

und KORMAN (8) mitgeteilt. Auch auf vagale Reize setzen Ulcus duodeni-
Patienten mehr Gastrin frei als Normalpersonen.

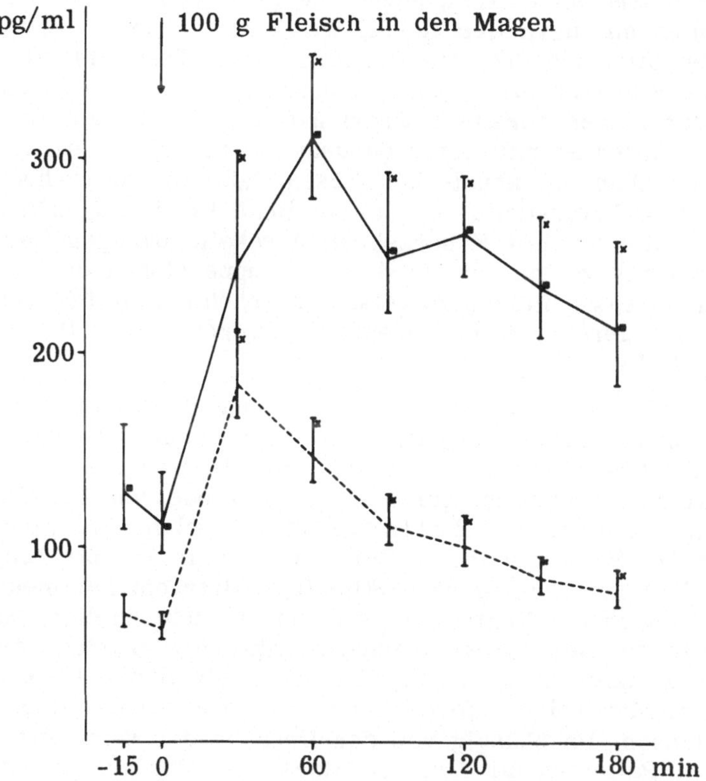

Abb. 14. Gastrin-Konzentrationen bei Patienten
mit Ulcuskrankheit vor und nach Verabreichung
von 100 g Fleisch in den Magen. ——— H^+-
Sekretion im Normbereich (n = 11). - - - -
Hypersekretion: PAO > 32 mval/Std (n = 23).
x signifikant gegenüber der Konzentration zum
Zeitpunkt 0 erhöht. ■ signifikant höhere Gastrin-
Konzentrationen gegenüber der Vergleichsgruppe.
Ordinate: Serumgastrin-Konzentration (pg/ml).
Abszisse: Zeit (min).

Ulcus duodeni-Patienten lassen sich nach dem Ergebnis der Magensekretionsanalyse in zwei Gruppen unterteilen. Die erste Gruppe hat eine
normale H^+-Sekretion, während die zweite Gruppe eine Hypersekretion
aufweist. Ulcus duodeni-Patienten mit einer normalen H^+-Sekretion zeigten signifikant höhere basale Serumgastrin-Spiegel als die Patienten mit
Hypersekretion (Abb. 14). Auch nach der Testmahlzeit kam es zu einem
signifikant höheren Anstieg des Serumgastrin-Spiegels bei den normal

sezernierenden Patienten im Vergleich zu denen mit Hypersekretion. Dieser Unterschied war signifikant während der gesamten Beobachtungszeit.

Diese Befunde lassen sich dahingehend interpretieren, daß bei Ulcus duodeni-Patienten mit normaler H^+-Sekretion die erhöhten Serumgastrin-Konzentrationen zwei und drei Stunden nach einer Testmahlzeit zu einer Stimulation der Säuresekretion führen können, zu einem Zeitpunkt also, an dem sich der Magen bereits entleert hat. Da eine basale Hypersekretion bei vielen Patienten mit Ulcus duodeni als pathogenetischer Faktor in Betracht zu ziehen ist, könnte bei diesen Patienten die erhöhte extragastrische Gastrin-Freisetzung eine ursächliche Bedeutung haben. Bei Ulcus duodeni-Patienten mit Hypersekretion scheint dagegen Gastrin eine untergeordnete Rolle zu spielen. In dieser Gruppe stehen die erhöhte Belegzellenmasse sowie möglicherweise die erhöhte Empfindlichkeit dieser Belegzellen gegenüber stimulierenden Faktoren, wie z.B. Gastrin, im Vordergrund (13).

Die Ursache der vermehrten Gastrin-Freisetzung bei Ulcus duodeni-Patienten auf chemische und vagale Reize ist noch nicht eindeutig geklärt. Während GANGULI und Mitarb. (6) eine H y p e r p l a s i e der G-Zellen im Antrum diskutieren, sprechen die Befunde von ARNOLD et al. (1) eher für eine erhöhte G - Z e l l a k t i v i t ä t, wobei eine verminderte Hemmwirkung der Säure auf die G-Zellen oder eine erhöhte Empfindlichkeit dieser Zellen auf verschiedene Stimuli in Betracht kommen. Solange die G-Zellzahl durch ein Bestimmungsverfahren nicht ähnlich exakt abzuschätzen ist wie die Belegzellzahl anhand fraktionierter Magensekretionsanalyse mit maximaler Stimulation, wird sich eine Hyperplasie der G-Zellen jedoch nicht mit der erforderlichen Sicherheit nachweisen oder ausschließen lassen. Unabhängig von der Ursache der vermehrten Gastrin-Freisetzung bei Patienten mit Duodenalulcus läßt sich aus unseren Befunden schließen, daß sowohl die antralen als auch die extragastrischen Bildungsorte des Gastrins in das Geschehen einbezogen sind.

Schlußbetrachtung

Zusammenfassend läßt sich feststellen, daß die Möglichkeit einer quantitativen Gastrin-Bestimmung eindeutige Fortschritte in der Differentialdiagnose des peptischen Ulcus gebracht hat. Ein ZOLLINGER-ELLISON Syndrom oder ein zurückbelassener Antrumrest lassen sich nur mit Hilfe der radioimmunologischen Serumgastrin-Bestimmung sicher diagnostizieren oder ausschließen. Demgegenüber haben die bisher vorliegenden Befunde zur Klärung der pathogenetischen Bedeutung des Gastrins für die Entstehung des peptischen Ulcusleidens noch keinen entscheidenden Fortschritt gebracht, der etwa für die operative Therapie dieses Leidens zu verwerten wäre. Bei der engen Verflechtung der hormonellen Regulationsmechanismen des Gastrointestinaltrakts sowie der Bedeutung lokaler Schleimhautfaktoren kann die Serumgastrin-Bestimmung eben nur e i n e Komponente eines wahrscheinlich multifaktoriellen Krankheitsgeschehens erfassen.

Man muß sich auch immer der Tatsache bewußt sein, daß die Immunreaktivität eines Hormons keinen Rückschluß auf die biologische Aktivität
zuläßt. Beim Gastrin sind die Verhältnisse noch dadurch kompliziert,
daß im Serum Komponenten vorhanden sind, die sich sowohl hinsichtlich
ihrer biologischen als auch der immunologischen Eigenschaften unterscheiden. Die Angabe einer Serumgastrin-Konzentration kann daher nur
mit zahlreichen Vorbehalten und Einschränkungen erfolgen. Aus methodischer Sicht wäre die Verwendung monospezifischer Antiseren und der
entsprechenden Standardsubstanzen zu fordern. Sicherlich würde ein solches Vorgehen zahlreiche Diskrepanzen zwischen den Ergebnissen verschiedener Arbeitsgruppen aufklären. Von diesem Ziel sind wir jedoch
noch weit entfernt.

<u>Literatur</u>

1. ARNOLD, R., KETTERER, H., FEURLE, G., CREUTZFELDT, C.,
   und CREUTZFELDT, W.: Verh. dtsch. Ges. Inn. Med. 77, 507
   (1971).

2. BERSON, S.A., and YALOW, R.S.: New Engl. J. Med. 284, 445
   (1971).

3. BERSON, S.A., WALSH, J.A., and YALOW, R. S.: In: ANDERSSON,
   S. (Ed.), Nobel Symposium 16: Frontiers in Gastrointestinal Hormone
   Research. Uppsala: Almqvist und Wiksell 1973.

4. FEURLE, G., KETTERER, H., BECKER, H.D., and CREUTZFELDT,
   W.: Scand. J. Gastroent. 7, 177 (1972).

5. FRITSCH, W.-P., und HAUSAMEN, T.-U.: Dtsch. med. Wschr. 99,
   1412 (1974).

6. GANGULI, P.C., POLAK, J.M., PEARSE, A.G.E., ELDER, J.B.,
   and HEGARTY, M.: Lancet 1974/I, 583.

7. GROSSMAN, M.I., zitiert nach: YALOW, R.S., and WU, N.:
   Gastroenterology 65, 19 (1973).

8. HANSKY, J., and KORMAN, M.G.: In: SIRCUS, W. (Ed.), Clinics
   in Gastroenterology. Vol. 2. London: Saunders 1973.

9. HANSKY, J., KORMAN, M.G., and SOVENY C.: Aust. Ann. Med.
   19, 379 (1970).

10. HANSKY, J., SOVENY, C., and KORMAN, M.G.: Gastroenterology
    64, 740 (1973).

11. HAUSAMEN, T.-U., und FRITSCH, W.-P.: Klin. Wschr. 51, 937
    (1973).

12. HOLOHAN, K.N., MURPHY, R.F., BUCHANAN, K.D., and ELMORE, D.T.: Clin. Chim. Acta 45, 153 (1973).

13. ISENBERG, J.I., WALSH, J.H., and BEST, W.R.: Gastroenterology 62, 764 (1972).

14. ISENBERG, J.I., WALSH, J.H., and PASSARO, E. Jr.: Gastroenterology 62, 626 (1972).

15. JAFFE, B.M., and WALSH, J.H.: In: JAFFE, B.M., and BEHRMAN, H.R. (Eds.), Methods of Hormone Radioimmunoassay. New York-London: Academic Press 1974.

16. KORMAN, M.G., SCOTT, D.F., HANSKY, J., and WILSON, H.: Aust. N. Z. J. Med. 3, 266 (1972).

17. KORMAN, M.G., SOVENY, C., and HANSKY, J.: Gut 12, 899 (1971).

18. KORMAN, M.G., SOVENY, C., and HANSKY, J.: Gut 14, 459 (1973).

19. MAYER, G., ARNOLD, R., FEURLE, G., FUCHS, K., KETTERER, H., TRACKS, N.S., and CREUTZFELDT, W.: Scand. J. Gastroent. 9, 703 (1974).

20. McGUIGAN, J.E.: Gastroenterology 54, 1005 (1968).

21. MÜLLER, J., FRITSCH, W.-P., RICK, W., und HAUSAMEN, T.-U.: Med. Welt 24, 1017 (1973).

22. NILSON, G., YALOW, R.S., and BERSON, S.A.: In: ANDERSSON, S. (Ed.), Nobel Symposium Nr. 16: Frontiers in Gastrointestinal Hormone Research. Stockholm: Almqvist und Wiksell 1972.

23. PASSARO, E., and BASSO, N.: Surg. in Italy 2, 7 (1972).

24. POLAK, J., STAGG, M.B., and PEARSE, A.G.E.: Gut 13, 501 (1972).

25. REHFELD, J.F.: Biochim. Biophys. Acta (Amst.) 285, 364 (1972).

26. REHFELD, J.F., and STADIL F.: Gut 14, 369 (1973).

27. STERN, D.H., and WALSH, J.H.: Gastroenterology 64, 363 (1973).

28. THOMPSON, J.C., REEDER, D.D., and DAVIDSON, W.D.: In: ANDERSSON, S. (Ed.), Nobel Symposium Nr. 16: Frontiers in Gastrointestinal Hormone Research. Uppsala: Almqvist und Wiksell 1972.

29. WEDELL, J., PETERS, H., FRITSCH, W.-P., und HAUSAMEN, T.-U.: Chirurg 45, 257 (1974).

30. YALOW, R.S., and BERSON, S.A.: Gastroenterology 58, 1 (1970).

31. YALOW, R.S., and BERSON, S.A.: Gastroenterology 58, 609 (1970).

32. YALOW, R.S., and BERSON, S.A.: Gastroenterology 60, 203 (1971).

33. YALOW, R.S., and WU, N.: Gastroenterology 65, 19 (1973).

CREUTZFELDT:
Ich bin von Herrn HAUSAMEN freundlicherweise zitiert worden. Er hat
eine sehr wesentliche Frage angesprochen, nämlich die Unterschiede der
Normbereiche, die von verschiedenen Gruppen bestimmt wurden. Wir
wurden ja an der Stufenleiter ganz unten geführt. Es ist sicher richtig,
daß das an der Spezifität der Antikörper liegt. Wir haben natürlich auch
versucht zu erklären, woran das liegt, und haben den Antikörper, den
wir als Regelantikörper benutzen, weil er so empfindlich ist und weil er
so herrliche Bindung hat, analysiert. Dabei fand sich eine Erklärung dafür, warum wir so niedrige Werte haben. Abb. 1 zeigt die Austestung
gegen das G 17, also das Heptadekapeptid, das Little Gastrin - und zwar
in der sulfatierten und der nicht sulfatierten Form - und gegen das G 34,
das Big Gastrin. Sie sehen, daß unser Antikörper wesentlich besser mit
dem G 17 als mit dem G 34 reagiert. Da im nüchternen Zustand überwiegend G 34 zirkuliert, wären damit unsere niedrigen Werte ausreichend
erklärt.

Nun zur Auftrennung durch Säulenchromatographie ein paar Beispiele,
die wir mit Sephadex-G 50 durchführten. Diese ist natürlich pathogenetisch von großem Interesse, und wir haben uns auch gefragt, ob sie
eventuell diagnostisch einen Wert hat. Beim Proinsulin ist es ja so, daß
man erhöhte Proinsulin-Werte bei Insulinomen findet, und man dachte,
daß dieses beim Gastrinom ähnlich sei. In Abb. 2 sehen Sie solche Auf-
trennungen bei einem Patienten mit einem ZOLLINGER-ELLISON-Syndrom.
Sie sehen links oben die Säulenchromatographie im Serum. Der erste
Gipfel ist das G 34, der zweite Gipfel das G 17, und dann kommt noch
das G 13, das Minigastrin. Im Serum findet man bei diesem Patienten
sehr viel mehr G 34. Mit dem Tumor stimmt das sehr gut überein, und
das wäre also wie beim Insulinom, wo im Tumor mehr Proinsulin gefunden wird, entsprechend auch im Plasma. Bei diesem Patienten ist auch
noch das Antrum fraktioniert worden; es bestätigt sich, was Herr
HAUSAMEN gesagt hat, daß im Antrum vorwiegend G 17 vorkommt. Im
Duodenum findet man, je weiter man nach unten geht, immer mehr G 34.
Aber das ist keineswegs überall so. Wir haben inzwischen das Glück
gehabt, 23 ZOLLINGER-ELLISON-Syndrome zu analysieren. In Abb. 3
sehen Sie bei einem anderen Patienten, daß im Serum wieder sehr viel
G 34 vorliegt, aber im Tumor mehr G 17. Im Antrum und Duodenum
wieder ähnliche Bilder.

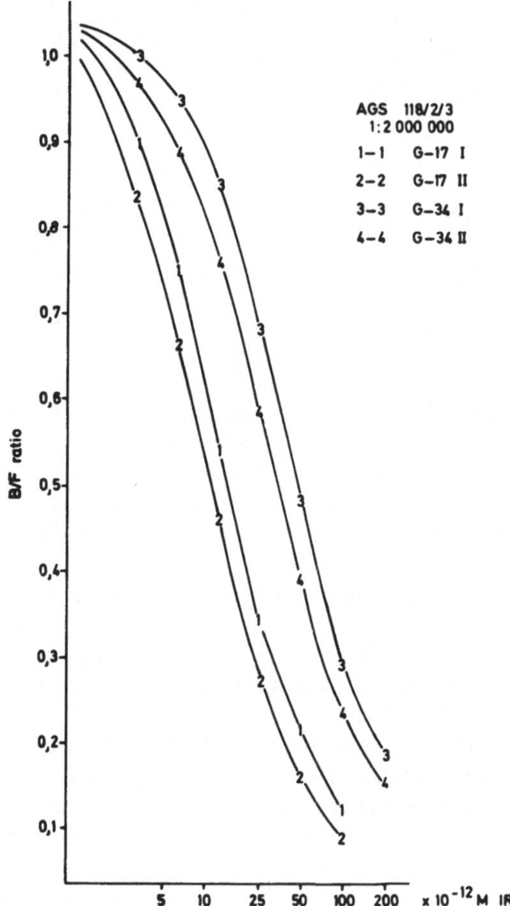

Abb. 1. Verdrängung von ^{125}J-Gastrin durch menschliches immunreaktives Gastrin (IRG).

Es ist natürlich eine wichtige Frage, die auch angeschnitten wurde, wieweit diese Dinge in der Pathogenese der Ulcus-Krankheit eine Rolle spielen, weil verschiedene biologische Aktivitäten mit den verschiedenen molekularen Formen des Gastrins einhergehen. Nach unseren bisherigen Untersuchungen ist dies nicht der Fall. Es ist nicht so, daß man das Gastrin als wesentlichen Faktor bei der durchschnittlichen Ulcus-Krankheit anführen kann, weil eventuell Verschiebungen zwischen den einzelnen Komponenten auftreten. Weder im Serum noch im Antrum und Duodenum finden wir Verschiebungen zwischen den einzelnen Gastrin-Fraktionen.

Ich möchte noch etwas ergänzen zu den Stimulationstests: Ich finde die Stimulationstests ganz besonders wichtig und möchte anknüpfen an das, was Herr RÓKA heute morgen fragte, als die Frage der Tumorantigene angesprochen wurde. Denn letztlich im weitgefaßten Sinne ist Gastrin auch ein Tumorantigen. Wenn wir ein Gastrinom haben, können wir an den Gastrin-Werten sehen, ob wir radikal genug operiert haben. Sie können prognostisch sehen, ob Metastasen vorhanden sind. Dabei hat sich der Stimulationstest als besonders wichtig erwiesen. Vielleicht könnte man

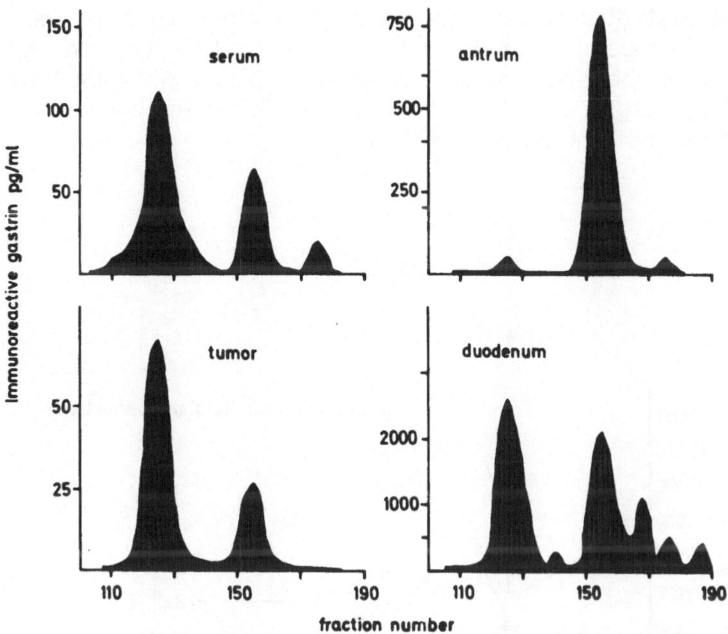

Abb. 2. Gelfiltration des immunreaktiven Gastrins in
Serum und Gewebsextrakten eines Patienten mit
ZOLLINGER-ELLISON-Syndrom. Patient Be.

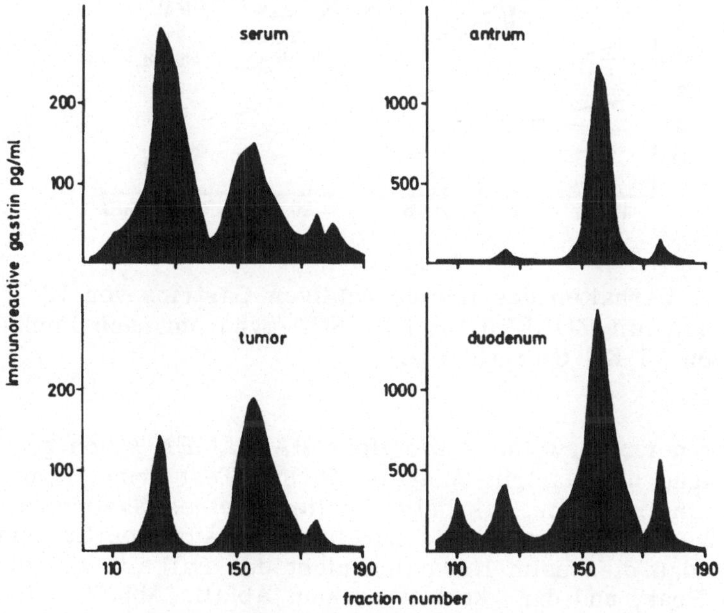

Abb. 3. Gelfiltration des immunreaktiven Gastrins
in Serum und Gewebsextrakten eines Patienten mit
ZOLLINGER-ELLISON-Syndrom. Patient Kac.

doch noch einmal diskutieren, ob diese verschiedenen Proteine, die man
bei den Tumoren gefunden hat, nicht auch stimulierbar sind. Es ist ja
ein reiner Zufallsbefund, daß Secretin eine solche Wirkung beim Gastrinom hat. Abb. 4 zeigt den Secretintest bei 13 verschiedenen ZOLLINGER-
ELLISON-Tumoren aus unserer Klinik.

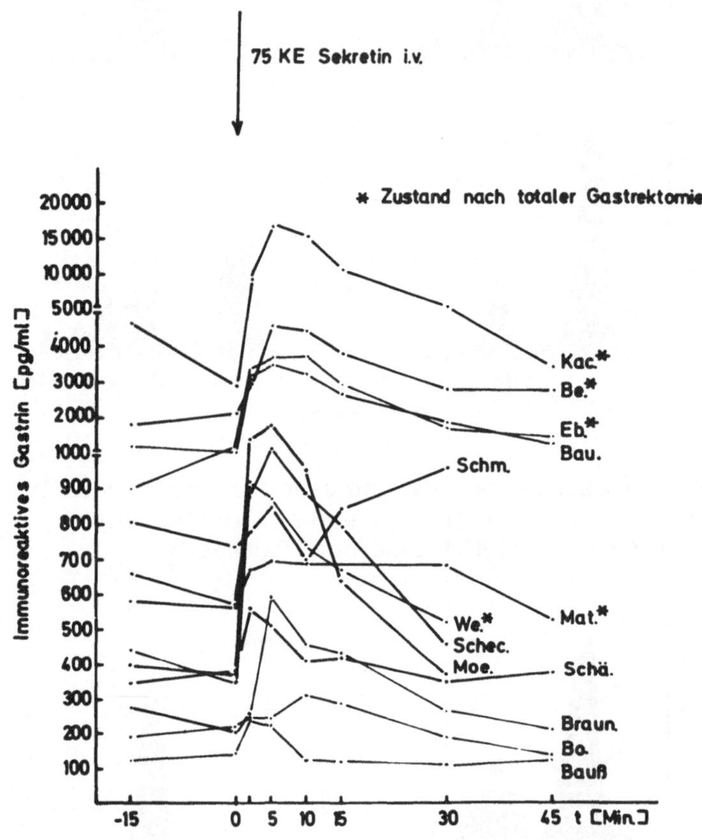

Abb. 4. Verhalten des immunreaktiven Gastrins von 13
Patienten mit ZOLLINGER-ELLISON-Syndrom nach Injektion von 75 KE Secretin i. v.

Secretin führt normalerweise - wie Herr HAUSAMEN schon gesagt hat -
zu einer Senkung des Gastrin-Spiegels. Dieser Test bringt somit eine
echte Diskriminierung, weil es beim Vorliegen eines Gastrinoms in allen
Fällen nach 2 - 5 Minuten bereits zu einem Ausstoß von Gastrin kommt.
Abb. 5 zeigt, daß dies beim Normalen nicht der Fall ist. Es gibt einen
ganz kleinen Peak, und dann kommt es zum Abfall. Abb. 6 zeigt, daß
bei Hypergastrinämien anderer Ursachen, zum Beispiel bei der Perni-
ciosa oder der atrophischen Gastritis, auch die hier vorhandenen erhöhten Gastrin-Spiegel unter Secretin abfallen. Insofern ist es etwas Spezi-

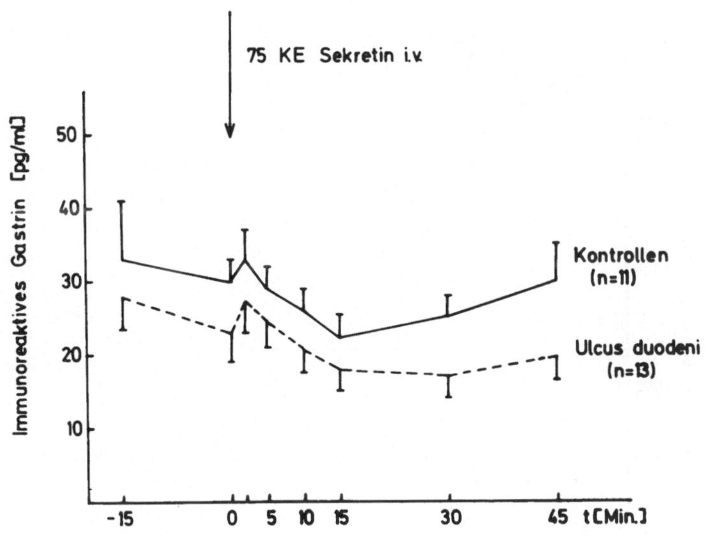

Abb. 5. Verhalten des immunreaktiven Gastrins bei
Kontrollen und bei Patienten mit Ulcus duodeni nach
Injektion von 75 KE Secretin i. v.

fisches, und man sollte meines Erachtens der Frage nachgehen, ob man
nicht allgemein bei Carcinomen das spezifische Protein, das dort gefunden und etwas unglücklich als Antigen bezeichnet wird, mit irgendeiner
Methode stimulieren kann. Denn irgendwie muß es aus der Zelle herauskommen, sonst könnten wir es nicht im Plasma messen. Theoretisch ist
es daher denkbar, daß man eine stimulierende Substanz findet wie jetzt
zufällig das Secretin. Abb. 7 zeigt, daß Glukagon, das auch erwähnt
wurde, als Stimulans nicht so sicher wie Secretin ist. Sie sehen an einer
Reihe von Tests - wie haben inzwischen schon 23 Gastrinome -, daß
Glukagon nicht so sicher stimuliert wie Secretin. Calcium, das Sie auch
erwähnt haben, bewirkt gute Anstiege. Aber die Calcium-Infusion ist aufwendig und kann manchmal auch bei anderen Patienten eine Gastrin-
Erhöhung bewirken. Abb. 8 zeigt die Anstiege beim Calcium-Infusionstest
bei ZOLLINGER-ELLISON-Tumoren.

Nun ein Einwand: Sie sagten, zur Diskriminierung könne man auch den
Fütterungstest nehmen. Mir ist bekannt, daß das gesagt wird von YALOW
und auch von WALSH. Wir haben aber inzwischen bei etwa 10 Patienten
mit Gastrinom Fütterungstests gemacht, und diese Patienten sprachen
zu 2/3 mit einem Anstieg an, und zwar auch, wenn der Magen schon
entfernt ist. Eine Erklärung für diese Beobachtung gibt es nicht. Es
könnte eine endogene Secretin-Freisetzung nach Testmahlzeit sein, die
den Gastrin-Anstieg hervorruft. Das kann ich mit einer Untersuchung
(Abb. 9) belegen, die eigentlich gemacht wurde, um zu zeigen, daß Soma-
tostatin die Gastrin-Freisetzung hemmt, und zwar auch aus Gastrinomen.
In diesem Fall sehen Sie, daß bei einem ZOLLINGER- ELLISON-Tumor

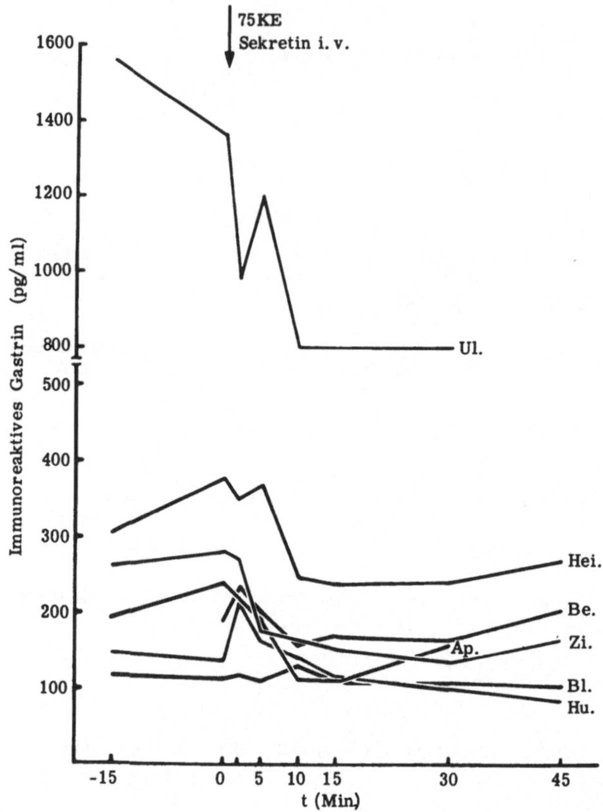

Abb. 6. Verhalten des immunreaktiven Gastrins
von 7 hypergastrinämischen Patienten nach Injektion von 75 KE Secretin i. v.

(obere Kurve) nach einer Testmahlzeit ein signifikanter Anstieg von
Gastrin stattfindet. Insofern würde ich das Testfrühstück nicht mehr in
die Diskriminierungs-Tests für das ZOLLINGER-ELLISON-Syndrom
aufnehmen.

Wir legen den Wert vorwiegend auf das Secretin, und ich bin sehr froh,
daß Sie einen Fall von rezidivierender Ulcuskrankheit bei Hypergastrinämie infolge Antrumstumpf gebracht haben. Es gab bisher nur einen
belegten Fall aus der Weltliteratur, bei dem das Excluded Antrum mit
Secretin vom Gastrinom diskriminiert werden konnte, weil es beim Excluded Antrum, was ja zu fordern war, nicht zu einem Gastrin-Anstieg
kommt. Ich gratuliere Ihnen zu diesem Fall.

Nun aber noch eine Bemerkung: Sie sagten, daß man beim Gastrinom
"teilweise" therapeutisch eine totale Gastrektomie durchführen müsse.
Ich möchte doch sehr, auch gerade in diesem Kreise, der grundsätzlichen

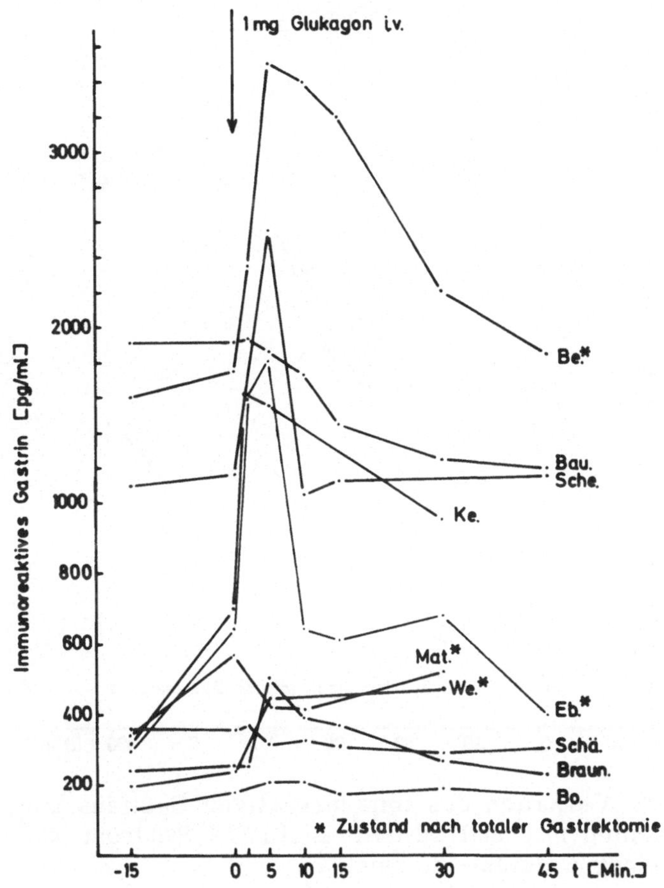

Abb. 7. Verhalten des immunreaktiven Gastrins
von 10 Patienten mit ZOLLINGER-ELLISON-
Syndrom nach Injektion von 1 mg Glukagon i. v.

totalen Gastrektomie beim Gastrinom das Wort reden. Und zwar aus
dem banalen Grunde, weil bei unseren 23 Gastrinomen in 22 Fällen,
trotz nach unserer Meinung totaler Entfernung der Tumormassen, das
Gastrin erhöht blieb. Wir haben unter 23 Gastrinomen nur in einem das
Glück gehabt, daß sich der Gastrin-Spiegel normalisierte. Sie haben auch
einen solchen Fall genannt, aber ich würde sagen, es ist beim Gastrinom
im Gegensatz zum Insulinom die Ausnahme, daß diese Tumoren nicht
maligne sind. Sie sind in der Regel maligne, und deswegen sollte man
das für den Patienten Richtige tun, den Magen ganz herauszunehmen.
Solange noch ein kleines Stückchen Parietalzellen enthaltende Magenschleimhaut vorhanden ist, wird ein Gastrinom-Patient ein Ulcus-Rezidiv
bekommen. Deswegen sollte der Magen immer herausgenommen werden.
Histologisch - und da sind die endokrinen Tumoren etwas anders als
andere Tumoren - läßt sich die Malignität von Gastrinomen nicht beweisen,

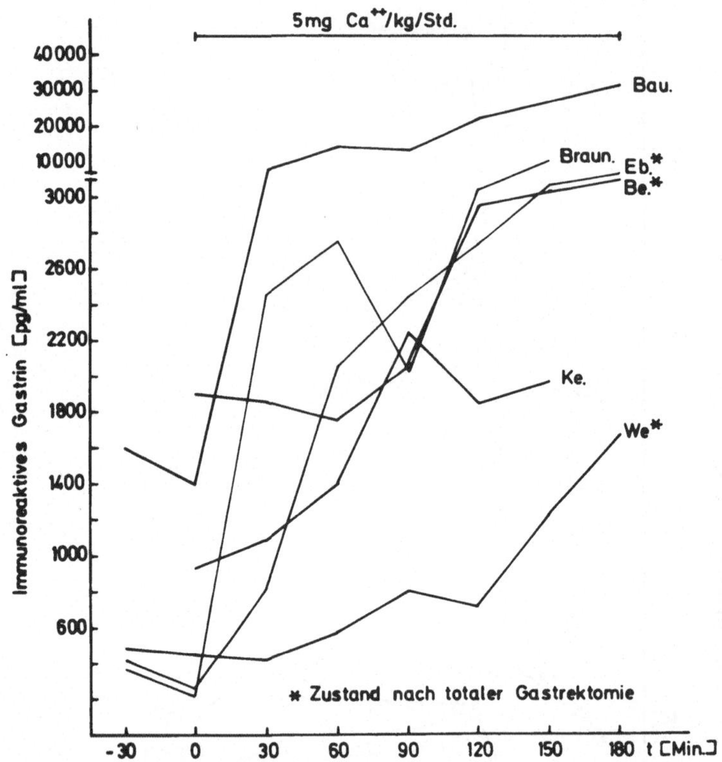

Abb. 8. Verhalten des immunreaktiven Gastrins bei
6 Patienten mit ZOLLINGER-ELLISON-Syndrom während einer Calcium-Infusion.

nur an der Metastasierung. Deshalb sollten wir davon ausgehen, daß
Gastrinome eigentlich grundsätzlich maligne sind.

SIEGENTHALER:
Wir haben vor wenigen Tagen mit Herrn CREUTZFELDT wegen eines
solchen Falles telephoniert. Dabei haben Sie die Gastrektomie nicht empfohlen. Was waren Ihre Gründe?

CREUTZFELDT:
Das muß irgendeinen anderen Grund gehabt haben.

SIEGENTHALER:
Der Patient hatte bis jetzt keine Ulcera.

CREUTZFELDT:
Das ist etwas anderes: Man sollte nach meiner Meinung einen Patienten
mit einem erhöhten Gastrin-Spiegel, der keine Symptome seitens des
Magens hat, nicht operieren, denn man operiert natürlich, weil die Patienten an ihrem Magen leiden. Da gibt es sehr merkwürdige Dinge.

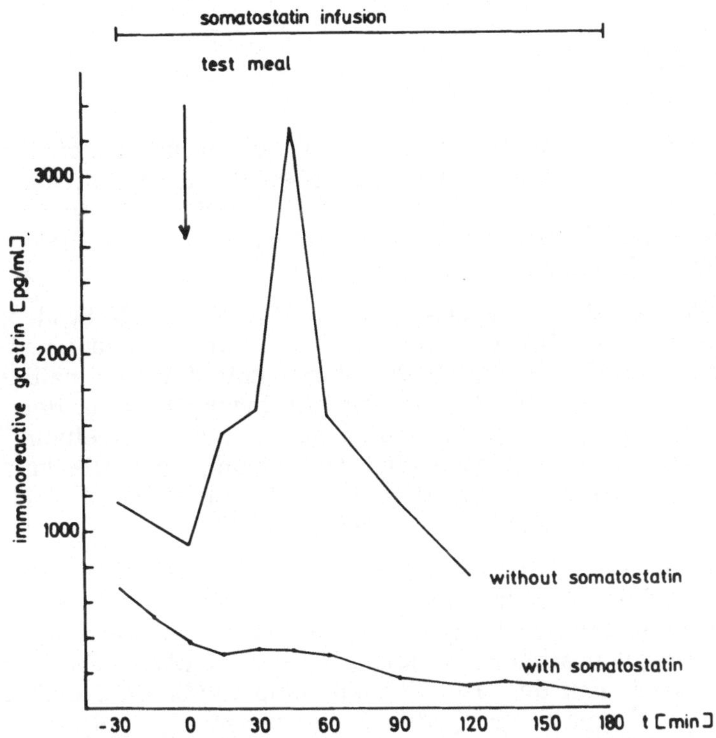

Abb. 9. Wirkung einer Somatostatin-Infusion auf das immunreaktive Gastrin im Serum nach Testmahlzeit bei einem Patienten mit ZOLLINGER-ELLISON-Syndrom. Somatostatin-Infusion: 150 µg/ Std nach Priming mit 50 µg. Patient Sche.

Ich habe auch eine Patientin gerade jetzt bei mir liegen, die ich auch nicht operieren lasse. Sie hat den abenteuerlichen Wert von 200 000 pg Gastrin/ml, was bei uns sehr viel ist, weil wir so niedrige Werte haben. Sie hat aber überhaupt keine Symptome ihres ZOLLINGER-ELLISON-Syndroms, sie hat keine Ulcera, sie hat keine Durchfälle.

C. G. SCHMIDT:
Hat sie überhaupt ein ZOLLINGER-ELLISON-Syndrom?

CREUTZFELDT:
Sie hat Lebermetastasen. Diese produzieren große Mengen von Gastrin, aber diese Patientin produziert gleichzeitig noch Glukagon, und damit hemmt sie ihre Magensekretion so, daß sie an ihrem Magen nicht leiden wird, und deshalb lassen wir sie unoperiert. Soweit ich weiß, Herr SIEGENTHALER, war das ähnlich bei Ihrem Fall; der Patient litt nie unter seinem Magen, obwohl er einen großen Tumor hatte. Eine totale Gastrektomie hat eine gewisse Mortalität, deswegen würde ich dieses Risiko in einer solchen Situation nicht eingehen.

SIEGENTHALER:
Unser Fall war genauso.

HAUSAMEN:
Ich bin der Ansicht, daß man auf die Tatsache der unterschiedlichen
Normbereiche hinweisen muß. Auch wir haben die Spezifität unseres
Antiserums gegenüber Gastrin II und "Big Gastrin", das wir von Herrn
GREGORY bekommen haben, getestet. Wir fanden, daß die Eichkurven
weitgehend identisch waren.

Auf die zuverlässige Diagnose des ZOLLINGER-ELLISON-Syndroms haben
die Unterschiede in den Normbereichen, wenn man sie kennt und berücksichtigt, keinen Einfluß. Bezüglich der Wertigkeit der Testmahlzeit zur
Erkennung eines Gastrinoms stimme ich mit Ihnen überein, Herr CREUTZ-
FELDT. Ich habe im Vortrag auf Abb. 5 gezeigt, daß bei einem Patienten
mit Magenausgangsstenose, jedoch ohne Gastrinom, ebenfalls kein eindeu-
tiger Anstieg zu beobachten war. Dies ist auch ein Beispiel dafür, daß
die Testmahlzeit keine diagnostische Sicherheit bietet.

Zur Gastrektomie beim ZOLLINGER-ELLISON-Syndrom: Wir stehen auch
auf dem Standpunkt - ich habe dies in meinem Referat schon gesagt -,
daß man gastrektomieren muß. Bei dem Patienten, bei dem sich der
Serumgastrin-Spiegel postoperativ normalisiert hat (Abb. 9 des Vortrages), wurde, obwohl man den Tumor fand, eine totale Gastrektomie
durchgeführt. Die Normalisierung des Serumgastrin-Spiegels war in diesem Fall besonders überraschend, da bei der Operation eine Lymphkno-
tenmetastase nachgewiesen werden konnte. Auf der anderen Seite haben
wir eine Patientin mit ZOLLINGER-ELLISON-Syndrom, die eine Gastrektomie verweigerte. Es wurde nur subtotal gastrektomiert und gleichzeitig
vagotomiert. Der Tumor wurde nicht gefunden. Die Patientin hat jetzt
postoperativ Serumgastrin-Werte um 2 000 pg/ml und bisher in 1 1/2
Jahren kein Rezidivulcus entwickelt, obwohl sie vorher unter rezidivierenden Geschwürsschüben zu leiden hatte.

CREUTZFELDT:
Sie bekommt aber sicher noch eines!

WALLER:
Wie verhalten sich eigentlich die Gastrin-Spiegel bei langfristigen Hyper-
calcämie-Syndromen, z. B. Skelettmetastasen oder einer paraneoplasti-
schen Endokrinopathie bei einem Bronchialcarcinom? Kommt es hier zu
einer Erschöpfung der Gastrin-Produktion?

HAUSAMEN:
Dazu gibt es Untersuchungen von Herrn CREUTZFELDT: Beim Hyperparathyreoidismus liegen die Gastrin-Spiegel im oberen Normbereich,
während der Gastrin-Gehalt des Antrums erhöht war.

CREUTZFELDT:
Das ist richtig wiedergegeben und erklärt sich so, daß die Gastrin-Zellen
zwar stimuliert werden, daß aber die Säure-Inhibition der Gastrin-Sekre-

tion bei diesen Patienten völlig intakt ist. In dem Augenblick, in dem die
Gastrin-Bildung stimuliert und Gastrin sezerniert wird, wird die Säure-
bildung angeregt. Diese schaltet sofort wieder die Gastrin-Zelle ab. Der
Rückkopplungsmechanismus ist voll intakt, deswegen haben wir keine signifikant erhöhten Gastrin-Spiegel beim Hypercalcämie-Syndrom. Und deshalb kann das ZOLLINGER-ELLISON-Syndrom I - ein sehr unglücklicher
Ausdruck von POLAK und GANGULI - auch nicht als eine einfache antrale
G-Zell-Hyperplasie anerkannt werden. Solche Patienten, die extrem selten
sein müssen, wenn es sie überhaupt gibt, haben eine Autonomie der
Gastrin-Zellen und reagieren nicht mehr mit dem normalen Rückkopplungsmechanismus. Sie haben ganz hohe Gastrin-Spiegel trotz Säuresekretion, wobei die Säure durch das Antrum fließt. Es ist eine Form der
Autonomie, die sich eigentlich dem Tumorwachstum nähert. Ob diese
diffuse Vermehrung der Gastrin-Zellen ein beginnendes antrales Gastrinom ist, möchte ich dahingestellt sein lassen; ich persönlich bin der
Auffassung.

HAUSAMEN:
Zunächst eine Bemerkung zur Störung des Rückkopplungsmechanismus
beim "ZOLLINGER-ELLISON-Syndrom Typ I". Abgesehen vom Gastrinom
konnte bisher bei keinem anderen Krankheitsbild eine autonome Gastrin-
Freisetzung nachgewiesen werden, auch eine Störung des Rückkopplungsmechanismus ist bisher nicht bewiesen. Über die Wirksamkeit des Rückkopplungsmechanismus beim Menschen unter verschiedenen Bedingungen
ist noch recht wenig bekannt. Nach unseren Untersuchungen spielt die
Säurehemmung bei der Regulation des Serumgastrin-Spiegels im Nüch-
ternzustand keine wesentliche Rolle. Die Hypergastrinämie beim "ZOL-
LINGER-ELLISON-Syndrom Typ I" erklärt sich ebenso gut durch die
Hyperplasie der G-Zellen im Antrum. Es gibt noch andere Zustände wie
z.B. die chronisch-atrophische Gastritis, bei denen eine Hyperplasie der
G-Zellen zu einer Hypergastrinämie führt, die durch Säure nicht vollständig zu beseitigen ist.

Zur Frage nach der Wirkung einer Hypercalcämie auf die Gastrin-Produktion: Nach unseren Untersuchungen führt eine Hypercalcämie bei
Normalpersonen nur zu einem geringen Anstieg des Serumgastrin-Spiegels, auch wenn Serumcalcium-Spiegel bis zu 8 mval/l erreicht werden.
Bei Ulcus duodeni-Patienten ist das Verhalten unterschiedlich. Häufig
wird auch hier kein wesentlicher Anstieg beobachtet, gelegentlich kommt
es jedoch auch zu einer Erhöhung um über das Doppelte des Ausgangs-
wertes. Die intraluminale Applikation von Ca^{++} (z.B. $CaCl_2$) führt dagegen
regelmäßig ohne Hypercalcämie zu einem Anstieg des Serumgastrin-
Spiegels. Dabei besteht eine Korrelation zwischen Ca^{++}-Konzentration im
Magensaft und Serumgastrin-Spiegel. Während nach i.v. Gabe von Ca^{++}
eine Hemmung der Gastrin-Freisetzung durch die gleichzeitig stimulierte
H^+-Sekretion diskutiert werden kann, ist der intraluminale Effekt des
Ca^{++} pH-unabhängig. Die Mechanismen der Calcium-Wirkung auf die Gastrin-Produktion sind noch weitgehend unbekannt.

Die Befunde bei Patienten mit Hyperparathyreoidismus zeigen, daß eine
Hypercalcämie als Folge einer Endokrinopathie nicht notwendigerweise

zu einer Hypergastrinämie führen muß. Allerdings hat McGUIGAN (Gastroenterology 66, 269 (1974)) kürzlich einen Fall mitgeteilt, bei dem ein Hyperparathyreoidismus vorlag und bei dem Gastrin-Spiegel an der oberen Normgrenze, etwa um 200 pg/ml gemessen wurden. Dieser Patient hatte eine ausgeprägte Hypersekretion und auch ein schweres peptisches Ulcusleiden. Nach Parathyreoidektomie fielen die Gastrin-Spiegel signifikant ab und das Ulcusleiden heilte ab. McGUIGAN ist der Auffassung, daß hier Gastrin für die Hypersekretion und das Ulcusleiden verantwortlich ist. Man sollte bei der Beurteilung dieser Befunde jedoch berücksichtigen, daß Calcium auch unabhängig von Gastrin zur Stimulation der Säuresekretion führt. Wir haben bei Patienten mit sekundärem Hyperparathyreoidismus als Folge einer Niereninsuffizienz im Gegensatz zu FEURLE (Verh. Dtsch. Ges. Inn. Med. 80, 690 (1974)) keine erhöhten Serumgastrin-Konzentrationen gemessen.

Auf eine interessante Beziehung zwischen Gastrin-Freisetzung und Calcitonin möchte ich noch hinweisen. Bei Patienten mit ZOLLINGER-ELLISON-Syndrom fand sich neben einer Hypergastrinämie auch eine erhöhte Calcitonin-Konzentration im Serum, während Patienten mit einem medullären Carcinom der Schilddrüse erhöhte Calcitonin-Spiegel, jedoch erniedrigte Gastrin-Spiegel im Serum aufwiesen (SIZEMORE et al.: New Engl. J. Med. 288, 641 (1973)). Nach diesen Befunden könnte eine Wechselwirkung zwischen Gastrin und Calcitonin angenommen werden, wobei Gastrin eine Stimulation der Calcitonin-Sekretion bewirkt, das seinerseits zu einer Hemmung der Gastrin-Freisetzung führt. Ähnlich müssen Befunde interpretiert werden, die auf Pentagastrin-Infusion einen Anstieg des Serumcalcitonins bei Patienten mit medullärem Schilddrüsencarcinom zeigen (HENNESSY et al.: J. Clin. Endocrinol. 36, 200 (1973)). Auch die Hemmwirkung von i.v. verabreichtem Calcitonin auf die H^+-Sekretion ist wahrscheinlich mit einer Hemmung der Gastrin-Freisetzung zu erklären. Neuerdings werden allerdings auch Verschiebungen des intracellulären Ca^{++} diskutiert.

VETTER:
Eine ganz andere Frage: Nach den Ausführungen scheint es ja so zu sein, daß sich die Gastrine anteilmäßig bei den einzelnen Krankheitsbildern unterscheiden. Wenn man ein Antiserum gebraucht, das beide mißt, kann man das Ergebnis und auch Gruppenunterschiede nur ganz bedingt interpretieren. Zudem könnte es auch theoretisch sein, daß sich die Anteile der einzelnen Hormone in der Zeiteinheit verändern. Wenn man jetzt, wie vorgeschlagen, ein monospezifisches Antiserum verwenden würde, verpaßt man eine Veränderung in der zweiten Achse, die man auf Grund der hohen Spezifität nicht mißt.

HAUSAMEN:
Die Halbwertszeiten der verschiedenen Gastrin-Komponenten im Serum unterscheiden sich, wie ich gezeigt habe: Das "Little Gastrin" hat eine Halbwertszeit von etwa 3 Minuten und das "Big Gastrin" - das sind die beiden Hauptfraktionen, die in Frage kommen - hat eine Halbwertszeit von 9 Minuten. Da zu keinem Zeitpunkt z.B. nach einer Testmahlzeit

nur "Big Gastrin" oder nur "Little Gastrin" freigesetzt wird, sind wahrscheinlich keine grundsätzlichen Unterschiede zu erwarten. McGUIGAN hat mit einem Antiserum, das mit einem Gastrin erzeugt wurde, welches die ersten 13 Aminosäuren vom N-terminalen Ende her enthielt, und mit einem Antiserum, das gegen das ganze Gastrin-Molekül gerichtet war, Serumgastrin-Bestimmungen durchgeführt. Er fand, daß nach einer Testmahlzeit bei Messung mit dem Antiserum gegen das ganze Gastrin-Molekül wesentlich höhere Anstiege erfolgten als mit dem Antiserum gegen das verkürzte Molekül. Untersuchungen zur Spezifität dieser Antiseren haben ergeben, daß er mit dem Antiserum gegen (1-13)-Gastrin vorwiegend das "Little Gastrin" erfaßt und mit dem Antiserum gegen das ganze Gastrin-Molekül alle Gastrin-Komponenten. Im strengen Sinne "monospezifische Antiseren" werden heute von keiner Arbeitsgruppe verwandt. Die in meinem Referat geforderte Verwendung monospezifischer Antiseren hat sicherlich auch nur dann einen Sinn, wenn man über Antiseren zumindest gegen die wichtigsten Gastrin-Komponenten im Serum verfügt.

DUBACH:
Ich glaube, wir sollten eine Frage diskutieren, die bei den Diskussionspunkten aufgeführt ist, die der Vagotomie: Unsere Chirurgen interessieren sich außerordentlich für den diagnostischen Einsatz der Gastrin-Bestimmung. Wenn man die Literatur durchsieht und auch nach den Erfahrungen in Basel besteht offensichtlich kein Unterschied zwischen der selektiven und der supraselektiven Vagotomie. Aber die trunculäre Vagotomie ergibt erhöhte Nüchternwerte für Gastrin. Wollen Sie sich dazu bitte noch äußern?

HAUSAMEN:
In Tab. 1 sind die von einigen Autoren bei verschiedenen Formen der Vagotomie gemessenen Serumgastrin-Konzentrationen dargestellt: Nach Antrektomie mit Vagotomie erfolgt ein Abfall der Serumgastrin-Konzentrationen. Dagegen erfolgt bei allen Formen der Vagotomie, die nicht mit einem resezierenden Verfahren kombiniert werden, ein Anstieg des Serumgastrin-Spiegels. Nach einer Testmahlzeit ist der Anstieg der Serumgastrin-Konzentrationen bei den verschiedenen Formen der Vagotomie signifikant höher als bei den nicht vagotomierten Patienten.

Über die Ursache des Anstieges des Serumgastrins nach den verschiedenen Formen der Vagotomie kann man noch nichts Endgültiges sagen. Ich glaube nicht, daß der Effekt nur auf eine Verminderung der Säuresekretion zu beziehen ist. So findet man z. B. bei B II-Patienten einen Anstieg des Serumgastrins nach einer Testmahlzeit nur nach einer zusätzlichen Vagotomie (Abb. 1). Bei diesen Patienten ist ja das Antrum entfernt, das Duodenum - welches der zweite Hauptbildungsort des Gastrins ist - ist durch die Operation umgangen. Vor der Vagotomie findet sich kein Anstieg, nach der Operation ein deutlicher Anstieg des Serumgastrins. Man muß bei diesen Patienten also noch einen anderen Faktor postulieren, der nach der Vagotomie die extragastrische Gastrin-Freisetzung stimuliert.

Tab. 1. Serumgastrin-Konzentrationen bei verschiedenen Formen der Vagotomie.

Operations-methode	Serumgastrin (pg/ml)* bei Pat. mit Duodenalulcus			n	
	ohne Operation	mit Operation			
		präoperativ	postoperativ		
Vagotomie mit Antrektomie	79 ± 3,8 65 ± 7,0	114 ± 29,2	26 ± 14,2 26 ± 4,9 50 ± 6,0	4 44 8	McGUIGAN 1972
Trunculäre Vagotomie mit Pyloroplastik	13 ± 0,8 79 ± 3,8 65 ± 7,0	12 ± 2,7 98 ± 12,1	84 ± 7,9 109 ± 5,4 123 ± 20,9 89 ± 15,1 128 ± 27,0	50 5 24 68 9	KORMAN 1972 McGUIGAN 1972 STERN 1972
Selektive Vagotomie	13 ± 0,8	51 ± 18	51 ± 1,5 152 ± 45	11 32	HANSKY 1973 FISCHER 1974
Belegzellvagotomie	13 ± 0,8	52 ± 13 77 ± 7,9	48 ± 2,1 107 ± 18 217 ± 17,6	16 25 33	HANSKY 1973 FISCHER 1974 DÜSSELDORF

*Mittelwert ± Standardirrtum

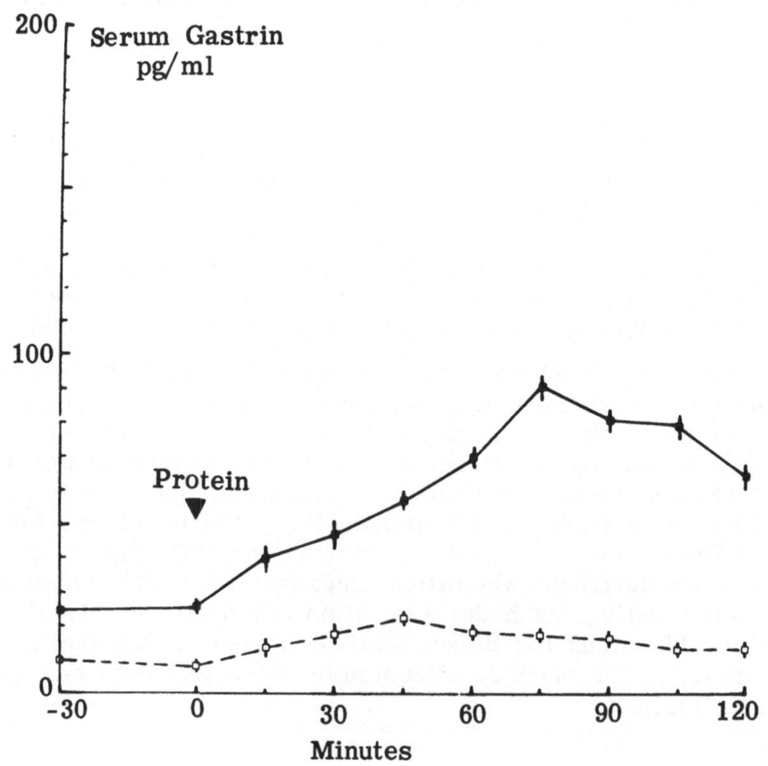

SIEGENTHALER:
Was verstehen Sie unter selektiver und hochselektiver Vagotomie?

HAUSAMEN:
Es gibt die trunculäre Vagotomie, dabei werden sämtliche Vagusfasern
am unteren Oesophagus durchtrennt, bei der selektiven Vagotomie werden nur die zum Magen ziehenden Vagusfasern durchtrennt -

CREUTZFELDT:
Die gastrische Vagotomie!

HAUSAMEN:
und bei der hochselektiven oder Belegzell-Vagotomie werden nur die
Vagusfasern durchtrennt, die zum Corpus des Magens ziehen, während
die zum Antrum führenden Fasern erhalten bleiben.

CREUTZFELDT:
Diese Vagotomie heißt auch in der Literatur selektive proximale Vagotomie (SPV) oder Parietalzellvagotomie. Zur Frage der Vagotomie: Sie
melden Zweifel an, ob der Anstieg des Serumgastrins allein mit dem
Wegfall der Säure nach Vagotomie zu erklären ist. Das ist natürlich ein
schwieriges Problem. Ich möchte aber doch dieser Ansicht etwas das
Wort reden, und zwar aus dem Grunde, daß das Wesentliche nach Vagotomie der Anstieg der Basalwerte ist. Wir finden bei allen Formen der
Vagotomie einen Anstieg der Basalwerte. Gerade bei der Basalsituation
sehen wir natürlich den Effekt der vorhandenen oder der fehlenden Säure
am besten. Dort kommt die Säure direkt und nicht mit der Nahrung
vermischt ins Antrum und kann ihre inhibitorische Wirkung entfalten.
Wenn Sie sagen, der Effekt nach einem Testmahl ist nicht gut zu erklären, so muß man erst einmal beweisen, daß nach einem Testmahl
die Vagotomierten tatsächlich mehr Gastrin produzieren als die Gesunden.
Und wenn Sie nach einem Testmahl wirklich das integrierte Gastrin ausrechnen, so ist es - jedenfalls in unseren Fällen - nicht signifikant
höher als bei den Normalen. Ich meine also, daß es im Wesentlichen
die fehlende Säure ist, die den Basalwert hochschiebt, und darauf pfropft
sich dann das stimulierte Gastrin auf. Dafür spricht z.B., daß bei unseren Patienten in den Stimulationstests nach verschiedenen Formen der
Vagotomie eine ganz gute Parallelität zur Komplettität - wie es die
Chirurgen nennen - der Vagotomie vorhanden ist. D.h. wenn wir überhaupt keine Säure mehr haben, dann ist der Gastrin-Spiegel signifikant

---

◄ Abb. 1. Auswirkung der Vagotomie auf das Verhalten des Serum-
Gastrins nach Testmahlzeit. ■ ——— ■ Magenteilresektion nach BILL-
ROTH II und trunculäre Vagotomie. □ – – – –□ Magenteilresektion nach
BILLROTH II (nach HANSKY, J., and KORMAN, M.G.: In: SIRCUS, W.
(Ed.), Clinics in Gastroenterology. Vol. 2/2. London-Philadelphia- Toronto:
Saunders 1973.

höher als bei denen, bei denen die Vagotomie nicht optimal gelungen ist,
d. h. bei denen noch etwas Säure sezerniert wird. Aber dazu kommt
natürlich das Problem, wieweit der Insulin-Test überhaupt ein echter
Vagus-Test ist, und wie Insulin überhaupt eine Gastrin-Freisetzung bewirkt. Da gibt es ja alle möglichen Ansichten, daß es nicht nur über den
Vagus läuft.

HAUSAMEN:
Mein Hauptargument gegen die Säure-Theorie ist, daß wir nach Perfusion
des Magens mit Bicarbonatlösung niemals einen Anstieg des Serumgastrins
beobachtet haben. Wir haben dabei den intragastrischen pH-Wert mit
einer Elektrode gemessen, so daß wir sicher waren, daß im Magen eine
alkalische Reaktion herrschte. Ein alkalisches Milieu im Antrum stellt
also keinen Reiz für die Gastrin-Freisetzung dar.

NOCKE-FINCK:
Ich möchte gerne noch einmal von der Klinik auf die Klinische Chemie
zurückführen. Für mich war es heute ein wesentlicher Punkt zu erfahren,
wie man sich zu der Bestimmung des Gastrins mit den Testkits stellt.
Herr BECKERHOFF hat die schöne Paralleluntersuchung seines eigenen
Antikörpers mit den Testkits gezeigt. Das ist doch für die Klinische
Chemie ein ganz wesentlicher Faktor und betrifft uns alle, die wir irgend-
wann einmal gezwungen sind, Gastrin zu bestimmen. Ich selbst war es
nur in einem ganz begrenzten Rahmen einer bestimmten Fragestellung.
Vielleicht haben die Experten darüber ein paar Worte zu sagen?

HAUSAMEN:
Da wir ein eigenes Antiserum hatten, bestand für uns keine Notwendigkeit für ausgedehnte Vergleichsuntersuchungen. Wir haben uns einmal einen
Testkit gekauft und die Eichkurven verglichen. Der Testkit schien von
dieser Seite her verwendbar.

NOCKE-FINCK:
War es der Sorin-Kit?

HAUSAMEN:
Ja. Das markierte Gastrin hatte gute immunologische Eigenschaften, und
auch die Eichkurve war empfindlich genug, so daß man Gastrin-Bestimmungen in den notwendigen Bereichen durchführen kann.

CREUTZFELDT:
Wir haben den Testkit einmal probeweise mit unseren Werten verglichen.
Ich würde sagen, bei extrem hohen Gastrin-Werten kann man den Kit als
Screeningtest benutzen, sobald man aber quantitative Analysen z. B. bei
Stimulationstests macht, wird die Sache schon problematisch, und wir
arbeiten ungern mit diesen Kits, weil sie von Charge zu Charge so stark
schwanken, daß man damit nicht viel anfangen kann. Aber man muß sich
anhand dieses Beispiels auch fragen, wieweit es sinnvoll ist, daß sich
jetzt zahlreiche Labors eine eigene Gastrin-Bestimmung aufbauen. Denn
das ZOLLINGER-ELLISON-Syndrom, welches die einzige Krankheit ist,

die wir mit diesem Test feststellen können, ist nun einmal eine sehr
seltene Erkrankung. Wenn man nur einmal von den Verdachtsfällen aus-
geht, so kommen ein paar tausend Seren im Jahr für die ganze Bundesrepublik zusammen, und diese wenigen tausend Seren pro Jahr kann jedes
Labor, das wissenschaftlich arbeitet, nebenbei durchziehen.

NOCKE-FINCK:
Das war nicht meine Fragestellung. Ich arbeite nicht über das ZOLLIN-
GER-ELLISON-Syndrom und klinische Fragestellungen, sondern an Tier-
versuchen, und ich möchte gerne wissen, wie die Kriterien für die Ver-
wendbarkeit des Kits sind. Ich habe keinen eigenen Antikörper entwickelt
und kann dafür auch keine Zeit investieren. Es müßte doch eigentlich
möglich sein zu sagen, ob die Kits brauchbar oder nicht brauchbar sind.
Ich kann es nicht beurteilen, weil ich keine Erfahrung habe.

CREUTZFELDT:
Für Tierversuche sind sie nicht brauchbar, denn wenn Sie Tierversuche
machen, wollen Sie besonders exakte Aussagen haben!

NOCKE-FINCK:
Warum sind sie nicht brauchbar?

CREUTZFELDT:
Weil man für jeden Kit erst einmal Normalwerte und Streubreiten fest-
legen muß.

NOCKE-FINCK:
Wenn es sich um dynamische Studien handelt, dürfte das doch keine
Rolle spielen!

VETTER:
Wir haben in Zürich mit dem Sorin-Kit, den ich mit einem Kollegen
zusammen in der Chirurgie verwendet habe, Erfahrungen über 1 1/2
Jahre. Wie ich im Augenblick sehe, scheinen die Ergebnisse relativ
zuverlässig zu sein. Ich meine, es ist ja auch impraktikabel, von Zürich
nach Göttingen Material zu schicken, dann 6 Monate zu warten, bis man
Ergebnisse erhält. Dazu kommen die schwierigen und aufwendigen Versandbedingungen usw.

DWENGER:
Um Frau NOCKE-FINCK's Frage zu beantworten: Sie können sich einen
Kit kaufen und können damit auch die Bestimmung machen, aber was
Sie messen, können Sie nicht sagen.

Zwischenruf:
Das steht doch auf dem Kit! (Heiterkeit)

NOCKE-FINCK:
Das können Sie dann aber bei jedem Kit behaupten!

DWENGER:
Sie machen eine Eichkurve und in diese Eichkurve setzen Sie einen
Standard ein, der Ihnen mitgeliefert wird. Das ist im allgemeinen das
synthetische 1-17-Gastrin. Was Sie aber im Serum messen, hängt ja vom
Antikörper ab, der auch in dem Kit ist, und zwar von der Reaktivität des
jeweiligen Antigens in der Probe gegenüber diesem Antikörper, der nur
gegen ein bestimmtes Gastrin-Molekül erzeugt worden ist.

NOCKE-FINCK:
Meine Frage ging ja nur dahin: Kann mir jemand sagen, ist dieser Kit
brauchbar oder nicht?

DWENGER:
Ich denke, daß die Fragestellung modifiziert werden muß. Sie können
natürlich damit Gastrin-Konzentrationen messen. Aber Sie wissen nicht,
in welchem Ausmaß Sie die einzelnen Gastrin-Komponenten erfassen.
Wie Herr HAUSAMEN sagte, gibt es mehrere Gastrine. Und für jedes
dieser Gastrine wird es auch einen mehr oder weniger spezifischen
Antikörper geben. Solange ein Gastrin-Kit nicht deklariert, in welcher
Relation die einzelnen Gastrin-Komponenten erfaßt werden, ist er nur
bedingt brauchbar.

RICK:
Wir sollten die Anregungen von Frau NOCKE-FINCK unbedingt aufgreifen
und uns über Kriterien klar werden, nach denen wir solche Reagentien-
packungen beurteilen können. Nach den in der Klinischen Chemie üblichen
Kriterien sind zu prüfen die Empfindlichkeit, die Reproduzierbarkeit,
die Spezifität; auch die Stabilität des Standards gehört hierher. Der in
der Packung enthaltene Standard sollte mit einem selbst eingewogenen
Präparat verglichen werden. Man sollte weiter versuchen nachzuweisen,
daß die Substanz, die man im Serum mißt, in ihren Eigenschaften dem
Standard entspricht. Eine einfache Versuchsanordnung besteht darin, daß
man verschiedene Verdünnungen eines hochaktiven Serums einsetzt. Diese
Ergebnisse müssen sich mit einer Standardeichkurve zur Deckung bringen
lassen. Damit ist das Problem der Richtigkeit natürlich nicht gelöst,
aber angesprochen. Diese Untersuchungen, die man tatsächlich mit relativ
geringem Aufwand machen kann, sind dann mit den Angaben des Herstellers zu vergleichen. Schließlich ist es dringend notwendig, jede Methode
von vornherein einer ganz strengen Qualitätskontrolle zu unterwerfen.
Ich habe kürzlich in Düsseldorf darauf hingewiesen, als es um das Glukagon ging. Es kann ja offenbar bisher nur der das Glukagon bestimmen,
der das Antiserum von Herrn UNGER benutzt. Dabei sollten Kontrollproben mitversandt werden, mit denen man den Test zuverlässig aufbauen kann. Das wurde aber leider bisher nicht gemacht unter Hinweis
darauf, daß das Glukagon nicht stabil sei; wenn aber das Glukagon im
Serum nicht stabil ist, steht der ganze Test auf einer sehr schwachen
Grundlage. Im Ganzen sehe ich eine sehr wichtige Aufgabe für unsere
Gesellschaft darin, Kriterien zur Beurteilung von Testpackungen festzulegen.

NOCKE-FINCK:
Ich habe noch eine Frage: Paralleluntersuchungen mit Serum, mit Heparin-Plasma und mit EDTA-Plasma. Wir haben bei EDTA-Plasma, Heparin-Plasma und Serum identische Werte gefunden. Können Sie diese Beobachtung bestätigen? Beim Hund kann man ja schlecht mit Serum arbeiten, weil es stark hämolytisch ist.

HAUSAMEN:
Bei der Doppelantikörper-Methode hat EDTA einen Effekt (McGUIGAN et al.: Gastroenterology 58, 139 (1970)). Mir ist nicht bekannt, daß dies auch bei Verwendung des Ionenaustauschers Amberlite zutrifft. Ich habe in meinem Referat darauf hingewiesen, daß bei Verwendung von Amberlite CG 400 Störungen durch die Verwendung von heparinisiertem Plasma auftreten können.

DWENGER:
Im Vortrag von Herrn HAUSAMEN klang das Problem der Normbereiche für das Gastrin an. Wenn man sich die Normbereiche für Gastrin in der Literatur ansieht, hat es sich auf einen Bereich um 200 pg/ml eingependelt, aber Sie finden Angaben von 50 - 2 000 pg/ml. Dabei taucht die Frage auf, daß das eigentlich keine methodischen Fehler mehr sein können.

HAUSAMEN:
Ich weiß im Augenblick nicht, auf wen Sie den Wert von 2 000 pg/ml beziehen, aber das ist wahrscheinlich die Arbeitsgruppe von YOUNG und LAZARUS. Diese Autoren verwenden ein Antiserum gegen das C-terminale Tetrapeptid, das mit Sicherheit das Cholecystokinin-Pankreozymin mitmißt. Diese Angaben muß man ganz herausnehmen. Dann kann man doch sagen, daß die Normbereiche der meisten Arbeitsgruppen heute unter 200 pg/ml liegen.

LAUE:
Ich wollte noch einmal die Forderungen von Herrn RICK unterstützen, daß wir Prüfkriterien und Prüfverfahren für die Antiseren, die Standards, die Radiopharmaka und alle diejenigen Reagentien, die bei quantitativen Hormonanalysen benutzt werden, dringend benötigen.

DENGLER:
Ich verstehe die Diskussion nicht ganz. Ich stelle es einmal in Vergleich zum Digoxin: Hier habe ich etwas, was ich wiegen kann, und hier habe ich etwas, was ich mit einer anderen Methode bestimmen kann. Herr HAUSAMEN hat gesagt, monovalente Antikörper sind Zukunftsmusik. Das heißt, es gibt die Gruppe von Herrn CREUTZFELDT, die mißt richtig und die Gruppe von Herrn HAUSAMEN, die mißt mit einem anderen Antikörper auch richtig. Wieso kann man jetzt behaupten, ein Kit ist schlecht? Ich meine, wir haben ja überhaupt noch keinen richtigen Test, gegen den wir den Kit vergleichen können.

NOCKE-FINCK:
Das war ja meine Frage!

HAUSAMEN:

Gegen den Kit wurde einmal eingewandt, daß man nicht weiß, welche
Spezifität das Antiserum besitzt. Nach meinen Erfahrungen mit der Firma
Sorin, die den Digoxin- und Digitoxin-Kit betreffen, liefert sie überhaupt
keine Informationen, weder über Normbereiche noch über die Spezifität
des Antiserums. Auch die Testbedingungen sind nicht optimal. Der zweite
Einwand ist der, daß die Schwankungen von Kit zu Kit zu groß sind.
Diesen Einwand hat Herr VETTER ausgeräumt, indem er sagte, er hat
1 1/2 Jahre mit dem Gastrin-Kit gearbeitet und gut reproduzierbare
Ergebnisse erhalten. Die Frage der Spezifität bleibt dann aber immer
noch ungelöst. Grundsätzlich sollte der Hersteller zur Charakterisierung
der Qualität seines Produktes Angaben über die Kriterien liefern, die
nach BORTH (1952) die Qualität eines Hormonassays bestimmen, nämlich
die Richtigkeit, Genauigkeit, Spezifität und Empfindlichkeit. Man kann
nicht verlangen, daß wissenschaftliche Speziallaboratorien diese Arbeiten,
die in den Bereich der Sorgfaltspflicht des Herstellers fallen, durchführen.
Die Forderungen von Herrn RICK nach einer Aktion der Deutschen Gesellschaft für Klinische Chemie in dieser Richtung muß man entschieden unterstützen.

Immunologische Bestimmung von Insulin

G. Löffler

Die radioimmunologische Insulin-Bestimmung wurde 1959 von YALOW
und BERSON (1) beschrieben und ist damit die erste radioimmunologische
Hormonbestimmung, die in großem Umfange eingeführt und verwendet
wurde. Die radioimmunologische Insulin-Bestimmung ergab die Möglichkeit, dieses sehr stoffwechselaktive Hormon mit befriedigender Genauigkeit und Spezifität im Serum zu bestimmen und eröffnete damit der Diabetologie und der Endokrinologie ein ganz neues Feld. Zusätzlich wurden
mit dieser ersten radioimmunologischen Hormonbestimmung auch andere
Bereiche der Endokrinologie beflügelt, so daß es zur Entwicklung der
großen Zahl von Methoden kam, über die wir heute verfügen. Es ist klar,
daß sich nach der erstmaligen Beschreibung der radioimmunologischen
Insulin-Bestimmung sofort eine Vielzahl von Arbeitsgruppen auf dieses
Verfahren stürzte. Sehr bald stellte sich heraus, daß die erste Vorschrift
den Anforderungen nicht genügen konnte. Dies läßt sich immer leicht
erkennen, wenn für eine Bestimmung eine ständig wachsende Zahl methodischer Varianten beschrieben wird.

Methodik

Tab. 1 soll keinen Anspruch auf Vollständigkeit erheben und zeigt die
häufig beschriebenen Varianten der Inkubationsbedingungen für die radioimmunologische Insulin-Bestimmung (2). Das für die Inkubation verwendete pH schwankt zwischen 7,1 und 8,6, es werden Phosphat- und Bar-
bital-Puffer verwendet. Die Inkubationszeit zur Einstellung des Gleichgewichtes der Antigen-Antikörper-Reaktion variiert zwischen 2 Stunden
bei 37 $^{\circ}$C und 60 Stunden bei 4 $^{\circ}$C. Einige Autoren führen eine Vorinkubation des nicht markierten Hormons mit dem Antikörper durch und
setzen in einer Hauptinkubation das markierte Hormon zu. Temperaturen
zwischen 4 $^{\circ}$C und 37 $^{\circ}$C sind für die radioimmunologische Insulin-Bestimmung beschrieben worden.

Tab. 1. Inkubationsbedingungen für die radioimmunologische Insulin-Bestimmung (LÖFFLER und WEISS (2)).

Puffer	Vorinku-bation (Std)	Tempe-ratur	Hauptinku-bation (Std)	Tempe-ratur
Borat, pH 8	keine		48	4 °C
Phosphat, pH 7,4	keine		24	4 °C
Phosphat, pH 7,5	keine		18	4 °C
Phosphat, pH 7,4	keine		12-16	Raumtemp.
Barbital, pH 8,6	keine		60	4 °C
Phosphat, pH 7,1	1	36 °C	0,5	Raumtemp.
Barbital, pH 8,6	keine		24	4 °C
Phosphat, pH 7,4	keine		24	4 °C
Phosphat, pH 7,4	6	4 °C	16	4 °C
Barbital, pH 7,4	keine		2	37 °C
Barbital, pH 7,4	3	37 °C	12-16	37 °C
Barbital, pH 8,6	keine		48	4 °C

Die Vielzahl der methodischen Variationsmöglichkeiten, die alle von ihren Beschreibern das Prädikat "befriedigend" bekommen haben, wird noch wesentlich größer, wenn wir die Methoden betrachten, die sich mit der Trennung des freien und des am Antikörper gebundenen Hormons beschäftigen; Tab. 2 faßt die wichtigsten Verfahren zusammen (2).

Tab. 2. Verfahren zur Trennung von freiem und antikörpergebundenem Insulin (LÖFFLER und WEISS (2)).

Verfahren	Messung von
Chromatoelektrophorese	B + F
Gelfiltration	B + F
Salzfällung mit Natriumsulfat	F
Alkoholfällung	F
Fällung mit Anti-γ-Globulinserum	F
Adsorption an Anionenaustauscher Amberlite C G 400 I	F
Adsorption an Cellulose	F
Adsorption an dextranbeschichtete Aktivkohle	F
Adsorption von Antikörpern an Gefäßwand	B (Festphase)
Adsorption von Antikörpern an Sephadex	B (Festphase)
B = Antikörpergebundenes Radioinsulin	
F = Freies Radioinsulin	

Von YALOW und BERSON (1) ist die Chromatoelektrophorese eingeführt
worden, bei der das gebundene und das freie Hormon gemessen wurde.
Dieses Verfahren ist außerordentlich zeitaufwendig und wird deswegen
heute kaum noch verwendet. Daneben wurde Gelfiltration an Sephadex,
Salzfällung, Alkoholfällung sowie Fällungen mit Anti-γ-Globulin-Seren
beschrieben. Die Doppelantikörper-Methode hat in weitem Umfang Verwendung gefunden, daneben auch eine Vielzahl von Verfahren, bei denen eine
Adsorption des freien Hormons an verschiedene Träger wie Anionenaus-
tauscher, Cellulose, Aktivkohle usw. durchgeführt wird. Die unterschiedlichen Bestimmungsverfahren haben offensichtlich ihre für das jeweilige
Laboratorium zugeschneiderten Vorteile und lassen sich nicht generell
in jedem Laboratorium verwenden. Dies erklärt die Tatsache, daß die
bisher durchgeführten Ringversuche und Versuche zur Qualitätskontrolle
der radioimmunologischen Insulin-Bestimmung unbefriedigende Ergebnisse
erbracht haben. Eine Untersuchung, welche Variablen in der Insulin-
Bestimmung besonders kritische Fehlerquellen darstellen, erscheint
jedenfalls lohnend.

Probenvorbereitung

Eine wichtige Variable ist die Probenaufbereitung. Insulin in Mineralsalz-
lösungen, wie es z. B. bei Studien über die Insulin-Freisetzung von Pan-
kreaspräparaten auftritt, wird an der Oberfläche von Kunststoffen und
Glas adsorbiert. Diese Adsorption kann durch Zugabe von Albumin zur
Probe weitgehend verhindert werden. Insulin in Serum oder Plasma zeigt
diese Eigenschaft nicht. Insulin ist aber ein relativ labiles Hormon.
Selbst bei - 20 ^{o}C erfolgt bei Lagerung über 18 Monate ein 50%iger
Abfall der Insulin-Konzentration im Serum, wie aus Tab. 3 ersichtlich
(3). Erwärmen der Serumprobe auf Temperaturen über 50 ^{o}C führt zum
Verlust des darin enthaltenen Insulins. Mehrfaches Einfrieren und Auf-
tauen hat eine ähnliche Wirkung. Es kommt also darauf an, die insulin-
haltige Probe möglichst rasch zur Bestimmung zu bringen. Wichtig ist,
daß in Erythrocyten ein proteolytisches Enzym enthalten ist, das Insulin
außerordentlich rasch zerstört, so daß also schon geringste Hämolyse
die Zuverlässigkeit der Insulin-Bestimmung im Serum stark herabsetzt.

Antigen

Die nächste Variable, die die immunologische Insulin-Bestimmung beeinflussen kann, ist die zweite Komponente der Antigen-Antikörper-Reaktion,
nämlich das verwendete Standard-Insulin. Es ist heute klar, daß nach
Möglichkeit nur homologes Standardinsulin für die Bestimmung verwendet
werden sollte, also Humaninsulin. Trotz dieser Forderung sollte beachtet werden, daß auch Humaninsuline desselben Herstellers aus verschiedenen Chargen am selben Antikörper durchaus verschiedene Bindungs-

Tab. 3. Stabilität von Insulin in Serum und Plasma während längerer Lagerung (FELDMAN und CHAPMAN (3)).

	Serum	Plasma
	Microunits of Insulin/ml	
18 months		
Initial content	33 ± 10,6	33 ± 10,9
Final content	16 ± 5,5	16 ± 5,7
Decrease	59 ± 5,0%	57 ± 6,9%
28 months		
Initial content	36 ± 5,5	30 ± 4,9
Final content	8 ± 1,8	9 ± 2,1
Decrease	74 ± 3,6%	76 ± 3,3%
17 serum-plasma pairs were studied at 18 months and 24 pairs at 28 months. There were no significant differences in the insulin concentration of serum and plasma during initial or final analysis.		

eigenschaften zeigen können. So wurde kürzlich beschrieben, daß zwei Standard-Humaninsulin-Präparationen eines Herstellers bis zu 50% unterschiedliche Bindung am gleichen Antikörper zeigten, daß also eine große Variation nur durch Wechsel der Standardinsulin-Charge auftreten kann.

Für das Radioinsulin kommen heute im wesentlichen nur [125]J-markierte Insuline zum Gebrauch. Das häufigste Markierungsverfahren ist das nach GREENWOOD et al. (4), daneben sind auch Markierungen mit Jodmonochlorid beschrieben worden, die aber im allgemeinen zu geringeren spezifischen Aktivitäten führen. Man muß etwa eine Markierung von 100 mCi/µg Insulin erreichen, um eine für die Insulin-Bestimmung im Plasma ausreichende Empfindlichkeit zu gewährleisten. Durch die Radiomarkierung wird Insulin noch labiler. Es kommt zur Radiolyse, und das Radioinsulin-Präparat muß durch gelegentliche Reinigung über Sephadex G-75 oder über Biogel P-60 von Zerfallsprodukten gereinigt werden.

Antikörper

Die vielleicht kritischste Variable ist der Insulin-Antikörper. Im allgemeinen werden Antikörper gegen Schweineinsulin verwendet, die im Meerschweinchen erzeugt werden. Es gibt viele käufliche Insulin-Antikörper guter Qualität. Die Spezifität gegenüber anderen Proteohormonen ist sehr groß. Eine praktisch allen Insulin-Antikörper-Präparationen gemeinsame Eigenschaft ist die Kreuzreaktion mit Proinsulin. Abb. 1 zeigt dies anhand einer Darstellung von RUBENSTEIN et al. (5).

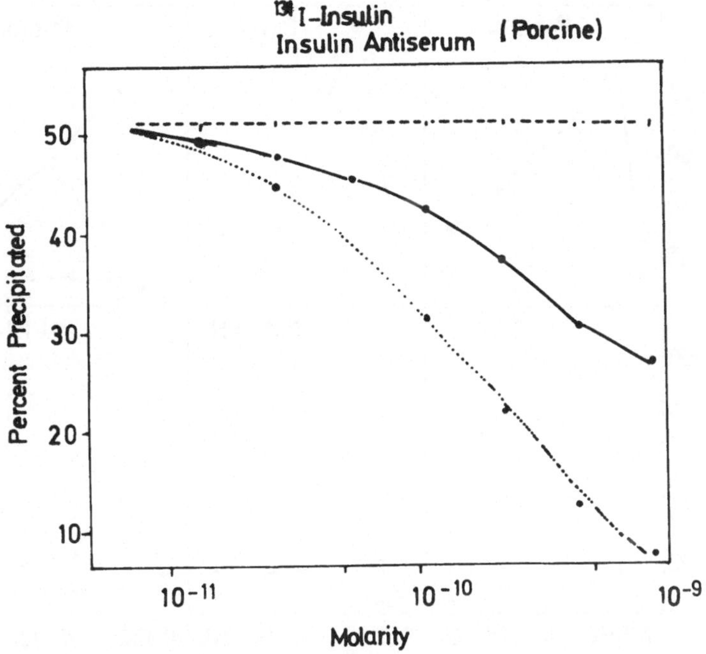

Abb. 1. Reaktion von Schweineinsulin-Antiserum
mit verschiedenen Insulin-Strukturen.
●·····● Insulin. ●——● Proinsulin.
●-----● C-Peptid. (RUBENSTEIN et al. (5)).

Die untere Kurve stellt die Reaktion eines Schweineinsulin-Antiserums
mit Insulin dar, die dick ausgezogene Kurve die Reaktion mit Proinsulin,
während das C-Peptid keine Reaktion zeigt. Es ist klar, daß durch diese
Kreuzreaktion die Richtigkeit von Insulin-Bestimmungen beeinflußt werden
kann, wenn der Gehalt der Serumprobe an Proinsulin relativ hoch ist.
Daß dies so sein kann, ist bei Insulinomen gezeigt worden. Auch bei
Normalpersonen kann, wenigstens im Nüchternserum, der Proinsulin-
Gehalt bis zu 30% betragen. In Abb. 2 ist das Verhalten des Insulins
und des Proinsulins im Verlauf einer Glucose-Belastung dargestellt (6).
Die Proinsulin-Sekretion nimmt im Vergleich zur Insulin-Sekretion nur
geringfügig zu, d. h. auf dem Höhepunkt der Insulin-Sekretion ist die
Verunreinigung mit Proinsulin relativ gering, im Nüchternserum werden
aber teilweise beträchtliche Anteile an Proinsulin gefunden, die die Richtigkeit der Insulin-Bestimmung mit Sicherheit beeinflussen dürften.

Auswertung

Eine weitere Variable, die die Reproduzierbarkeit und Genauigkeit der Insulin-Bestimmung beeinflußt, sind neben den im Test eingesetzten Reagen-

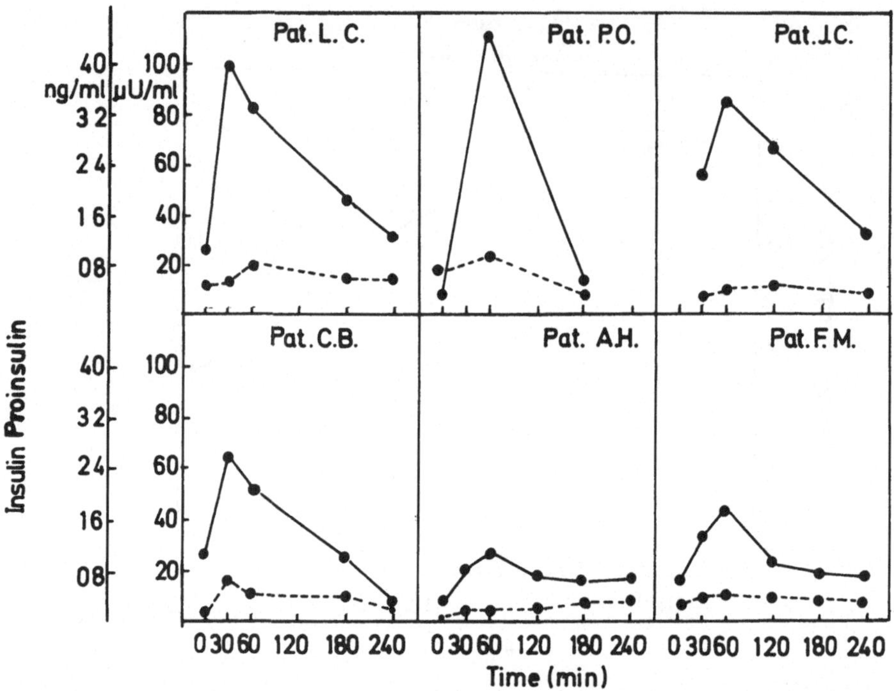

Abb. 2. Verhalten von Insulin und Proinsulin während Glucose-
belastung. ● —— ● Insulin. ● ----- ● Proinsulin. (MELANI
et al. (6)).

tien und Antikörpern - wie schon von Herrn SCRIBA angesprochen wurde -
die verschiedenen Auswerteverfahren. Abb. 3 ist eine Darstellung einer
Insulin-Eichkurve nach den heute gängigen Auswerteverfahren (2). Oben
links ist das frühere Verfahren dargestellt: Auftragung der prozentualen
Bindung linear gegen die Anzahl der Mikroeinheiten im Ansatz. Es ist
klar, daß aus dieser Kurve nur von Hand abgelesen werden kann, ein
zeitraubendes und mit einem individuellen Fehler behaftetes Verfahren.
Oben rechts ist die Insulin-Konzentration im logarithmischen Maßstab
aufgetragen; es ergibt sich eine S-förmige Abhängigkeit. Aus dieser Kurve
wird nach dem von Herrn SCRIBA schon besprochenen Spline-Algorithmus
gerechnet. Die Verwendung des Spline-Algorithmus setzt das Vorhandensein einer leistungsfähigen Rechenanlage voraus, denn die Kurve wird in
eine Anzahl von Einzelstufen zerlegt, die jeweils nach einer Funktion
dritten Grades aufgelöst werden, wobei durch spezielle Rechentricks
dafür gesorgt wird, daß die einzelnen Kurvenabschnitte stetig ineinander
übergehen. Im unteren Teil der Abbildung sind die Linearisierungsver-
fahren dargestellt: links mit Verwendung eines hyperbolischen Maßstabs
und rechts das heute am meisten angewandte Logit-Verfahren. Die Line-
arität ist im allgemeinen im mittleren Teil der Eichkurve gut gewährleistet, aber die Werte im oberen und im unteren Teil der Kurve können
mit beträchtlichen Fehlern belastet sein.

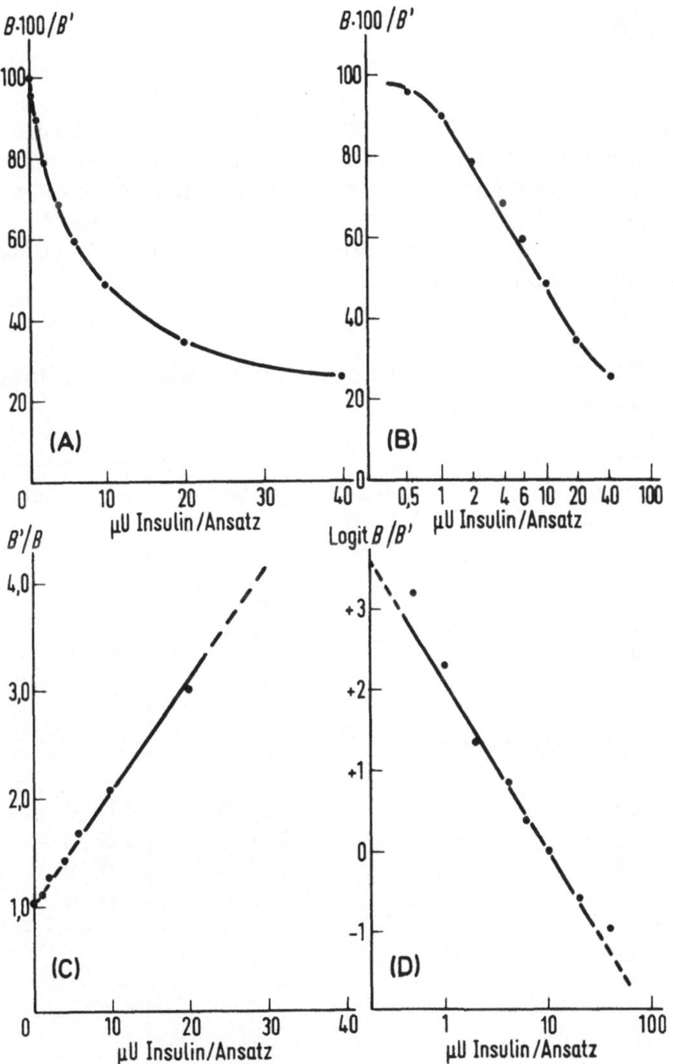

Abb. 3. Möglichkeiten zur graphischen Auswertung der Insulin-Eichkurve. A = prozentuale Bindung gegen Insulin-Konzentration linear. B = prozentuale Bindung gegen Insulin-Konzentration logarithmisch. C = Linearisierung nach einer Hyperbel-Funktion. D = Logit-Transformation (LÖFFLER und WEISS (2)).

Reproduzierbarkeit

Nun möchte ich zu Daten über die Reproduzierbarkeit der Insulin-Bestimmung kommen. Zunächst zu Daten über die Reproduzierbarkeit unter Verwendung einer einheitlichen Bestimmungstechnik. Wir haben hierzu die Trennung des freien vom antikörpergebundenen Hormon mit Dextran-beschichteter Aktivkohle durchgeführt. Tab. 4 enthält die Ergebnisse von Wiederfindungsversuchen (2). Im Mittel werden zwischen 90 und 93% des zugesetzten Insulins wiedergefunden.

Tab. 4. Wiederfindung von Insulin im Serum von Normalpersonen (LÖFFLER und WEISS (2)).

Versuch Nr.	ohne Zusatz (μU/ml)	zugesetzt (μU/ml)	gefunden	erwartet	%
1	15,4	20	30,1	35,4	85
2	22,3	20	38,2	42,3	90
3	40,9	20	56,0	60,9	92
4	18,4	20	34,2	38,4	89
Wiedergefunden im Mittel					89
5	15,4	100	113,0	115,4	98
6	22,3	100	111,3	122,3	91
7	40,9	100	127,0	140,9	90
8	18,4	100	111,0	118,4	93
Wiedergefunden im Mittel					93

Tab. 5 zeigt das Ergebnis von Wiederholungsbestimmungen in Serie und von Tag zu Tag. Zugrundegelegt haben wir ein Fastenserum, das von einem Probanden nach 60-stündigem Fasten entnommen wurde und dem wir Insulin in den angegebenen Konzentrationen zugesetzt haben. Auch nach 60-stündigem Fasten war offensichtlich immer noch eine gewisse Menge Insulin im Serum enthalten. Die Variationskoeffizienten lagen bei der Bestimmung in Serie zwischen 8,4 und 10,5%, bei der Bestimmung von Tag zu Tag zwischen 8,7 und 13,2%. Es ist aber zu beachten, daß diese Serie unter Beibehaltung einer Charge von Antikörper, einer Charge von Radioinsulin und derselben Charge von Aktivkohle und Dextran durchgeführt wurde, also unter idealen Bedingungen, wie sie bei Untersuchungen über einen längeren Zeitraum nicht eingehalten werden können. In diesem Falle steigt der Variationskoeffizient auf Werte von etwa 15%.

Tab. 5. Wiederfindung von Insulin nach Zusatz zu Fastenserum (LÖFFLER und WEISS, 1975).

Soll		15	50	120	$\mu\,U/ml$
Gefunden:					
In Serie	$\overline{X}$	21,5	54,1	113,1	$\mu\,U/ml$
	N	10	10	10	
	S_D	1,8	5,0	11,9	$\mu\,U/ml$
	V_K	8,4	9,4	10,5	%
Von Tag					
zu Tag	$\overline{X}$	21,6	53,4	119,5	$\mu\,U/ml$
	N	15	16	15	
	S_D	1,9	7,1	14,7	$\mu\,U/ml$
	V_K	8,7	13,2	12,3	%

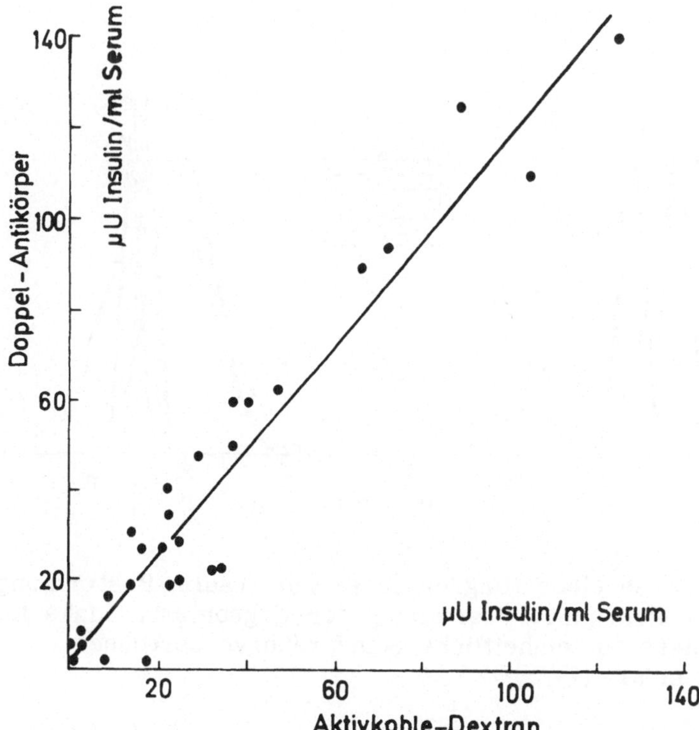

Abb. 4. Vergleich von zwei Varianten der Insulin-Bestimmung. Abszisse: Aktivkohle-Dextran-Trennung. Ordinate: Doppelantikörper-Methode.
$y = 1,198\ x + 1,36;\ r = 0,965.$ (TRAUTSCHOLD et al., zit. in (2)).

Wie steht es mit der Variabilität von Insulin-Bestimmungen, wenn verschiedene Verfahren miteinander verglichen werden? Abb. 4 zeigt den Vergleich zwischen der Insulin-Bestimmung bei Trennung des antikörpergebundenen vom freien Insulin mit Aktivkohle-Dextran gegenüber dem Doppelantikörper-Verfahren (2). Es ist eine sehr befriedigende Übereinstimmung der beiden Verfahren zu erreichen.

Ringversuche

Viel schwieriger ist es jedoch, wenn man unterschiedliche Methoden innerhalb verschiedener Laboratorien miteinander vergleicht. In den letzten Jahren ist über eine Reihe von Ringversuchen berichtet worden, die zu sehr unbefriedigenden Ergebnissen geführt haben. In der Bundesrepublik sind derartige Ringversuche von Herrn OTTO bzw. Herrn SCRIBA durchgeführt worden; die Variationen innerhalb der einzelnen Laboratorien lagen zwischen 28 und 40%. Abb. 5 zeigt anhand des Ergebnisses des Ringversuches von Herrn SCRIBA (7) die Variation innerhalb der verschiedenen Laboratorien. Diese Darstellung zeigt vielleicht eine Möglichkeit auf, wie die Streuung verringert werden kann.

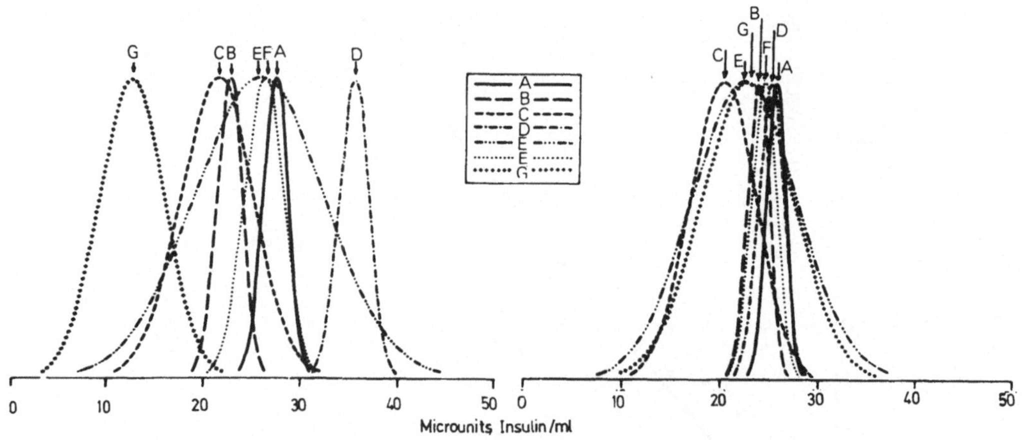

Abb. 5. Ergebnisse eines Ringversuches zur Insulin-Bestimmung. Rechte Kurvenschar: unkorrigierte Verteilung der Ergebnisse. Linke Kurvenschar: Ergebnisse auf einheitliche Standardkurve berechnet.
(MARSCHNER et al. (7)).

Es nahmen 7 Laboratorien am Ringversuch teil, die Insulin-Proben mehrfach bestimmen mußten. Jede Insulin-Probe wurde als Neunfachbestimmung analysiert und aus der Streuung eine GAUSSsche Verteilungskurve konstruiert. Der Variationskoeffizient innerhalb der verschiedenen Laboratorien betrug 28%, ein außerordentlich schlechtes Ergebnis (linke Seite der Abb.). Berechnete man allerdings die von den verschiedenen Laboratorien ermittelten Werte auf eine einheitliche, mitgelieferte Standardkurve, bei der Insulin in einem Nüchternserum mit sehr geringer Insulin-Konzentration gelöst war, ergab sich eine wesentliche Verbesserung der Werte (rechte Seite der Abb.). Der Variationskoeffizient innerhalb der einzelnen Laboratorien betrug nur noch 8%. Die Autoren schlossen aus dem Ergebnis dieses Ringversuches, daß es im Prinzip nicht so sehr darauf ankommt, welche Variante der Insulin-Bestimmung in einem Laboratorium verwendet wird, sondern daß ein einheitliches Standardpräparat verwendet wird.

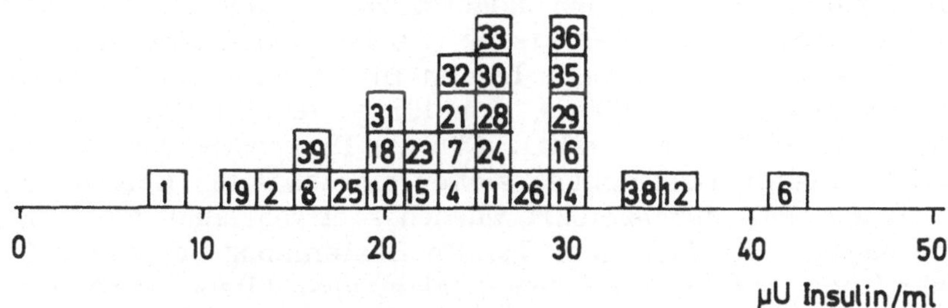

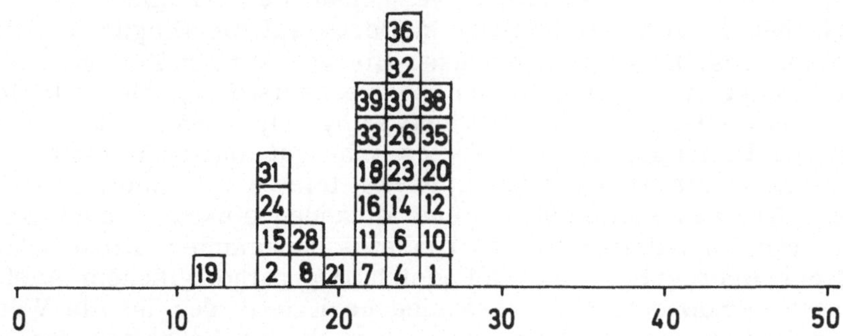

Abb. 6. Ergebnisse eines Ringversuches zur Insulin- Bestimmung (SCRIBA (8)).

Abb. 6 zeigt einen weiteren Ringversuch von Herrn SCRIBA (8). Dieser wurde mit wesentlich mehr Teilnehmern durchgeführt, es waren insgesamt 39 Laboratorien. Im oberen Teil der Abbildung sind die von den einzelnen Laboratorien anhand der laboreigenen Standardkurve ermittelten Werte eines Pool-Serums aufgetragen, und man erkennt wieder die große Streubreite. Im unteren Teil der Abbildung sieht man, wie wesentlich sich das Ergebnis verbessert, wenn auf einer einheitlichen Standardkurve

abgelesen wird. Auffallend ist, daß Ausreißer nach unten oder nach oben,
wie Laboratorium 1 oder Laboratorium 6, sich dann mitten in oder am
anderen Ende der Verteilung finden. Aus diesem Ergebnis sollte man
ableiten, daß es unser Bestreben sein müßte, zu einheitlichen Standard-
werten im Rahmen der Insulin-Bestimmung zu kommen.

Diagnostische Signifikanz

Zum Schluß meiner Ausführungen soll noch etwas über die allgemeine
Bedeutung der Insulin-Bestimmung im Rahmen der klinisch-chemischen
Diagnostik gesagt werden. Es kann gar keinen Zweifel geben, daß die
Insulin-Bestimmung für wissenschaftliche Zwecke eine große Bedeutung
hat. Sie hat wesentlich zu unserem Verständnis der Steuerung des Inter-
mediärstoffwechsels des Menschen beigetragen und uns die verschiedenen
Diabetes-Typen besser verstehen lassen. Es ist jedoch eine ganz andere
Frage, ob die radioimmunologische Insulin-Bestimmung im Rahmen eines
klinisch-chemischen Laboratoriums, d. h. für akute klinische Fragestellungen, eine große Bedeutung besitzt. Für die Diagnostik von Inselzell-
tumoren ist die Insulin-Bestimmung sicher ein absolutes Erfordernis
und muß in jedem Fall durchgeführt werden - obwohl auch hier zu sagen
ist, daß der negative Ausfall einer Insulin-Bestimmung bei Verdacht auf
ein Inselzelladenom ein Inselzelladenom nicht ausschließt, wenn nur eine
einzige Belastungsprobe durchgeführt wurde.

Viel schwieriger wird das Problem, wenn man die Wertigkeit der radioimmunologischen Insulin-Bestimmung in Bezug auf die Diagnostik und
Klassifizierung des Diabetes untersucht. Bis vor kurzer Zeit galt, daß
für die Diagnostik einer diabetischen Stoffwechselstörung die radioimmunologische Insulin-Bestimmung nicht notwendig ist, sondern daß die Klassifizierung und Einteilung eines Diabetes sehr gut aus dem Ausfall der
Glucose-Toleranztests erfolgen kann. In der letzten Zeit wurde darauf
hingewiesen, daß man vielleicht weitere Methoden einsetzen muß, um zu
einer genaueren Klassifizierung des Diabetes zu kommen. Diese Ansicht
beruht auf der Beobachtung, daß bei gleichartig pathologischem Ausfall
des Glucose-Toleranztests eine verschiedene Kinetik der Insulin-Werte
im Serum gemessen werden kann. Abb. 7 stellt das Verhalten des Seruminsulins bei 3 Probanden dar, die einen vergleichbar pathologischen Ausfall des Glucose-Toleranztests hatten (9). Die durchgezogene Linie ist
das Verhalten des Normalkollektivs. Bei gleichartig pathologischem Ausfall des Glucose-Toleranztests kann überhaupt keinerlei Reaktion des
Seruminsulins auf den Glucose-Stimulus erfolgen oder eine Hypersekretion auftreten. Man könnte daraus die Forderung ableiten, daß man bei
pathologisch ausfallendem Glucose-Toleranztest stets eine Insulin-Bestimmung durchführen muß. Dies ist jedoch nur bedingt richtig, wenn man
bedenkt, daß noch viele andere diagnostische Kriterien zur Verfügung
stehen, die die Insulin-Bestimmung eigentlich überflüssig machen. So ist
z. B. mit Sicherheit zu sagen, daß der hypersekretorische Ausfall auf
die Adipositas des Probanden zurückzuführen ist, wie in Abb. 8 darge-

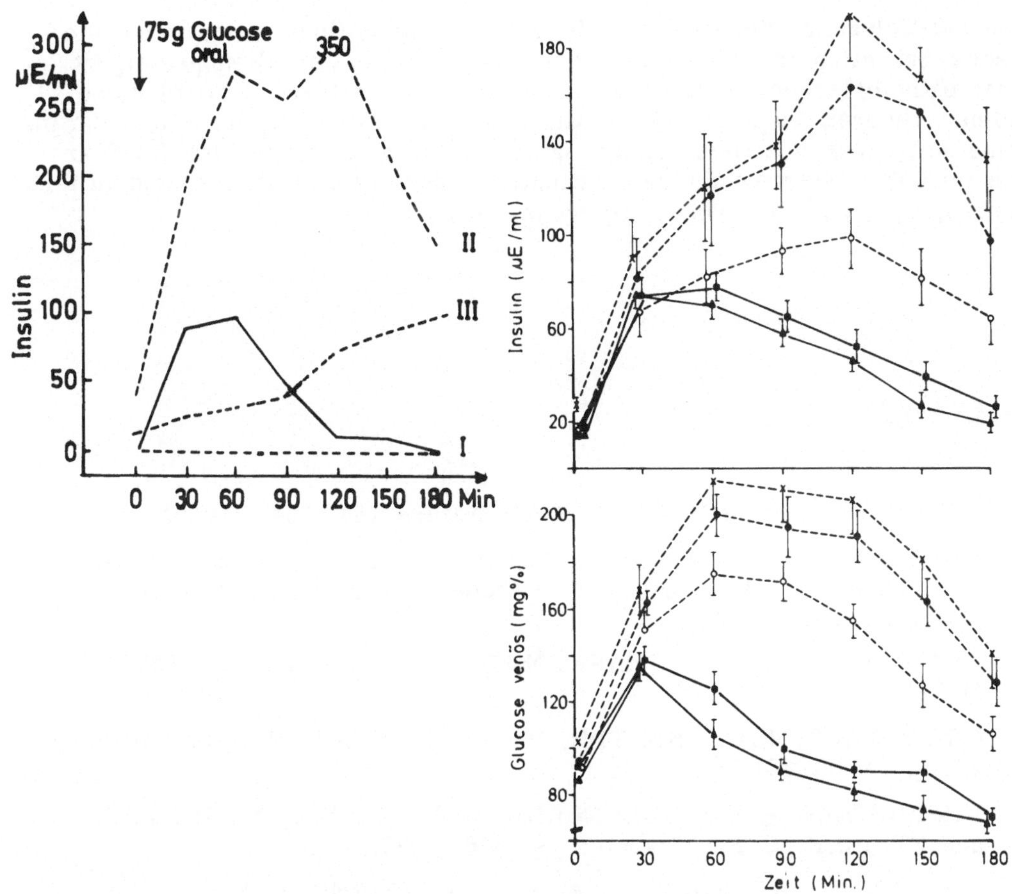

Abb. 7 (links). Verhalten des Seruminsulins bei Probanden mit gleichartiger Glucose-Toleranzkurve. ——— normale Glucose-Toleranz. – – – – – I - III pathologische Glucose-Toleranz (WEINGES (9)).

Abb. 8. (rechts). Verhalten der Seruminsulin-Konzentration (IRI) und der Glucose-Konzentration (Capillarblut) nach oraler Verabreichung von 100 g Glucose. o – – – – – o subklinischer Diabetes, n = 10. < 110% des Idealgewichtes, Alter 45 (24 - 67) Jahre. ● – – – – – ● subklinischer Diabetes, n = 11. 110 - 120% des Idealgewichtes, Alter 57 (33 - 74) Jahre. x – – – – – x subklinischer Diabetes, n = 8. ≳ 140% des Idealgewichtes, Alter 46 (22 - 65) Jahre. ▲———▲ normale Glucose-Toleranz, n = 29. < 110% des Idealgewichtes, Alter 25 (22 - 28) Jahre. ■———■ normale Glucose-Toleranz, n = 22. <110% des Idealgewichtes, Alter 39 (24 - 71) Jahre. Darstellung der Werte als x ± S. E. M.

stellt ist (10). In dieser Abbildung ist zusammengefaßt, wie sich das Seruminsulin bei Patienten mit zunehmendem Übergewicht verhält. Die durchgezogenen Linien stellen Probanden mit normaler Glucose-Toleranz dar, während die gestrichelten Kurven Probanden mit pathologischer

Glucose-Toleranz wiedergeben. Mit zunehmendem Übergewicht wird die Insulin-Sekretion immer weiter über das normale Verhalten gesteigert trotz pathologischen Ausfalls des Glucose-Toleranztests. Obwohl diese Befunde theoretisch sehr interessant sind, kann man für die Klinik daraus keine Folgerungen ziehen. Unabhängig von der gemessenen Insulin-Sekretion muß das Übergewicht des Patienten reduziert und danach kontrolliert werden, ob sich die Glucose-Toleranz normalisiert.

Literatur

1. YALOW, R. S., and BERSON, S. A.: Nature 184, 1648 (1959).

2. LÖFFLER, G., und WEISS, L.: In: BREUER, H., HAMEL, D., und KRÜSKEMPER, H. L. (Hrsg.), Methoden der Hormonbestimmung. Stuttgart: Thieme 1975.

3. FELDMAN, J. M., and CHAPMAN, B. A.: Clin. Chem. 19, 1250 (1973).

4. GREENWOOD, F. C., HUNTER, W. M., and GLOVER, J. S.: Biochem. J. 89, 114 (1962).

5. RUBENSTEIN, A. H., WELBOURNE, W. P., MAKO, M., MELANI, F., and STEINER, D. F.: Diabetes 19, 546 (1970).

6. MELANI, F., RUBENSTEIN, A. H., and STEINER, D. F.: J. clin. Invest. 49, 497 (1970).

7. MARSCHNER, I., BOTTERMANN, P., ERHARDT, F., LINKE R., LÖFFLER, G., MAIER, V., SCHWANDT, P., VOGT, W., und SCRIBA, P. C.: Horm. Metab. Res. 6, 293 (1974).

8. SCRIBA, P. C.: pers. Mitteilung.

9. WEINGES, K. F.: Med. Welt 23, 949 (1972).

10. HASLBECK, M., LÖFFLER, G., FÖRSTER, H., und MEHNERT, H : Verh. dtsch. Ges. inn. Med. 80, 1293 (1974).

Diskussion

TRAUTSCHOLD:
Um an Ihre Schlußbemerkung anzuknüpfen: Sind Sie sicher, daß die Kontrolle des Insulin-Spiegels unter einer langfristigen Therapie gut eingestellter Patienten nicht doch wesentlich ist? Die Untersuchungen von PFEIFFER haben ja gezeigt, daß mit Hilfe eines Rückkopplungssystems, das auf Änderungen des Blutzuckerspiegels sehr fein reagiert, eine den physiologischen Verhältnissen adäquatere Einstellung möglich ist. Wir führen hier eine auf lange Zeiträume ausgerichtete Depot-Therapie durch, während die Sekundäreffekte des Diabetes wahrscheinlich dadurch zustandekommen, daß zwischendurch im Rahmen umweltbedingter kleiner Schwankungen die physiologischen Glucose-Grenzwerte überschritten werden. Der andere Punkt ist die Frage, inwieweit bei der Therapie der Gehalt des Proinsulins maßgebend ist. Könnten Sie uns vielleicht noch ein paar Sätze sagen über die Interferenz der Insulin-Analytik mit Proinsulin? Welche spezifischen Methoden würden Sie heute vorschlagen, um Proinsulin selektiv zu bestimmen?

LÖFFLER:
Zu Ihrer ersten Frage nach der Langzeitkontrolle der diabetischen Erkrankungen mit Hilfe von Insulin-Bestimmungen kann man sagen, daß es vielleicht nicht pathologische Änderungen des Insulin-Spiegels sind, die zur Entwicklung der Spätschäden führen, sondern pathologische Änderungen der Blutglucose-Konzentration, die natürlich letzten Endes eine Folge von Insulin-Änderungen sind, die aber möglicherweise die eigentlich maßgebliche Größe darstellen. Es ist nicht ohne weiteres einsehbar, warum man zur Kontrolle der Einstellung eines Patienten den Insulin-Spiegel braucht, wo eine doch wesentlich genauere Methode in Form der Messung der Blutglucose-Konzentration zur Verfügung steht. Wenn man das ausschöpfen würde, wenn man bei Patienten kontinuierlich oder in kurzen Abständen über einen Tag kontrollieren könnte, wie sich der Blutzucker verhält, dann würde man nämlich sehen, daß auch bei scheinbar gut eingestellten Patienten enorme Spitzen im Verlauf eines Tages auftreten.

TRAUTSCHOLD:
Sie würden also glauben, daß die übrigen Stoffwechseleffekte des Insulins hier sekundär sind?

LÖFFLER:
Auch die übrigen Stoffwechseleffekte des Insulins würde ich versuchen,
an Änderungen von Metabolit-Konzentrationen im Serum zu erkennen,
die leichter zugänglich sind als die Änderung des Insulin-Spiegels.

OTTO:
Es gibt bisher keine Befunde irgendwelcher Arbeitsgruppen, die über
Jahre hinweg anhand des Insulin-Spiegels eine Diabetesbehandlung verfolgt haben. Die Frage, die Sie gestellt haben, Herr TRAUTSCHOLD,
ist - so glaube ich - im Augenblick ganz theoretisch und kann wegen
unserer bisher noch unvollkommenen Kenntnisse der Bedeutung der Insulin-Bestimmung auch von niemandem exakt beantwortet werden. Wenn
man am Insulin überhaupt etwas ablesen will, so wie es PFEIFFER versucht hat, dann sicherlich nur mit Tagesprofilen. Das ist jedoch eine
sehr mühsame Sache, wenn man bedenkt, daß man jeden einzelnen Wert
venös abnehmen muß, so daß bei ambulanten Patienten solche Profile
fast unmöglich sind. Ich glaube, dem stehen doch noch viele technische
Probleme entgegen.

CREUTZFELDT:
Ich möchte eigentlich auch Herrn LÖFFLER sehr unterstützen. Wenn wir
die Frage der Insulin-Bestimmung jetzt diskutieren, müssen wir nicht
nur die methodischen Probleme. sondern auch ihre klinische Wertigkeit
betrachten. Es ist tatsächlich so, daß die klinische Wertigkeit der Insulin-Bestimmung für die Behandlung des Diabetes bis heute unbewiesen
ist. Damit gehört die Insulin-Bestimmung nach wie vor in den Bereich
der Forschung und nicht in den Bereich der praktischen Medizin. Das
ist eine grundsätzliche Entscheidung, die wir hier diskutieren sollten.
Ich kenne eigentlich keine Situation, in der ich einen Diabetiker nur
richtig behandeln kann, wenn ich seinen Insulin-Spiegel verfolge. Die
schönen Beispiele von Herrn WEINGES, die Sie gezeigt haben, kann man
genau interpretieren anhand des Gewichts. Ich weiß genau, wenn die
Patienten soundso viel Übergewicht haben, produzieren sie auf eine
Glucose-Belastung soundso viel mehr Insulin. Was wir wollen, ist doch
ein Parameter, mit dem wir den Diabetes gut einstellen können. Wahrscheinlich ist die Glucose allein nicht das Optimale, aber sie ist wirklich das Einfachste. Was die Sekundärkomplikationen macht, wissen wir
alle nicht. Hier spielen evtl. Parameter des Fettstoffwechsels eine
größere Rolle, aber die lassen sich ja mit anderen Methoden besser
erfassen, und das Insulin spielt da gar nicht hinein.

Eine Frage, die praktisch von Bedeutung sein könnte, die sich aber mit
allen Methoden, die wir eben diskutiert haben, gar nicht erfassen läßt,
ist die, ob ein insulinbehandelter Diabetiker noch eine restliche Eigen-
Insulin-Sekretion hat. Diese Frage läßt sich mit einem RIA für Insulin
gar nicht bearbeiten, weil durch die Antikörper, die jeder insulinbehan-
delte Diabetiker entwickelt, ein wesentlicher Störfaktor auftritt, so daß
wir kein endogenes Insulin mehr messen können. Das können wir auch
nicht über Proinsulin messen, weil auch das durch die Antikörper gestört wird. Wir können nur mit einem spezifischen Radioimmunoassay

für C-Peptid arbeiten oder mit komplizierten Rechenmanövern, die aber
sehr umstritten sind. Wenn einmal ein C-Peptid-Radioimmunoassay steht,
könnte das evtl. klinisch relevant werden für die Beurteilung der Diabetiker, die unter Insulin-Behandlung stehen. Aber das ist noch Zukunftsmusik. Ich gehe sogar so weit, etwas sehr Überspitztes zu sagen: Auch
für die Diagnose eines Insulinoms brauchen wir keine Insulin-Bestimmung.
Ich übersehe 40 Insulinome - das ist eine große Zahl, es gibt wenig
Leute, die so viele untersucht haben -, und wir haben in 100% der Patienten die Diagnose durch den Hungerversuch stellen können. Das einzige
Krankheitsbild, das auf den Hungerversuch auch mit einer Spontanhypo-
glykämie reagiert, ist der nicht insulinproduzierende Tumor. Hier, können
Sie sagen, brauchen Sie die Insulin-Bestimmung, um diese Möglichkeit
auszuscheiden. Das ist aber auch eine ganz extreme Situation. Ich kenne
keinen nicht insulinproduzierenden Tumor, der nicht so groß war, daß
ich ihn nicht mit meinen Fingern palpiert oder im Röntgenbild gesehen
habe, denn diese nicht insulinproduzierenden, Hypoglykämie verursachen-
den Tumoren sind alle Riesen-retroperitoneale oder -intrathorakale
Fibrosarkome oder ähnliche Tumoren, die man als Kliniker anders erfassen muß. Von diesen 40 Insulinomen hat ein Drittel auf Stimulation
nicht mit einem Insulin-Anstieg reagiert. Der Stimulationstest ist wesentlich unsicherer als der einfache Hungerversuch, der allerdings not-
falls bis 48 Stunden ausgedehnt werden muß, mit der einfachen Blut-
zucker-Bestimmung. Wenn Sie - das tun wir natürlich - trotzdem das
Insulin messen, werden Sie bei 100% der Fälle ein Mißverhältnis zwischen dem Nüchtern-Insulin und dem Glucose-Spiegel finden. Das Insulin/
Glucose-Äquivalent ist immer verschoben, dies macht ja das klinische
Krankheitsbild der Hypoglykämie aus, daß eine inadäquate Insulin-Sekretion stattfindet, d. h. eine Insulin-Sekretion trotz Hypoglykämie. Der
physiologische Ausschaltmechanismus, das ist der Abfall im Blutzucker,
funktioniert nicht mehr. Dies macht die Autonomie des Insulins aus.
Für die Praxis können wir jetzt schon sagen, ein konsequent durchge-
führter Hungerversuch mit Blutzuckerbestimmung ist eine absolut sichere
Insulinom-Diagnose, wenn man mit anderen Methoden den nicht insulinproduzierenden Riesentumor, der evtl. Glucose wegfuttert, ausgeschlossen
hat.

Der RIA für Insulin hat bis heute noch nicht das Recht erworben, als
allgemeine Methode in die Klinische Chemie eingeführt zu werden.

SIEGENTHALER:
Wenn z. B. ein 40-jähriger einen Diabetes bekommt, erhebt sich die Frage,
ob man ihn mit Insulin oder mit oralen Antidiabetica behandeln soll. Ich
habe mir vorgestellt, daß die Insulin-Basissekretion vielleicht einen Hinweis geben könnte, welche Therapie man wählen soll. Natürlich kann man
das auch ex juvantibus entscheiden.

CREUTZFELDT:
Das geht genauso schnell wie abwarten, bis Sie Ihre Insulin-Werte haben.
Wenn Sie die Insulin-Werte haben, haben Sie noch keine Garantie, daß
es funktioniert; aber Sie haben die Garantie, wenn Sie es probiert haben.

DENGLER:
Herr CREUTZFELDT, ich weiß nicht, ob man hier nicht doch vielleicht eine etwas mildere Haltung einnehmen soll. Ich glaube natürlich, daß es geht, wie Sie gesagt haben. Aber ich frage mich, und zwar ganz im Sinne von Herrn SIEGENTHALER, ob als Ergebnis einer größeren Studie nicht doch herauskommen könnte, daß wir Zeit gewinnen. Ich wundere mich auch, warum Sie so völlig überzeugt sind, daß jeder Dicke hohe Insulin-Spiegel hat. Es gibt auch Adipöse ohne überhöhte Insulin-Spiegel. Ich frage mich, ob man nicht in Zukunft doch zu einer vernünftigeren, rascheren Therapie kommen könnte, wenn man das Insulin zusätzlich zur Glucose-Bestimmung hätte. Wenn Sie natürlich sagen, es ist noch keine Praxis, dann haben Sie Recht. Aber es ist die Frage, ob dies ein Nahziel wäre, das man erreichen könnte.

CREUTZFELDT:
Ein Forschungsobjekt. In diesem Sinne tun wir es schon lange, und wir haben noch keinen Fall, bei dem eine Diskrepanz aufgetreten wäre. Wir kommen damit aber nicht weiter, wenn wir das jetzt in die Routine einführen, was teilweise ja schon gemacht wird. Wenn Sie einige Prospekte durchlesen, gehört die Insulin-Bestimmung in jedes klinische Laboratorium. Es werden da meines Erachtens zum Teil wirklich wenig sinnvolle Untersuchungen gemacht.

DENGLER:
Zu Ihrer letzten Bemerkung: Sie sagten, Sie hätten noch nie eine Diskrepanz beobachtet in dem Sinn, daß ein Übergewichtiger nicht auch hohes Insulin hat. Auf Grund unserer Bestimmungen muß ich sagen, wir haben genug Patienten gesehen, bei denen wir vom Aspekt her vermutet hätten, sie müßten ein hohes Insulin haben, die es aber nicht hatten.

CREUTZFELDT:
Meinen Sie Nichtdiabetiker oder Diabetiker?

DENGLER:
Diabetiker mit Übergewicht.

CREUTZFELDT:
Es ist durchaus möglich, daß dieser jetzt schon zu wenig, nicht nur relativ zu wenig, sondern absolut zu wenig Insulin für seine Fettsucht hat.

DENGLER:
Wir haben auch Dicke, die nur eine pathologische Glucose-Toleranz haben und dabei kein hohes Insulin.

CREUTZFELDT:
Natürlich gibt es das. Aber das hat doch gar keine Konsequenz; wir reden ja doch über die klinische Konsequenz. Sie werden trotzdem zu dem Dicken sagen, er solle erst einmal dünn werden, und dann sehen Sie die Glucose-Toleranz wieder an. Wenn die Glucose-Toleranz dann

immer noch pathologisch ist, dann werden Sie ihn weiter mit Diät behandeln und ihn noch dünner werden lassen und erst, wenn er ein manifester Diabetiker ist, d. h. wenn er im Tagesprofil postprandial immer noch hohe Blutzuckerwerte hat, werden Sie mit der Behandlung anfangen. Es wird aber gar nicht berührt davon, ob er Insulin hat. Wenn Sie es mit einem oralen Antidiabetikum nicht erreichen, dann werden Sie zum Insulin greifen.

DENGLER:
Ich wende mich nur gegen Ihre etwas dogmatische Feststellung, daß jeder Dicke mit pathologischer Glucose-Toleranz ein hohes Insulin hat.

SIEGENTHALER:
Fast jeder!

CREUTZFELDT:
Das ist ein eindeutig statistisches Phänomen, das gebe ich zu. Aber die therapeutische Konsequenz, die sich daraus ergibt, ergibt sich nicht aus der Insulin-Bestimmung, sondern aus dem weiteren Verlauf nach dem "Abspecken".

BÜTTNER:
Ich wollte mich nach einem Aspekt erkundigen, der noch nicht angesprochen wurde: Gibt es irgendeine Bedeutung der Insulin-Bestimmung in der Präventivmedizin? Es wäre denkbar, die Insulin-Bestimmung zur Erkennung des Prädiabetes einzusetzen. Ist das noch aktuell?

LÖFFLER:
Auch beim subklinischen Diabetes ist eigentlich mit erhöhten Insulin-Spiegeln zu rechnen, aber auch diesen Zustand kann man ja aus dem Verlauf der Glucose-Toleranzkurve wesentlich leichter diagnostizieren als aus dem Verlauf einer Insulin-Kurve. Man steht eigentlich immer wieder vor demselben Problem, daß es leichter und sinnvoller erscheint, die dem Insulin nachgeordneten Parameter zu messen, die ja sowohl die Möglichkeit erfassen, daß zuviel oder zuwenig oder falsch Insulin sezerniert wird und die auch miterfassen, daß vielleicht das Erfolgsorgan des Insulins - die Leber, die Peripherie - nicht oder anders oder schlechter auf das Insulin reagiert. Letzten Endes ist das ja die Konsequenz eines pathologischen Ausfalls des Glucose-Toleranzversuchs, und das ist ja eigentlich das, was wir wissen wollen.

DELBRÜCK:
Herr LÖFFLER, Sie sagten, daß die Glucose-Bestimmung alle nachgeordneten Faktoren erfaßt. Es könnte ja für die Therapie bedeutungsvoll sein, ob die Störung bei der Insulin-Sekretion oder im Gewebe liegt.

LÖFFLER:
Das ist noch sehr schwer zu korrelieren. Betrachten Sie in Abb. 8 des Vortrags die Patienten mit dem Hyperinsulinismus und der pathologischen Glucose-Toleranz: Diese haben zum Teil doppelt soviel Insulin

wie das Kontrollkollektiv und haben eine gestörte Glucose-Toleranz.
Insulin ist vorhanden. Man muß fast annehmen, daß bei diesem Kollektiv
Mechanismen am Zielorgan des Insulins - sei es das Fettgewebe, sei es
die Muskulatur - gestört sind.

DELBRÜCK:
Haben diese Patienten ein anderes Antigen, das mit dem Insulin-Antikörper kreuzreagiert, oder ist es Insulin?

LÖFFLER:
Nein, das Insulin bei diesen Patienten ist, soweit man bis jetzt weiß,
vollkommen identisch mit dem Normalinsulin. Die Theorie, daß hier ein
fehlkonstruiertes Insulin die Ursache ist, ist nicht zutreffend.

KATTERMANN:
Nach den früheren Ergebnissen der Arbeitsgruppe von RANDLE ("Glucose
Fatty Acid Cycle") könnte man als Ursache der Insulin-Resistenz die bei
den wahrscheinlich übergewichtigen Patienten erhöhten Serum-Konzentra-
tionen der freien Fettsäuren vermuten. Wenn ich mich recht erinnere,
Herr LÖFFLER, haben Sie Untersuchungen gemacht, bei denen herausge-
kommen ist, daß der "Glucose Fatty Acid Cycle" für die Erklärung der
Insulin-Resistenz doch nicht ganz ausreicht.

LÖFFLER:
Der "Glucose Fatty Acid Cycle" ist eine sehr attraktive Hypothese der
Stoffwechselregulation in dem Sinne, daß erhöhte Spiegel von freien Fettsäuren den Glucose-Durchsatz, vor allen Dingen in der Muskulatur, vermindern und damit zu einer Hyperglykämie führen. Die Gruppe von
RANDLE hat die Richtigkeit dieser Vorstellung am Herzmuskel nachgewiesen. Dort stimmt sie sehr wahrscheinlich auch, aber sie wurde dann
auf die gesamte Muskulatur übertragen. An der Muskulatur stimmt sie
eben nicht. Das ist inzwischen von einer Vielzahl von Gruppen an tierexperimentellen Modellen gezeigt worden.

Wir haben es am perfundierten Ratten-Hinterbein nachgewiesen; BERGER
und RUDERMAN haben am arbeitenden, perfundierten Ratten-Hinterbein
gezeigt, daß es auch nichts mit Arbeit zu tun hat. Das war immer die
Kritik an den tierexperimentellen Modellen gewesen. Ich glaube, man muß
sagen, daß die Wahrscheinlichkeit sehr gering ist, daß der "Glucose
Fatty Acid Cycle" in der peripheren Muskulatur, die die Hauptmasse
ausmacht, eine Rolle spielt.

OTTO:
Wenn ich nochmal auf die Indikation zur Insulin-Bestimmung zurückkommen darf, so stimmen wir ganz damit überein, daß es sicherlich
eine große Gruppe von Patienten gibt, wo die Sache heute noch nicht
entschieden ist und wo wir vielleicht in 2 oder 3 Jahren mehr wissen.
Aber uns scheint eine Gruppe besonders interessant und wichtig zu sein,
das sind adipöse, manifeste Diabetiker, die ja in der Regel schon mehrere Jahre unter oraler Therapie leben und nun anscheinend an das Ende

der oralen Therapie geraten, die also allmählich zu Spätversagern werden
dürften. Wenn man bei diesen Patienten Stimulationstests macht - wir
machen kombinierte i. v. -Tests mit Glucose, Glucagon und Tolbutamid -,
bekommt man bei dieser klinisch ganz einheitlichen Gruppe höchst unterschiedliche Insulin-Werte. Da gibt es adipöse Patienten, die überhaupt
keine Insulin-Reaktion mehr zeigen, und es gibt solche, die unter einer
solchen Stimulation noch excessive Insulin-Mengen ausschütten. Die therapeutische Konsequenz dieser Ergebnisse ist natürlich fraglich. Wenn
ein Patient einen Blutzucker von 300 - 400 mg/100 ml hat, wird man
ihn doch mit Insulin behandeln; aber bei Patienten, die auf Stimulations-
reiz einen solchen reaktiven Hyperinsulinismus aufweisen, wird man noch
einmal versuchen, sie zu diätetischer Mäßigung und zur Gewichtsabnahme
zu veranlassen. Auf der anderen Seite sind wir ganz sicher, daß es eine
große Zahl von adipösen Insulin-Mangeldiabetikern gibt. Daß die Adipositas immer einen Hyperinsulinismus aufweist, glaube ich nicht einmal für
Adipositas mit normaler Glucose-Toleranz; es gibt Adipöse mit normalem
Insulin-Spiegel unter Glucose-Belastung. Adipöse mit pathologischer Glucose-Belastung sind schon zu einem größeren Teil nicht mehr hyperinsu-
linämisch, und sie werden es auch immer seltener, je länger der Diabetes dauert. Der Diabetes ist eine Krankheit, die auch bei den Adipösen
eine Progredienz der Inselzellinsuffizienz aufweist.

SIEGENTHALER:
Das war die Gruppe von Patienten, die wir eigentlich vorhin ansprechen
wollten. Herr CREUTZFELDT hat insofern wohl Recht, wenn er sagt,
daß man es eines Tages merkt, ob es mit der gewählten Therapie geht
oder ob es nicht geht. In dieser Hinsicht hat die Insulin-Bestimmung
wahrscheinlich keine wesentlichen Konsequenzen.

OTTO:
Die methodischen Probleme sind eigentlich noch zu wenig diskutiert
worden. Herr LÖFFLER hat den Ringversuch zitiert, den wir Anfang
vorigen Jahres von Bremen aus initiiert haben. Damals hat es einige
Ergebnisse gegeben, die im einzelnen erwähnt werden sollen. Es waren
21 Laboratorien beteiligt, 13 davon arbeiteten mit Kits. Diese Kits kamen
von 5 verschiedenen Firmen, aber nur 5 von diesen 13 mit Kits arbeitenden Laboratorien hatten die Vorschriften so übernommen, wie sie von
den Firmen vorgegeben waren. 8 Laboratorien hatten also an den Vorschriften wieder laboreigene Modifikationen angebracht. Es gab also eine
enorme Vielzahl von Methoden oder methodischen Varianten. Die Variationskoeffizienten bei den 4 Seren, die wir anonym an 4 verschiedenen
Tagen nacheinander bestimmen ließen, waren horrend, wie Herr LÖFF-
LER schon sagte, sie betrugen zwischen 28 und 46%. Unter diesen 21
Labors zeigten etwa die Hälfte eine bemerkenswerte Übereinstimmung
von Labor zu Labor. Die andere Hälfte waren die schwarzen Schäflein,
die den enormen Variationskoeffizienten in den Ringversuch hineinbrach-
ten. Von Interesse ist, daß die 10 Labors, die gut Insulin bestimmen
konnten, nicht auf bestimmte Kits oder bestimmte Methoden der Trennung
von freiem und gebundenem Insulin festzulegen waren. Das hat uns seiner-
zeit in der nach dem Ringversuch veranstalteten Diskussion zu der Mei-

nung geführt, daß noch methodische Probleme innerhalb des einzelnen Laboratoriums vorhanden sind, die gelöst werden müssen. Interessant ist, daß der letzte Ringversuch, den SCRIBA und MARSCHNER aus München unter den Fittichen der Deutschen Diabetesgesellschaft durchgeführt haben, wesentlich günstigere Ergebnisse brachte. Er ist deshalb soviel günstiger ausgefallen, weil alle 39 beteiligten Laboratorien ihre Eichkurven nach der gleichen Vorschrift ansetzten: Die Verdünnungen für diese Eichkurven waren nicht, wie wir das alle tagtäglich tun, in irgendwelchen Puffern angesetzt, sondern mit Serum eines hungernden Menschen, von dem man weiß, daß es so gut wie kein Insulin mehr enthält. Ich könnte mir vorstellen, daß beim nächsten Ringversuch eine größere Übereinstimmung zwischen allen Laboratorien erreicht werden kann, wenn man die Teilnehmer veranlaßt, die Eichkurven mit Serum anzusetzen. Vielleicht sollte man überhaupt erwägen, die Deutsche Diabetesgesellschaft zu veranlassen, an alle insulinbestimmenden Laboratorien Standardseren zu verschicken.

LÖFFLER:
Im Prinzip ist das richtig, es sollte überprüft werden.

RICK:
Im Juniheft 1974 von Clinical Chemistry ist die Methode mit an Sephadexpartikel gebundenen Antikörpern als Standardmethode bzw. zunächst als "Selected Method" vorgeschlagen worden. Die darin publizierte Eichkurve ist nach der Legende eine "repräsentative Standardkurve aus 12 Bestimmungen".

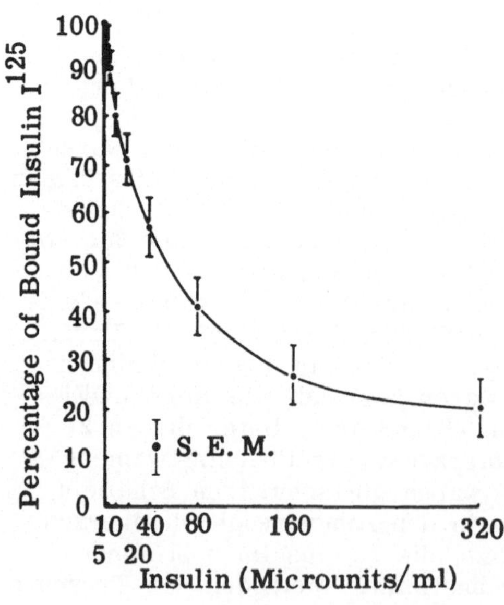

Abb. 1. Representative standard curve. Percentage of bound ^{125}I-labeled insulin is plotted vs. concentration of unlabeled insulin. Each point represents 12 determinations, and the standard error of the mean is shown.

Wir haben die Werte durchgerechnet und gefunden, daß sich die mit jeweils benachbarten Standardkonzentrationen ermittelten Meßwerte nicht signifikant voneinander unterscheiden. Ich möchte die Methode in dieser Form hier zur Diskussion stellen, da eine halbwegs exakte Bestimmung so offenbar nicht möglich ist.

Als Erklärung könnte ich mir vorstellen, daß die technische Ausführung des Tests nicht optimal gewesen ist.

Bei der Standardisierung der Methodik sollten meiner Meinung nach folgende Punkte berücksichtigt werden: Zumindest bei der Einarbeitung des Verfahrens - gleichgültig, ob Testpackungen oder selbst hergestellte Reagentien verwendet werden - sollte die Aktivität im Sediment und im Überstand gezählt werden. Damit ist eine Kontrolle mehrerer Pipettierschritte leicht möglich. Weiterhin sollte man den reinen Zählfehler dadurch möglichst gering halten, daß man ausreichend lange zählt; dieser Fehler ist ja bei 10 000 Counts etwa 1%, und es ist sicher günstig, in diesem Bereich zu arbeiten. Bei der Methode von Pharmacia werden die Standardverdünnungen mit Albumin-Lösung angesetzt. Ob Serum von Nüchternen demgegenüber Vorteile bietet, müßte noch geprüft werden. Neben dem Leerwert des Geräts ist die unspezifische Bindung von Radioaktivität zu ermitteln, indem man mit einem hohen Überschuß von Hormon - z.B. 10 U Insulin pro Test - arbeitet; die dann noch vorhandene unspezifische Bindung ist zu eliminieren. Auch die Art der Auswertung müßte wesentlich verbessert werden. Als wichtige Weiterentwicklung sehe ich an, daß RODBARD in seine Auswertungsdiagramme heute auch den Vertrauensbereich mit hineinplotten läßt. Unlogisch finde ich es, wenn empfohlen wird, Standards und Kontrollproben in Dreifachbestimmungen zu analysieren, Patientenseren aber nur in Doppelbestimmungen. Der Vertrauensbereich für den wahren Wert ist bei Dreifachbestimmungen ja viel besser definiert als bei Doppelbestimmungen. So führen wir beim Gastrin und beim Insulin stets Dreifachbestimmungen durch. Aus den Ergebnissen berechnen wir dann die Standardabweichung und geben sie mit dem Mittelwert an. Damit ist die Dignität der Befunde klar zu erkennen. Dem Argument, daß jemand für alle diese Schritte keine Zeit habe, weil zuviel Proben geschickt werden, möchte ich mit einem Zitat aus dem letzten Merck-Symposium begegnen: "Falsche Daten sind schlechter als gar keine Daten. Auch die beinahe richtigen sind nur wenig besser. Sie verwischen nur die Grenzen zwischen Gesundheit und Krankheit".

DWENGER:
Die Eichkurve, die Sie aus der Literatur zitiert haben, Herr RICK, ist sozusagen eine Anti-Eichkurve und repräsentiert meiner Meinung nach nicht den technischen Stand des Insulin-Radioimmunoassay, der heute erreichbar ist.

Bei einer Gegenüberstellung der im Verlaufe der letzten Jahre rapide angewachsenen Zahl radioimmunologischer Tests sowie der gleichzeitig im Rahmen der Anforderungen seitens der Klinik erheblich angestiegenen Probenfrequenz für einzelne Tests wie beispielsweise Insulin, Digoxin, HPL, Schilddrüsenhormone, Steroidhormone u.a. und dem offenkundigen

Mangel an einheitlichen Richtlinien für die Standardisierung von Radioimmunoassays wird deutlich, daß es den einzelnen radioimmunologisch
arbeitenden Labors oder Instituten vorbehalten bleiben muß, die mit der
innerhalb eines Labors standardisierten radioimmunologischen Methode
gewonnenen Daten durch eine hinreichende Qualitätskontrolle zu sichern.
Hierzu gehören als wichtigste Kriterien:

1. Prüfung der Spezifität und Charakterisierung des verwendeten Antiserums (Ermittlung von Kreuzreaktivitäten gegenüber chemisch oder
immunologisch verwandten Molekülspecies, die als Begleiter des Antigens
in der zu messenden Probe auftreten können).

2. Chemische und immunologische Identität von Standard- und Proben-
Antigen (physikalisch-chemische Untersuchungsmethoden; identisches
Verhalten in Verdünnungsreihen).

3. Prüfung auf Richtigkeit durch quantitative Wiederfindung von reinem,
einer Probe zugesetztem Antigen (Additivitäts-Forderung).

4. Prüfung des Stabilitätsverhaltens aller verwendeten Reagentien und
Proben unter verschiedenen Lagerungs- und Versandbedingungen.

5. Ausreichende Präzision und Reproduzierbarkeit der Methode (Variationskoeffizienten bei Messungen in Serie und von Tag zu Tag).

6. Datenvergleich mit unabhängigen Meßmethoden (Referenzmethoden),
soweit möglich.

Das jeweils verwendete Verfahren zur Trennung von freiem und gebundenem Antigen, das einen der variabelsten Schritte der Analyse darstellt, hat, wie sich ebenfalls zeigen läßt, keinen Einfluß auf das Meßergebnis, sofern Reagentien und Testbedingungen identisch beibehalten
werden. Die hiermit freie Wahl der Trennmethode wirkte sich u. a. auf
die weitere Entwicklung mechanisierter Systeme zur radioimmunologischen Bestimmung aus. Hierbei hat sich ein Wandel bei der z. T. historisch bedingten Anwendung einiger Trenntechniken abgezeichnet, da auf
Adsorption des freien Antigens und Solid Phase-Basis beruhende Trenntechniken auf mechanisierte Systeme nur unter Überwindung technischer
Schwierigkeiten adaptierbar sind. Präcipitationsverfahren wie der fraktionierten Proteinfällung mit Polyäthylenglycol, Natriumsulfit, primären
aliphatischen Alkoholen und organischen Lösungsmitteln muß heute der
Vorzug gegeben werden, da sie mehr als andere Trennverfahren die in
Zusammenhang mit der Mechanisierung notwendigen methodischen Voraussetzungen erfüllen. Eine Reihe dieser Verfahren gewährleistet die zeitliche Unabhängigkeit bis zum physikalischen Trennschritt der Zentrifugation oder Filtration, da bei der Anwendung derartiger Präcipitations-
mittel der am Ende der Inkubationszeit erreichte Reaktionsstatus zeit-
unabhängig aufrechterhalten bleibt. Diese Forderung muß für ein mecha-
nisiertes System erhoben werden, da die Zugabe des Trennmittels se-
quentiell, der anschließende Zentrifugationsschritt mit größeren Gruppen
von Reaktionsansätzen erfolgt, die dadurch unterschiedlichen Standzeiten
unterliegen, innerhalb derer eine weitere Reaktion im Ansatz unterbun-
den sein muß.

Da sämtliche Dosierschritte innerhalb eines mechanisierten Analysenablaufes durch automatische Dosiereinheiten mit hoher Reproduzierbarkeit erfolgen, werden die Meßergebnisse von individuell bedingten Dosierfehlern unabhängig. Die so erreichte Steigerung der Präzision erlaubt es dann auch, die Messung von Radioaktivität auf nur eine Phase (freies oder gebundenes Antigen) zu beschränken, so daß der Gesamtanalysenfehler nahezu ausschließlich vom Zählfehler bestimmt wird. Die bei der Messung nur einer Phase gewonnene Zählzeit ermöglicht es, auch bei höherer Probenfrequenz die einzelne Probe bis zu einer Impulssumme von minimal 10 000 auszuzählen. Aus statistischen Gründen empfiehlt es sich, Standard und Proben in identischer Replikat-Zahl zu bestimmen. Die unspezifische Bindung sollte für jede Probe individuell ermittelt werden, da anderenfalls, wie beispielsweise bei der Insulin-Bestimmung, ein endogener Antikörper-Gehalt von Serum oder Plasma zu schwerwiegenden Fehlinterpretationen des Meßwertes Anlaß geben kann. Sie erfolgt in Ansätzen ohne Antikörper-Zugabe oder durch Zusatz eines hohen Überschusses an unmarkiertem Antigen.

Es steht außer Frage, daß es bei einer vergleichenden analytischen Methode wie dem Radioimmunoassay zur Definition von Absolutwerten einer Standardisierung von Test-Komponenten und -Bedingungen bedarf. Aus dem Bericht einer Expertengruppe der Internationalen Atomenergie-Organisation (International Journal of Applied Radiation and Isotopes 1974, Vol. 25) und ihren Bemühungen, Richtlinien für die Standardisierung von Radioimmunoassays festzulegen, gehen deutlich die hiermit verbundenen Schwierigkeiten hervor. Bei der ständig zunehmenden Zahl an Herstellern von Reagentien für die Radioimmunologie und der kommerziell vertriebenen Testpackungen ist bereits heute eine Situation erreicht, in der es äußerst schwierig sein dürfte, das Problem der Standardisierung noch zu lösen.

SIEGENTHALER:
Meine Damen und Herren, wir haben heute nachmittag einiges gelernt. Wenn ich versuche zu resümieren, dann möchte ich sowohl für die Kliniker als auch für die Klinischen Chemiker sagen: Die Standardisierung der Radioimmunoassays ist eine dringliche Aufgabe und bisher nur innerhalb einzelner Laboratorien gelöst. Die Indikationen zur Bestimmung von Renin und von Aldosteron sind selten, wenn man von der essentiellen Hypertonie absieht. Die Indikationen zur Bestimmung von Gastrin sind seltener und diejenigen von Insulin noch viel seltener. Ich glaube, diese Erkenntnis sollten wir mitnehmen, damit wir wissen, was wir in nächster Zeit weiter tun müssen.

Immunologische Bestimmung von Enzymen

Moderator: W. RICK

Immunologische Bestimmung von Isoenzymen

G. Pfleiderer

Der Ausgangspunkt für meine Untersuchungen sind zwei zurückliegende Tagungen. Ich freue mich, daß die Moderatoren dieser Tagungen bei diesem Symposium anwesend sind: Herr und Frau SCHMIDT (2. Konferenz der Gesellschaft für Biologische Chemie "Praktische Enzymologie", 1967) und Herr DUBACH (Colloquium über Enzyme im Harn, 1968), bei denen an mich als Biochemiker die Frage gestellt wurde, wie die Stagnation in der Enzymdiagnostik überwunden werden könnte. Es wird immer wieder von organspezifischen Enzymen, wie z. B. der γ-Glutamyltransferase usw., gesprochen. Die Untersuchung organspezifischer Enzyme ist bekanntlich fast nur auf die Leber begrenzt; wir wollen aber auch andere Organe als Leber und Herz, die heute im Vordergrund stehen, untersuchen.

Als wir in Frankfurt die Isoenzyme der LDH entdeckten, glaubte man, genauer differenzieren zu können, wenn man nicht nur die Gesamt-Enzymaktivitäten im Serum bestimmt, sondern Untergruppierungen analysiert. Das schien bei der LDH der Fall; Tab. 1 ist eine alte Aufstellung über die Verteilung der LDH-Isoenzyme in menschlichen Geweben, die ich mit Herrn WACHSMUTH vor 15 Jahren erarbeitet habe (1). Ich möchte gleich die Grenzen zeigen: Wenn man Niere und Gehirn oder Muskel und Leber vergleicht, sieht man, daß in den Verteilungsmustern der LDH-Isoenzyme praktisch kein Unterschied festzustellen ist. Deshalb war uns klar, daß dieses Enzym allein zur Differenzierung nicht ausreicht. Ich meine aber trotzdem, daß man die Bestimmung der LDH-Isoenzyme nicht streichen sollte, sondern meine Vorstellung ist, die Isoenzyme mehrerer Enzyme nebeneinander zu bestimmen und eine Isoenzym-Differentialdiagnostik aufzubauen. Uns interessieren dabei nur genetisch determinierte Isoenzyme. Es gibt Hunderte von sogenannten Isoenzymen, die der Definition dieses Begriffes nicht entsprechen. Ich möchte den Begriff "Multiple Formen" vom Begriff "Isoenzyme" streng abgrenzen. Isoenzyme sind nur solche Enzyme, deren Biosynthese durch verschiedene Gene gesteuert wird, die verschiedene Tertiärstruktur haben und daher immunologisch verschieden sind.

Tab. 1. Verteilung der LDH-Isoenzyme in menschlichen Erwachsenen-Geweben. Prozentuale Anteile der Isoenzyme an der Gesamtaktivität (nach PFLEIDERER und WACHSMUTH (1)).

Isoenzyme	1	2	3	4	5
1. Group					
Heart	60	30	5	3	2
Kidney	28	34	21	11	6
Brain	28	32	19	16	5
2. Group					
Liver	0,2	0,8	1	4	94
Muscle	3	4	7,5	9,5	76
Epidermis	0	0	4	17	79
3. Group					
Oesophagus	5	18	40	24	13
Uterus	8	24,5	39	24,7	7,7
Thyroid gland	12,5	29,6	30,8	20,3	6,6
Spleen	5	15	31	31	18
Lung	14	28	30	22	6

<u>Aldolase</u>

Es bot sich als Modellfall die Aldolase an, nachdem LEUTHARDT und amerikanische Autoren gezeigt haben, daß es in Säugetieren drei genetisch determinierte Formen, Aldolase A, B und C gibt. Wir haben dieses Enzym als Testfall genommen, um zu sehen, ob die Methode, die wir uns vorstellten, funktioniert. Heute werden Isoenzyme meistens chromatographisch oder elektrophoretisch getrennt. Bei den Aldolasen A und B ist die Elektrophorese nicht möglich, weil sie keine unterschiedliche Ladung haben. Außerdem gibt es Enzyme, die schon während der Elektrophorese denaturieren und daher falsche Werte ergeben. Das Hauptargument war aber die begrenzte Auftragsmenge bei der Elektrophorese, so daß nach der Trennung zu wenig Aktivität für die Bestimmung der einzelnen Isoenzyme vorhanden ist. Die Immunologie schien uns die beste und einfachste Art, um verschiedene genetisch determinierte Isoenzyme zu differenzieren.

Abb. 1 zeigt das Prinzip unserer Methode (2): Es handelt sich um eine Präcipitin-Kurve von Aldolase C mit einer definierten Menge Antiserum. Man setzt zu einer Probe Anti-Aldolase C steigende Mengen Antigen zu

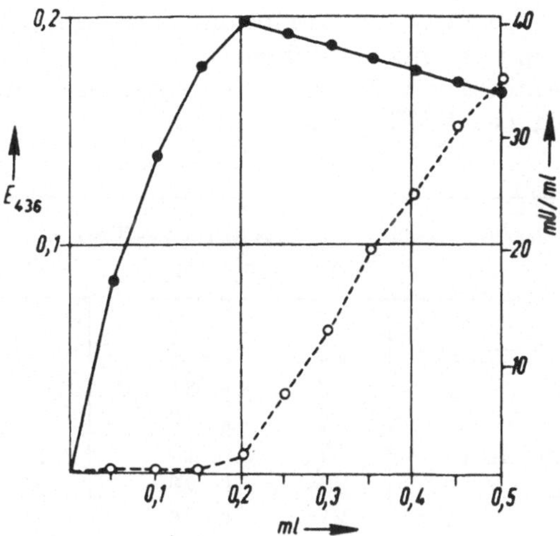

Abb. 1. Immuntitration von Aldolase C.
Präcipitation von Anti-Aldolase C mit
steigenden Mengen von Aldolase (Abszisse). ● ———— ● Trübung bei 436 nm.
o ----- o Aldolase-Aktivität im Überstand (PFLEIDERER et al. (2)).

und mißt die Trübung. Wenn man einen reinen Antikörper hat, dann
tritt erst nach Erreichen des Äquivalenzpunktes im Überstand nach Ab-
zentrifugieren des Präcipitates Enzymaktivität auf. Das heißt, wir be-
nützen den Antikörper als spezifisches Fällungsreagenz für das Isoenzym;
damit haben wir eine Differenzmethode zur Bestimmung der Aldolase-
Isoenzyme entwickelt: In das erste Aliquot einer Probe geben wir Normalserum, um alle unspezifischen Serumeffekte auszuschalten, in das
2. Aliquot Anti-Aldolase A, in das 3. Aliquot Anti-Aldolase B, in das
4. Aliquot Anti-Aldolase C und meistens noch in ein 5. Aliquot alle
drei Antiseren. Wenn in Probe 5 keine Aktivität im Überstand ist, haben
wir die Sicherheit, daß die gesamte Aldolase präcipitiert wird.

Wir haben bewußt Antiseren gegen menschliche Antigene hergestellt,
denn das Ausmaß der Kreuzreaktion zwischen Antiseren gegen tierische
Antigene und entsprechenden Antigenen aus dem Menschen variiert
stark. Es ist ein Glücksfall, wenn Antiseren gegen tierische Antigene
gegenüber menschlichen Antigenen gute Titer aufweisen. Tab. 2 ist eine
Zusammenfassung der ersten quantitativen Daten betreffend die Aldolase-
Isoenzyme. Es war bekannt, daß in der Leber vorwiegend Aldolase B
und im Skelettmuskel vorwiegend Aldolase A vorkommt. Wir haben zusammen mit Herrn DIKOW die quantitative Verteilung der drei Aldolase-
Isoenzyme in menschlichen Organen bestimmt (2). Die Summe der Isoenzyme erreicht in der Regel 100% der Gesamt-Aktivität. Wo die Summe
über 100% liegt, sind Hybriden zwischen den Untereinheiten der Aldolase-Isoenzyme vorhanden. die mit mehr als einem Antiserum reagieren.

Tab. 2. Quantitative Verteilung der Aldolase-
Isoenzyme in menschlichen Geweben. Prozentuale Anteile der Isoenzyme an der Gesamtaktivität (PFLEIDERER et al. (2)).

| | Aldolase-Typ | | |
	A	B	C
Skelettmuskel	98	2	0
Leber	2	98	1
Gehirn	84	0	54
Herzmuskel	77	10	27
Lunge	76	26	22
Niere	21	75	5
Milz	90	0	13
Testis	91	0	18
Haut	33	74	0
Erythrocyten	94	0	16
Spermatozoen	95	5	25

Wenn wir diese Verteilung mit der Verteilung der Isoenzyme bei der
LDH vergleichen, sehen wir bei Gehirn und Niere - wo die Verteilung
bei der LDH identisch ist - eine völlig verschiedene Verteilung: Das
Gehirn enthält viel Aldolase C und keine Aldolase B, während die Niere
viel Aldolase B enthält. Wir können im Prinzip schon mit diesen zwei
Enzymen - wenn genügend Aktivität vorhanden ist - zwischen Gehirn und
Niere unterscheiden.

In dieser Phase setzten meine Gespräche mit Herrn LANG ein, und er
hat zu einer Zeit, wo diese Arbeitsrichtung noch auf schwachen Füßen
stand, beschlossen, dieses Problem zusammen mit uns zu bearbeiten.
Seitdem entwickelt er mit seiner Arbeitsgruppe sowohl die Herstellung
der Antigene und Antiseren im großen Maßstab als auch die Analysen-
methoden, die wir für die Erprobung unseres Verfahrens in Forschung
und Klinik benötigen.

Hexokinase

Der nächste Schritt war eine Erprobung weiterer Isoenzyme. Die Hexokinase ist ein Beispiel, bei dem in der Elektrophorese 4 Banden auftreten, immunologisch aber nur 2 oder 3 Isoenzyme gefunden werden. Auf
der anderen Seite zeigen Organe, die einen bestimmten Typ der Hexokinase enthalten, in der Elektrophorese eine kaum sichtbare Reaktion

des Enzyms. Wir haben 2 Hexokinasen aus menschlichem Gewebe isoliert, die I und III genannt werden; die dritte Form ist die Glucokinase, die hier nicht interessiert.

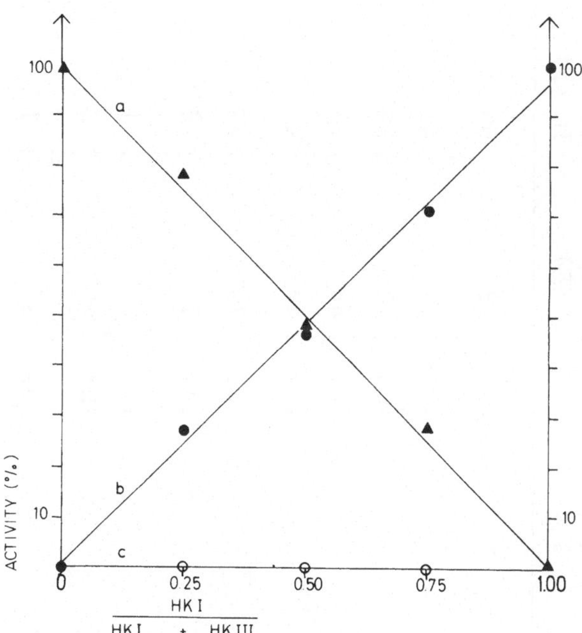

Abb. 2. Immuntitration von Hexokinase-Isoenzymen. Überstandsaktivitäten in Gemischen von HK I und HK III nach Immunpräcipitation. ▲———▲ Präcipitation mit Anti-HK I. ●——— ● Präcipitation mit Anti-HK III. o ——— o Präcipitation mit Anti-HK I + HK III. (NEUMANN und PFLEIDERER (3)).

Abb. 2 enthält zusammen mit Herrn NEUMANN erhaltene Ergebnisse (3): Ein künstliches Gemisch der reinen Hexokinasen I und III wurde mit den Antiseren gegen die beiden Isoenzyme versetzt. Aus der Überstandsaktivität geht eine direkte Beziehung zwischen Immunpräcipitation und eingesetzter Hexokinase-Aktivität hervor. Tab. 3 zeigt zum ersten Male quantitative Daten über die Organverteilung der Hexokinase-Isoenzyme. Die Leber enthält zur Hälfte Hexokinase III, die in Herz und Niere überhaupt nicht vorkommt. In der Elektrophorese war hier nur die Andeutung eines Enzyms zu erkennen. Bei einigen Organen haben wir unter 100% Ausbeute. Die Restaktivität gehört zu der in diesen Organen enthaltenen Glucokinase. Tab. 4 beweist, daß wir auch eine andere Kontrolle durchgeführt haben:

Tab. 3. Quantitative Verteilung der Hexokinase-Isoenzyme in menschlichem Gewebe. Prozentuale Anteile der Isoenzyme an der Gesamtaktivität (NEUMANN und PFLEIDERER (3)).

Tissue	Case No.	Supernatant activity after incubation with			Sum (D)	Loss of activity after incubation with		Sum (G)
		Anti-hexokinase I (A)	Anti-hexokinase III (B)	Anti-hexokinase I + anti-hexokinase III (C)		Anti-hexokinase I (E)	Anti-hexokinase III (F)	
Liver	I	72	45	20	97	28	55	103
Spleen	II	51	57	10	98	49	43	102
	III	50	64	6	108	50	36	92
	IV	42	76	5	113	58	24	87
	V	61	53	0	114	39	47	86
Lung	II	21	82	0	103	79	18	97
	IV	23	84	4	103	77	16	97
Heart	II	2	99	0	101	98	1	99
	IV	2	102	0	104	98	0	98
Kidney	I	19	99	19	99	81	1	101

Tab. 4. Hexokinase-Aktivitäten in menschlichen Geweben. Hemmung der Aktivitäten durch Glucose (NEUMANN und PFLEIDERER (3)).

Case No.	Tissue	Hexokinase activity		Protein concentration (mg/ml)	Q*	Specific activity	
		25 mM glucose (U/ml)	0,5 mM glucose (U/ml)			25 mM glucose (U/g)	0,5 mM glucose (U/g)
I	Kidney	0,247	0,240	17,9	0,97	13,8	13,4
	Liver	0,205	0,289	23,0	1,41	8,9	12,6
II	Heart	0,872	0,812	8,9	0,93	98,0	91,3
	Spleen	0,496	0,603	22,6	1,22	21,9	26,7
	Lung	0,460	0,449	26,9	0,98	17,1	16,7
III	Spleen	0,445	0,467	35,7	1,05	12,5	13,1
IV	Heart	0,710	0,629	9,8	0,89	72,5	64,2
	Spleen	0,280	0,287	27,4	1,03	10,2	10,5
	Lung	0,223	0,234	25,6	1,05	8,7	9,1
V	Spleen	0,689	0,850	22,7	1,23	30,3	37,4

*Quotient of hexokinase activities at 0,5 mM glucose and 25 mM glucose.

Hexokinase III hat die Eigenschaft, daß sie durch hohe Glucose-Konzentrationen inhibiert wird. Wenn man den Quotienten aus Geschwindigkeiten bei niederer und hoher Glucose-Konzentration errechnet, sieht man - wie aus der Literatur bekannt - daß die Organe wie Leber und Milz, die viel Hexokinase III enthalten, einen Quotienten über 1 und die anderen Organe mit wenig oder keiner Hexokinase III einen Quotienten unter 1 haben.

Creatinkinase

Das nächste Enzym, das wir bearbeitet haben, ist die Creatinkinase, die in der Klinischen Chemie besonderes Interesse besitzt (4). Dieses Enzym war ein besonders hartnäckiger Fall. Frau JOCKERS hat fast 2 Jahre vergeblich versucht, Antikörper gegen menschliche Creatinkinase-Isoenzyme zu bekommen. Heute erhalten wir und auch Herr WÜRZBURG in Darmstadt sehr gut präcipitierende Antikörper gegen Creatinkinase MM und Creatinkinase BB. Tab. 5 enthält die Ergebnisse der Analyse künstlicher Gemische der verschiedenen Creatinkinase-Typen; innerhalb enger Grenzen werden die theoretischen Werte wiedergefunden. Tab. 6 zeigt den Vergleich der immunologischen Bestimmung mit den Ergebnissen der Elektrophorese. In Geweben ist soviel Enzymaktivität vorhanden, daß

Tab. 5. Analyse von Gemischen der Creatinkinase-Isoenzyme durch Immuntitration. Prozentuale Zusammensetzung der Gemische. A = theoretischer Wert; B = gefundener Wert (JOCKERS-WRETOU und PFLEIDERER (4)).

Isoenzyme	A	B	A	B	A	B	A	B	A	B
MM	60	62	20	21	60	61	10	11	60	58
MB	20	19	20	21	30	24	30	34	35	34
BB	20	19	60	58	10	14	60	55	5	8

Tab. 6. Quantitative Verteilung von Creatinkinase-Isoenzymen in menschlichen Geweben. Prozentuale Anteile der Isoenzyme. A = Elektrophorese; B = Immuntitration (JOCKERS-WRETOU und PFLEIDERER (4)).

Tissue	A			B		
	%MM	%MB	%BB	%MM	%MB	%BB
Heart	72	25	3	71	26	3
Uterus	15	24	61	16	20	64
Prostate	33	7	60	34	6	60
Thyroid	78	6	16	79	6	15
Diaphragm	96	2	2	96	2	2

man mit geringen Auftragsmengen auskommt. Es muß gesagt werden, daß die Elektrophorese wesentlich schlechtere Ergebnisse gibt. In die Tabelle sind nur die Werte aufgenommen, bei denen in der Elektrophorese 100% der aufgetragenen Aktivität wiedergefunden wurden; oft werden während der Elektrophorese die Komponenten Creatinkinase MB und BB inaktiviert. Wenn man sich auf diese Fälle beschränkt, erhält man eine gute Übereinstimmung zwischen Immuntitration und Elektrophorese.

Bei der Creatinkinase gibt es das Problem des Hybrids MB, das klinisch besonders wichtig ist. Die Antikörper gegen Creatinkinase MM und BB fällen auch Creatinkinase MB. Wir müssen daher aus der 100% übersteigenden Aktivitätsminderung durch eine einfache Rechenoperation den Gehalt an Creatinkinase MB berechnen. Tab. 7 zeigt die erste quantitative Analyse der Creatinkinase-Isoenzyme in menschlichen Organen, die einige neue Erkenntnisse gebracht hat (4). Es gibt große Schwankungen von Individuum zu Individuum, die vielleicht durch unterschiedliche Lagerungszeit der Gewebeproben vor der Aufarbeitung bedingt sind.

Tab. 7. Gehalt menschlicher Gewebe an Creatinkinase und Verteilung der Isoenzyme (JOCKERS-WRETOU und PFLEIDERER (6)).

Tissue	Total CK activity U/g frozen tissue	Distribution of CK isoenzymes		
		MM %	MB %	BB %
Skeletal muscle	860 - 1310	96 - 100	1 - 3	0 - 1
Tongue	225 - 292	90 - 99	1 - 5	0 - 5
Diaphragm	140	96	4	2
Heart adult	100 - 280	71 - 96	4 - 27	0 - 2
Heart infant	78 - 250	96 - 100	0 - 4	0
Aorta (Arcus aortae)	3 - 7	81 - 88	8 - 14	3 - 5
Kidney	0 - 1	70 - 100	0	6 - 30
Spleen	0 - 1	65 - 75	0	25 - 35
Thyroid	34	79	6	15
Adrenal	0 - 1	35 - 60	0 - 10	25 - 40
Lung	2 - 9	27 - 72	0 - 4	18 - 69
Carotis	2	56	2	42
Artery (Aorta ascendens)	1	39	7	54
Liver *	0 - 1	50	0	50
Prostate	7 - 10	34 - 39	2 - 6	59 - 60
Uterus	8 - 9	13 - 16	20 - 22	64 - 65
Pancreas	0 - 1	21 - 29	5 - 9	66 - 73
Intestine	5 - 6	11 - 13	7 - 9	78 - 80
Bladder	14 - 35	2 - 7	3 - 5	89 - 93
Stomach	15 - 23	3	2 - 6	91 - 95
Hypophysis	11	0	0	100
Spinal Cord	23 - 27	0	0	100
Cerebellum	50 - 87	0	0	100
Cerebrum	55 - 90	0	0	100

*From 6 specimens assayed only one showed CK activity.

Wichtig ist - wie Herr PRELLWITZ in seinem Referat berichten wird -,
daß wir im Herzmuskel im Durchschnitt einen Anteil von 15% Creatinkinase MB finden. Interessant ist, daß kleine Kinder praktisch kein Hybrid
MB im Herzmuskel enthalten. Obwohl die meisten Organe Creatinkinase
BB enthalten, finden wir bisher im Serum keine CK-BB. Es scheint eine
sehr große Eliminierungsgeschwindigkeit für den BB-Typ vorzuliegen,
sonst wäre nicht erklärlich, daß man im Serum nur Creatinkinase MM
und selten MB findet.

Lactatdehydrogenase

Tab. 8 enthält schließlich als Abrundung die von uns mit der immunologischen Methode gemessene Organverteilung der Lactatdehydrogenase-
Isoenzyme (5). Hier liegen folgende Verhältnisse vor: Das Antiserum
gegen LDH 4 präcipitiert das Isoenzym LDH 4 und alle Hybride, die
wenigstens e i n e n Anteil an H-Untereinheit enthalten. Entsprechend präcipitiert Anti-LDH-M_4 die Komponenten LDH 2 bis LDH 5. Wir können
also durch Präcipitation von Anti-LDH-M_4 den Gehalt an Isoenzym 1
bestimmen. Man sieht deutliche Unterschiede zwischen Herz, Gehirn und
Niere. Umgekehrt erhalten wir als Restaktivität nach Präcipitation mit
Anti-LDH-H_4 den Anteil an LDH-M_4. Nach Summieren können wir den
Anteil der Hybriden rechnerisch ermitteln und damit noch weiter zwischen
verschiedenen Organen differenzieren. Abb. 3 zeigt die Immuntitration von
Organextrakten mit Anti-LDH-M_4. Jedes Organ zeigt eine andere, spezifische Überstandsaktivität.

Tab. 8. Quantitative Verteilung der LDH-Isoenzyme in menschlichen
Geweben. Vergleich der mit Elektrophorese und Immuntitration erhaltenen
Ergebnisse (BOLL et al. (5)).

	LDH-H_4		Hybride		LDH-M_4	
	Elektro-phorese	Immun-titration	Elektro-phorese	Immun-titration	Elektro-phorese	Immun-titration
Herz	60	58	39	40	1	2
Gehirn	34	33	66	65	< 1	2
Niere	46	50	53	48	1	2
Muskel	3	2	41	42	56	56
Leber	1	1	11	11	88	88
Milz	6	5	64	58	30	37
Lunge	7	4	73	69	20	27
Schilddrüse	7	6	83	76	10	18

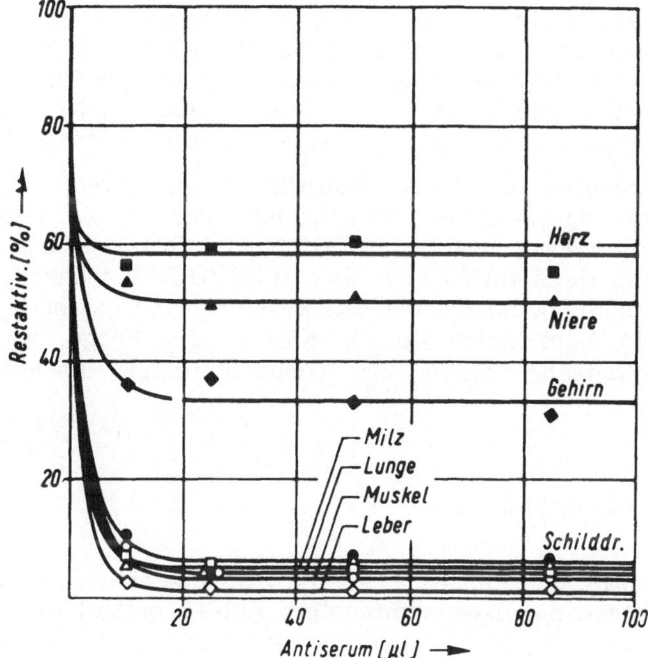

Abb. 3. Immuntitration der LDH-Isoenzyme
in menschlichen Geweben (BOLL et al. (5)).

Zu diesem Zeitpunkt wurde an die Deutsche Forschungsgemeinschaft der
Antrag gestellt, ein Schwerpunktprogramm "Enzymdiagnostik" zu gründen,
welches bisher etwa 15 Arbeitskreise umfaßt. Wir haben eine klinische
Abteilung, deren Moderator Herr F. W. SCHMIDT ist, eine pathophysiologische Abteilung, deren Moderator Herr TRAUTSCHOLD ist, und eine
biochemische Abteilung, welche ich selbst betreue. Herr FISCHER von
der DFG - der leider an diesem Symposium nicht teilnehmen kann -
bin ich besonders zu Dank verpflichtet, denn seinem Eintreten bei der
DFG ist es maßgeblich zu verdanken, daß dieses Schwerpunktprogramm
aufgebaut und gefördert wird. Durch die Hilfe dieses Schwerpunktpro-
gramms war es möglich, weitere Enzyme in Angriff zu nehmen.

Alkalische Phosphatase

Vor allem möchte ich die Zusammenarbeit mit Herrn LEHMANN auf dem
Gebiet der alkalischen Phosphatase betonen, einem Enzym, das bekanntlich die Kliniker sehr interessiert. Herr LEHMANN bearbeitet die Pla-
centa- und Leber-Phosphatasen (6-8), wir bearbeiten die Nieren-, Dünn-
darm- und Knochen-Phosphatasen. Hier sind wir noch nicht so weit wie
bei den anderen erwähnten Enzymen, glauben aber auch, eine ganze Reihe

neuer Erkenntnisse sammeln zu können. Z. B. wurde zusammen mit der Klinik eine interessante Beobachtung gemacht, daß bei Darmerkrankungen im Serum trotz Erhöhung der Phosphatase-Aktivität nie Dünndarm-Phosphatase auftritt. Dagegen können wir bei verschiedenen Krankheiten und sogar im Normalzustand im Kot alkalische Darmphosphatase finden.

Soweit unsere Arbeiten zur Organspezifität von Isoenzymen. Nun muß die Klinik mehr zum Zuge kommen. Es geht jetzt darum, die Methoden zu verfeinern und die Anwendung in der Klinischen Chemie zu erproben. In dem Maße, wie Herr LANG und Herr WÜRZBURG größere Mengen von Antiseren an die Kliniken abgeben können - und es ist ja schon einiges geschehen -, erwarten wir die Klärung der Frage, wo und wieweit die immunologische Analyse von Isoenzymmustern diagnostische Signifikanz besitzt.

Ontogenese der Isoenzymmuster

Inzwischen sind wir über dieses erste Ziel hinausgestoßen und untersuchen die Ontogenese der Isoenzymmuster. Abb. 4 enthält die Ergebnisse

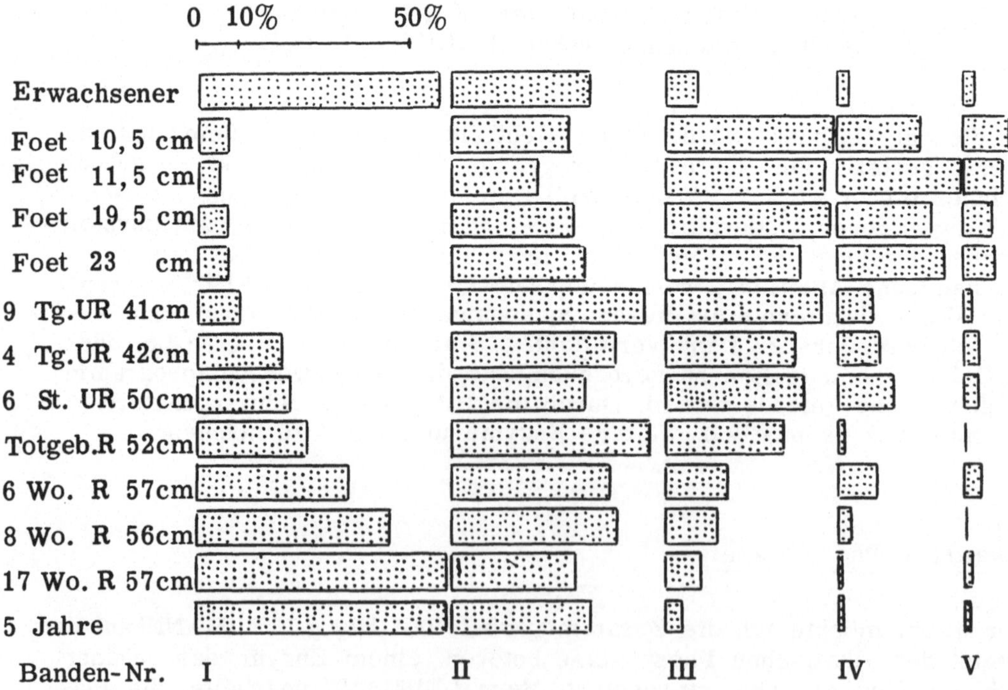

Abb. 4. Entwicklung des LDH-Isoenzymmusters während der menschlichen Ontogenese (PFLEIDERER und WACHSMUTH (1)).

einer Arbeit, die 1960 zusammen mit Herrn WACHSMUTH durchgeführt wurde, als wir die Entwicklung der Lactatdehydrogenasen in menschlichen Foeten untersuchten (1). In der Frühphase (die Länge von 10,5 cm entspricht etwa einem 3 Monate alten Foeten) ist bei der Herzmuskel-LDH vorwiegend das Hybrid vorhanden; mit steigender Reifung entwickelt sich das Muster des Erwachsenen, also bevorzugt LDH 1. Die umgekehrte Entwicklung findet in der Leber statt.

Wir haben inzwischen begonnen, die Entwicklung der anderen hier besprochenen Isoenzyme in der Ontogenese zu untersuchen. Ich kann noch keine Einzelheiten, sondern nur eine Übersicht geben. Jedes Enzym, aber auch jedes Organ, hat seine eigene Entwicklung, z. B. ist das Muster der Creatinkinase schon beim 2 1/2 Monate alten Foeten voll wie beim Erwachsenen ausgebildet, während in anderen Organen bis kurz vor der Geburt noch das Foetalstadium vorliegt. Bei verschiedenen Enzymen erfolgt offenbar erst kurz nach der Geburt eine Umstellung auf das adulte Muster. Dies gilt besonders für die Aldolase: Aldolase B, die in Leber und Niere bevorzugt vorkommt, hat einen konstant niederen Pegel bis kurz vor der Geburt. Ebenfalls erfolgt im Gehirn - mit Ausnahme des Rückenmarks - mit steigender Reifung eine Differenzierung in Richtung Vermehrung der Aldolase C.

Isoenzymmuster von Tumoren

Das Überraschendste ist, daß die Untersuchung von Tumoren den Eindruck vermittelt, daß sich das Isoenzymmuster dem Foetalstadium anpaßt. Wir sind nicht die ersten, die dies beobachtet haben. Frau SHAPIRA, Herr HORECKER und andere haben gezeigt, daß bei Hepatomen Aldolase B immer mehr verschwindet und nur noch Aldolase A entsteht. Wir können dasselbe für die Niere sagen; ein Hypernephrom enthält nur Aldolase A und keine Aldolase B, obwohl die Niere zu 80% Aldolase B enthält. Dasselbe tritt bei Gehirntumoren auf. Anhand der Aldolase-Isoenzymmuster im Operationsmaterial können wir klar differenzieren zwischen Gliomen, Meningeomen und Astrocytomen. Diese Differenzierung wird noch besser, wenn man mehrere Isoenzyme gegenüberstellt. Es war bekannt, daß z. B. das Verhältnis von LDH-H zu LDH-M bei verschiedenen Gehirntumoren unterschiedlich ist. Noch klarer wird das Bild, wenn man Aldolase plus LDH betrachtet. Die Creatinkinase, die anhand unserer Methode zum ersten Male untersucht wurde, ist ein weiteres Untersuchungsobjekt. Es scheint so zu sein, daß im Embryonalstadium und ebenfalls in Tumoren - gleich welcher Art - CK-BB überwiegt. Zur Messung der Isoenzymmuster in Tumoren möchte ich sagen, daß ich hier weniger eine diagnostische Methode sehe als die Möglichkeit, die Regulation zu studieren: die Entwicklung der Regulation in der Ontogenese und die Rückentwicklung der Regulation während der Cancerogenese.

Zum Schluß sei nur angedeutet, daß mit unserer Methode auch noch andere Probleme bearbeitet werden können: Offen ist z. B. die Frage, ob gesichert ist, daß ein Krebsenzym identisch ist mit dem Antigen im

Normalgewebe. Es gibt die Ansicht, Tumorgewebe könne ein Enzym nicht mehr exakt reproduzieren. Wir haben eine ideale Gelegenheit, durch Immuntitration mit Antiseren gegen alle Komponenten eines Isoenzym-Systems festzustellen, ob nicht mehr präcipitierbare, also veränderte Enzymmoleküle vorhanden sind. Wir werden jetzt reine Krebs-Creatinkinase immunologisch mit Normal-Creatinkinase vergleichen, außerdem beginnen wir mit der Histochemie der Isoenzyme in normalen und Tumorgeweben. Zum Beispiel kommen in der Niere Aldolase A und B nebeneinander vor, ohne Hybride zu bilden. Wir werden untersuchen, ob es in der Niere spezifische Zellen gibt, die nur Aldolase A oder Aldolase B bilden. Wo Hybride entstehen, müssen wir annehmen, daß in einer Zelle beide Isoenzyme synthetisiert werden. Ich bin überzeugt, daß mit dieser Technik noch weitere Erkenntnisse gewonnen werden können. Wir wollen uns intensiv mit diesen Problemen beschäftigen bis zur Biosynthese der Isoenzyme unter verschiedenen Regulationsmechanismen. Ich glaube, daß wir mit der immunologischen Bestimmung das richtige Werkzeug für diese Arbeiten in der Hand haben.

<u>Literatur</u>

1. PFLEIDERER, G., und WACHSMUTH, E.D.: Alters- und funktionsabhängige Differenzierung der Lactatdehydrogenase menschlicher Organe. Biochem. Z. <u>334</u>, 185 (1961).

2. PFLEIDERER, G., DIKOW, A.L., und FALKENBERG, F.: Verteilungsmuster der Aldolase A, B und C in menschlichen Organ- und Gewebsextrakten sowie in normalen und pathologischen Seren. Z. physiol. Chem. <u>355</u>, 233 (1974).

3. NEUMANN, S., and PFLEIDERER, G.: Immunological specificity of the isoenzymes I and III of human hexokinase (ATP:D-Hexose-6-Phosphotransferase, EC 2.7.1.1). Estimation of isoenzyme pattern by quantitative immunotechniques. Biochim. Biophys. Acta <u>334</u>, 343 (1974).

4. JOCKERS-WRETOU, E., and PFLEIDERER, G.: Quantitation of creatine kinase isoenzymes in human tissues and sera by an immunological method. Clin. chim. Acta <u>58</u>, 223 (1975).

5. BOLL, M., BACKS, M., und PFLEIDERER, G.: Quantitative immunologische Bestimmung von multiplen Formen der Lactat-Dehydrogenase in tierischem und humanem Gewebe. Z. physiol. Chem. <u>355</u>, 811 (1974).

6. LEHMANN, F.-G., und LEHMANN, D.: Regan-Isoenzym: Isolierung der alkalischen Phosphatase aus menschlicher Placenta und Entwicklung einer empfindlichen Methode für die Tumordiagnostik. Verh. dtsch. Ges. inn. Med. <u>80</u>, 1658 (1974).

7. LEHMANN, F.-G.: Immunological relationship between human placental and intestinal alkaline phosphatase. Clin. chim. Acta 1975, im Druck.

8. LEHMANN, F.-G.: A new method for the isolation and crystallization of human liver alkaline phosphatase. Digestion 1975, im Druck.

Diskussion

RÓKA:
Ich möchte etwas zur Methode fragen: Sie bestimmen die Restaktivität,
nachdem Sie ein Isoenzym durch einen spezifischen Antikörper ausfällen.
Meine Frage: Muß man immer Präcipitation und Enzymaktivität nebeneinander messen? Genügt nicht allein die Präcipitation, um festzustellen,
wieviel Antigen, gegen das Sie den Antikörper einsetzen, vorhanden ist?

PFLEIDERER:
Wir messen nur die Enzymaktivität im Überstand. Die nephelometrische
Kurve zeigte ich nur zum Beweis der Korrelation mit der Enzymaktivität.
Diese Kurve bestimmen wir nur, wenn der Titer eines Antiserum-Pools
neu ermittelt wird. Damit prüfen wir, wieviel Antiserum zugesetzt werden
muß: Wir geben die doppelte Menge Antiserum zu, die am Äquivalenz-
punkt notwendig ist, um eine quantitative Präcipitation sicherzustellen.
Zur Methode möchte ich noch folgendes nachtragen: Bei der Creatinkinase
können wir eine Bestimmung in 2 Stunden durchführen; wir inkubieren
1 Stunde bei 37 $^\circ$C, eine Stunde bei 4 $^\circ$C und messen im Überstand direkt
die Aktivität. Bei der Aldolase muß man über Nacht stehen lassen, weil
die Präcipitation langsamer erfolgt.

RÓKA:
Es gibt doch quantitative Präcipitations-Methoden, bei denen man lediglich feststellt, wieviel Antigen-Antikörperkomplex sich gebildet hat. Z. B.
die Trübungsmessung oder die Rocket-Technik von LAURELL.

LANG:
Die turibidimetrische Messung des Immunpräcipitates ist nur möglich,
wenn man die Menge des Präcipitates durch Hilfsreagentien, wie z. B.
Anti-γ-Globuline, vergrößert. Sie ist in jedem Falle weniger genau.

RÓKA:
Welche der Methoden ist empfindlicher?

PFLEIDERER:
Die Messung der Enzymaktivitäten. Sie können bis zu 2 ml Probe in die
Messung einsetzen. Bei der Untersuchung von Geweben haben wir immer
genügend hohe Aktivitäten; Probleme treten bei Messungen im Serum
auf, wo die Aktivitäten mancher Enzyme sehr gering sind. Herr PRELL-
WITZ wird darauf noch eingehen.

TRAUTSCHOLD:
Eine Frage an Herrn PFLEIDERER und andere immunologische Experten:
Wir haben bisher vorwiegend radioimmunologische Methoden durchgeführt
und praktizieren nun auch die enzymimmunologischen Methoden. Eine
Diskrepanz zwischen beiden Methoden ist mir nicht erklärbar: Bei dem
Antigen Enzym erfolgt unter optimalen Bedingungen eine 100%ige Bildung
des Antigen-Antikörper-Komplexes, bei den radioimmunologischen Methoden zur Hormonbestimmung eine maximale Bindung von 70 bis zu 90%
Antigen. Wir kommen bei einigen Hormonen, Gastrin beispielsweise, nicht
über 60 - 70% Bindung, auch wenn wir ein sehr günstiges Verhältnis
von Antikörper zu Antigen einstellen. Worin besteht der Unterschied;
liegen hier andere Reaktionstypen vor?

PFLEIDERER:
Sie messen etwas ganz anderes. Der Antigen-Antikörper-Komplex hat
winzige Dissoziations-Konstanten. Vielleicht ist es nur eine Frage der
Zeitdauer der Einstellung des Gleichgewichtes. Soweit ich weiß, sind die
Dissoziationskonstanten kleiner als 10^{-11}. Beim Radioimmunoassay bieten
sie einen Überschuß eines externen Antigens an und messen den Austausch.

TRAUTSCHOLD:
Wenn Sie z. B. zu einem Antikörper markiertes Antigen in verschiedener
Dosierung zugeben, bekommen Sie diese optimalen Bindungen, wie sie
beim Enzym-Antigen-Antikörper-Komplex vorliegen, nicht zustande.

PFLEIDERER:
Wir haben sehr lange immunisiert und viele Methoden durchprobiert,
bis wir Antikörper maximaler Bindungsfähigkeit erhielten.

LANG:
Herr TRAUTSCHOLD, meiner Meinung nach ist die unterschiedliche Größe
der Antigene wichtig. Die von Ihnen genannten Hormone haben Molekular-
gewichte bis zu 6 000, die von uns zur Zeit bestimmten Enzyme liegen
mindestens um eine Größenordnung darüber. Die Enzyme haben mehr
Rezeptorstellen pro Molekül, reagieren also immer mit mehreren Anti-
körper-Molekülen. Außerdem sind Enzyme bessere Immunogene als die
relativ niedermolekularen Hormone; man erhält sicher Antikörper größerer Affinität.

TRAUTSCHOLD:
Ich würde eher das Gegenteil annehmen: Ein kleines Molekül kann an die
Rezeptorstellen des Antikörpers kompletter gebunden werden als ein
großes Molekül, weil hier eine sterische Hinderung denkbar ist.

RICK:
Darf ich vielleicht eine weitere Möglichkeit der Erklärung zur Diskussion
stellen, ausgehend von dem, was Sie, Herr PFLEIDERER, gestern gesagt
haben: Die Antiseren gegen die Hormone sind ja nicht gegen das markierte
Hormon gerichtet. Das ist sicher ein ganz entscheidender Unterschied,
und wenn wir von Ihnen hörten, daß das Jodatom, mit dem wir die Hor-

mone markieren, derartig groß ist, dann ist es kein Wunder, wenn die
determinanten Eigenschaften des Antigens, das wir zur Immunisierung
benutzt haben, ganz anders sind als die des Antigens, das wir später
binden.

TRAUTSCHOLD:
Eine absolute Identität des markierten Antigen-Moleküls mit dem zur
Immunisierung verwendeten Antigen scheint, wie das Beispiel des RIA
für Digoxin zeigt, nicht in jedem Falle erforderlich zu sein. Bei diesem
Testsystem wird ein durch Ankopplung von Bernsteinsäure und einem
Jod-markierten Tyrosylrest weitgehend verändertes Antigenmolekül vollständig von einem Antikörper gebunden, der nicht durch Sensibilisieren
mit dem Glykosid-Molekül, sondern durch den Geninanteil allein gewonnen
wurde.

PFLEIDERER:
Bei den Hormonen werden oft recht schlechte Präparate zur Immunisierung verwendet, so daß es kein Wunder ist, wenn man keine 100%ige
Bindung erhält. Außerdem ist, wie Herr LANG sagte, die Art und Größe
des Antigen-Moleküls sicher auch von großer Bedeutung. Denn was bei
der Beladung mit dem Antikörper passiert, übersehen wir noch gar nicht.
Ein Beispiel: Creatinkinase MB wird von den Kaninchen-Antikörpern
gegen Creatinkinase MM und gegen Creatinkinase BB zu je 90% gefällt;
gibt man beide Antikörper zu, wird das Hybrid zu 100% gefällt. Wir
haben bewiesen, daß die Quartärstruktur der Creatinkinase durch die
Beladung mit viel Antikörper zerbricht. Die 10% CK-MB, die wir mit
dem einzelnen Antiserum nicht fällen, resultieren tatsächlich aus der
Bildung des tetrameren Isoenzyms, wie wir direkt in der Elektrophorese
nachprüfen können. Es passiert also doch mehr, als man sich vorstellt.
Als Hauptargument möchte ich aber die Erklärung gelten lassen, die
Herr RICK vorschlug.

VETTER:
Wenn Sie so spezifische Antikörper haben, läßt sich Ihr Ergebnis nicht
in Gewichtseinheiten Enzym angeben? Dann sind Sie nicht darauf angewiesen, mit Aktivitäten zu rechnen, bei denen Sie nie sicher sind, ob
Sie teilweise gehemmte oder inaktivierte Enzyme messen.

LEHMANN:
Zu den verschiedenen methodischen Fragen möchte ich folgendes sagen:
Primär gibt es zwei Möglichkeiten zu messen, immunologisch oder enzymatisch. Die immunologischen Methoden scheiden aus, weil die Mengen
an Enzymprotein, die im Serum auftreten, so gering sind, daß sie immunologisch, z.B. mit der HEIDELBERGER-Kurve, nicht zu erfassen
sind. Es bleiben also nur enzymologische Methoden. Hier gibt es mehrere
Möglichkeiten: 1. die Kompetitionsmessung; man mißt die Aktivität nach
Zugabe einer bekannten Menge Antigen, wie z.B. im Enzym- oder Radioimmunoassay; 2. die Enzym-Hemmung; diese Methode ist primär die
einleuchtendste. Sie geht aber nicht, weil es sehr schwierig ist, reproduzierbar hemmende Antikörper bei verschiedenen Tieren herzustellen

und weil zumindest bei den meisten Enzymen die Hemmung nicht total
ist. Man kommt je nach Antikörper-Charge auf Restaktivitäten von 40 -
60%; wenn man großes Glück hat, auf 20%. Der methodische Fehler wird
dadurch so groß, daß eine reine Hemmungsmessung für Routineuntersu-
chungen sinnlos ist; 3. die Methode von Herrn PFLEIDERER, die Differenzmessung. Er hat ein Gemisch von Isoenzymen, gibt den Antikörper
gegen ein Isoenzym zu und mißt die restliche Enzymaktivität im Überstand der Präcipitation. Diese Methode ist gut, wenn der zu messende
Anteil einen hohen Prozentsatz der Gesamtaktivität darstellt, dann ist
nämlich der Fehler, der durch die Differenzmessung zustandekommt,
nicht so groß. Es funktioniert dann nicht mehr, wenn man sehr geringe
Anteile eines Isoenzyms an der Gesamtaktivität messen will, weil dann
der Fehler der Differenz größer ist als das, was man eigentlich messen
will. Dann müßte man die 4. Methode verwenden, die direkte Messung.
Man müßte die Enzym-Aktivität im Antigen-Antikörper-Präcipitat messen;
das ist technisch sehr schwierig, weil man das Präcipitat häufig gar
nicht sieht. Man kann es nicht waschen, wieder aufnehmen und dann
messen. Außerdem ist ein Teil der Aktivität in diesem Präcipitat gehemmt, denn zu einem gewissen Grad hemmt das Antiserum immer.
Hier gibt es einen Ausweg, den wir bei der alkalischen Placenta-Phosphatase verwendet haben: Wir haben ein Immunadsorbens mit unlöslichem
Antikörper hergestellt. Dieser bindet das Isoenzym in einem unlöslichen
Komplex. Man mißt zwar die gehemmte Aktivität im Komplex, aber man
ist wenigstens in der einsetzbaren Probenmenge nicht beschränkt. Man
kann ohne weiteres 1 oder 2 ml Probe verwenden. Dann hat man soviel
Isoenzym am Immunadsorbens konzentriert, daß man trotz der Hemmung
genügende Aktivitäten messen kann.

Dies sind einige theoretische und praktische Überlegungen, wie man bei
der immunologischen Isoenzymbestimmung vorgehen kann. Eine Ein-
schränkung muß man allerdings machen: Die Methode funktioniert nur in
einem relativ engen Bereich, im Äquivalenzbereich oder im geringen
Antikörperüberschuß. Das hört sich einfach an, ist aber manchmal in
der Praxis ziemlich schwierig, weil man nicht weiß, wieviel Antigen man
in einer unbekannten Probe hat.

LANG:
Zu den methodischen Möglichkeiten: Herr WÜRZBURG und Herr NEU-
MEIER arbeiten an verschiedenen Varianten eines Immunoassay für
Creatinkinase MB, auch unter Verwendung der Verdrängungsreaktion mit
markiertem Antigen. Die Methode funktioniert im Prinzip; es sind aber
noch viele technische Probleme zu lösen. Auch die reproduzierbare Erzeugung vollständig aktivitätshemmender Antikörper scheint nach den
Versuchen von Herrn WÜRZBURG bei Verwendung einer speziellen Technik möglich zu sein.

HENNRICH:
Ich wollte zu Herrn LEHMANN's Bemerkung sagen, daß die Tatsache,
ob eine Aktivitätshemmung bei einem Enzym-Immunkomplex auftritt,
von der Größe des Substrates abhängt. Da durch den Antikörper das

aktive Zentrum des Enzyms teilweise verdeckt wird, können hochmolekulare Substrate das aktive Zentrum schlechter erreichen, deshalb ist die
Hemmung stärker. Niedermolekulare Substrate kommen besser heran,
deshalb ist die Hemmung schwächer. Das kann man als allgemeine Regel
annehmen.

WALLER:
Ich habe nur eine kurze Frage am Rande der Problematik: Unterscheiden
sich die K_M-Werte für ATP und Glucose bei Hexokinase I und III wesentlich?

PFLEIDERER:
Nein. Man hat im wesentlichen den Substrathemmeffekt der Glucose.

HILLMANN:
Herr PFLEIDERER, Sie sagten, daß eine Ihrer Mitarbeiterinnen 2 Jahre
brauchte, um präcipitierende Antikörper gegen Creatinkinase zu erhalten.
Es scheint bei Ihren außerordentlichen Erfolgen auf diesem Gebiet bei
der Immunisierung spezielle Verfahren zu geben. Können Sie hierzu etwas
sagen?

PFLEIDERER:
Es gibt keinen speziellen Trick, sondern wir haben sehr viele Tiere
systematisch durchprobiert. Es war uns anfangs nicht möglich, Creatin-
kinase-Antikörper im Huhn zu erhalten. Man sollte annehmen, daß das
Huhn entwicklungsgeschichtlich besonders weit entfernt ist; aber wir erhielten überhaupt keine Reaktion. Besonders wichtig war auch, auf das
menschliche Enzym überzugehen. Wir haben zuerst mit dem tierischen
Antigen angefangen, aber keine Immunantwort erhalten. Die beste Immu-
nisierungsmethode, die wir im Moment anwenden, ist die Injektion kleiner
Antigen-Mengen an verschiedenen Stellen unter die Haut und nachfolgende
Boosterung. Das kostet sehr viel Zeit; man darf nicht schon nach 14 Tagen Blut abnehmen. Wir immunisieren manchmal ein Vierteljahr, bis wir
sauber präcipitierende Antikörper haben.

MATTENHEIMER:
Sie haben, Herr PFLEIDERER, die Niere sehr häufig erwähnt. Ich würde
vorschlagen, streng zwischen den einzelnen Abschnitten der Niere zu
unterscheiden: Cortex, Medulla und Papilla. Beim LDH-Isoenzymmuster
kann man zeigen, daß in der Cortex LDH 1 vorherrscht, während weiter
unten eine Verschiebung stattfindet, so daß in der Papilla fast ausschließlich LDH 4 ist. So ist es bei der Ratte, nicht ganz so ausgeprägt beim
Menschen. Wenn man die Stoffwechselquotienten bzw. System-Korrelationen
nach PETTE und BÜCHER bestimmt, sieht man, daß diese mit der vorwiegend aeroben oder anaeroben Stoffwechsellage der einzelnen Abschnitte
gut übereinstimmen. Wir haben bei der Nephron-Dissektion gezeigt, daß
man zwischen den einzelnen Abschnitten des Nephrons anhand der Verschiebung des LDH-Isoenzymmusters differenzieren kann. Wenn Sie die
Aldolase-Isoenzyme untersuchen, könnte ich mir vorstellen, daß weniger
Unterschiede von Zelle zu Zelle als zwischen den einzelnen Abschnitten
des Nephrons bestehen.

PFLEIDERER:
Ich hoffe, daß Sie diese Untersuchungen durchführen! Ich muß immer
wieder sagen, daß wir durch die Fülle der Probleme einfach überfordert
sind; auch durch die Schwierigkeiten eines theoretischen Instituts, an alle
Gewebsproben heranzukommen, die wir benötigen würden. Wenn Sie Zeit
haben, würden wir Ihnen solche speziellen Fragestellungen gerne über-
lassen. Ich bin Ihrer Meinung, daß es bei der Aldolase nicht nebeneinander A-Zellen und B-Zellen gibt. Herr WACHSMUTH in Basel wird in der
nächsten Zeit die Immunhistochemie der Aldolase bearbeiten, dabei wird
dieses Problem geklärt werden.

DUBACH:
Ich glaube, es ist sehr wertvoll, daß Herr PFLEIDERER bei der Stagnation der klinischen Enzymdiagnostik wieder neuen Wind in die Entwicklung
bringt. Er hat ja angesprochen, daß wir uns 1968 in Heidelberg getroffen
haben und daß dort eine eher negative Stimmung im Hinblick auf die Bedeutung der klinischen Enzymdiagnostik in der Zukunft herrschte.

Als erste Anregung möchte ich an das, was Herr MATTENHEIMER gesagt
hat, anschließen und es vielleicht noch etwas weiterführen: Wir müssen
uns bei der Analyse von Enzymsystemen nicht nur auf Organe beschränken. Ich glaube, es genügt auch nicht. Abschnitte von Organen anzusehen;
sondern man muß Funktionseinheiten der einzelnen Organe betrachten,
um weiterzukommen. Hier möchte ich eine klare Warnung aussprechen,
daß man sich nicht damit begnügt, an Homogenaten zu arbeiten. Wir haben
z. B. in den letzten zwei Jahren in Basel durch Unterteilung des Ratten-
Nephrons in 10 Unterabschnitte erfahren, daß die Stoffwechselvorgänge in
der Niere - vor allem im Hinblick auf den Kohlenhydratstoffwechsel -
völlig verschieden sind von dem, was bisher aus Homogenats-Untersu-
chungen in der Literatur veröffentlicht wurde. Die einfache Auffassung,
daß der Cortex aerob und die Medulla anaerob arbeiten, ist nicht mehr
haltbar. Bei der Niere muß man sogar die verschiedenen Nephronentypen ,
das juxta-medulläre und das subcapsuläre, einzeln analysieren. Ich glaube
deshalb, auch bei der Tumorforschung sollte man gleich an die Einzel-
elemente herangehen. Es ist vielleicht jetzt am Anfang schwierig, aber
es würde spätere Enttäuschungen vermeiden helfen.

Ein Zweites: es wäre interessant - ich denke jetzt an die Pathophysiologie von Nierenkrankheiten - Antikörper gegen Membranen und Zellen
selbst zu erzeugen. Wenn Sie mithelfen könnten, auf diesem Gebiet noch
spezifischere Antikörper herzustellen. wäre dies wertvoll.

PFLEIDERER:
Zu den Antikörpern gegen Zellen und Zellbestandteile kann ich sagen,
daß die Forschung bei uns auch schon läuft; darüber hatte ich aber heute
nicht zu berichten. Zusammen mit der Gruppe von Herrn MONDORF
arbeiten wir an Nieren-Tubuli und haben eine sehr empfindliche Methode,
um z. B. die Wirkung cytotoxischer Substanzen auf die Nieren-Oberfläche
zu messen (SCHERBERICH, J. E. , FALKENBERG, F. W. , MONDORF,
A. W. , MÜLLER, H. , und PFLEIDERER. G. : Clin. chim. Acta 55, 179
(1974)). Diese Arbeit wurde ausgelöst durch Transplantationsversuche.

Herr MONDORF hatte das Glück, ein Jahr in Boston zu sein und hat Seren
und Harn von Patienten mitgebracht, die der Transplantation unterworfen
waren. Bei diesen Patienten erscheinen kurz vor der Abstoßungskrise im
Harn Alanin-Aminopeptidase, alkalische Phosphatase und γ-Glutamyltrans-
ferase. Sie sehen, daß wir durchaus schon in die Feinheiten gehen. Das
Endziel meiner Untersuchungen war immer, über die Enzymdiagnostik
hinaus organspezifische Antigene zu finden.

DUBACH:
Darf ich noch eine Frage zur Präzisierung stellen: Diese Untersuchung
der Enzyme im Urin erfolgte auf immunologischer Basis?

PFLEIDERER:
Sowohl auf enzymatischer als auch auf immunologischer Basis. Das geht
so weit, daß man einen immunologischen Standard herstellen kann. Ich
habe Herrn MONDORF reine menschliche Nieren-Alanin-Aminopeptidase
gegeben, er kann damit in der MANCINI-Technik aus der Größe des Flek-
kes sofort rückschließen, wieviel Antigen im Harn vorkommt, ohne Störung durch Harnstoff und andere Bestandteile.

DUBACH:
Wie ist die Korrelation zwischen der enzymatisch und der immunologisch
gemessenen Aktivität?

PFLEIDERER:
Es ist so, daß anscheinend sogar Enzyme, die nicht mehr voll aktiv sind,
mit der immunologischen Methode noch erfaßt werden. Das ist ein seltener Fall, meistens ist es ja umgekehrt.

DUBACH:
Es ist ja eine der großen Fragen, wieviel Enzym maskiert und wieviel
Enzym aktiv vorhanden ist. Wir haben diese Frage kürzlich im Hinblick
auf die Aktivität der Na-K-ATPase und der Aldosteron-Wirkung diskutiert.
Offensichtlich ist in der Niere Enzymaktivität maskiert, die wir mit unserer Methode nicht nachweisen können. Wir finden Aktivitätsunterschiede
zwischen verschiedenen Methoden der Aufbearbeitung des Gewebes.

PFLEIDERER:
Dazu gibt es konträre Erfahrungen: Bei der Creatinkinase wissen die
Klinischen Chemiker genau, daß man vor der Messung aktivieren muß.
In dem Moment, wo die Aktivität abnimmt, versagt auch die Immun-Aktivität, d.h. wir haben einen Zusammenbruch der Tertiärstruktur. Nach
Reaktivierung ist auch die Immun-Aktivität wieder vorhanden. Dies ist
ein für den Proteinchemiker einzigartiges Modell, um zu zeigen, daß
allein die Oxydation der SH-Gruppen die gesamte Tertiärstruktur zusam-
menbrechen läßt. Bei der Nieren-Aminopeptidase scheint es umgekehrt
zu sein: im Harn wird zum Teil nicht mehr aktives Enzym ausgeschieden,
aber der Antikörper erkennt das Antigen noch. Man muß in diesem Fall
eine eiweißspezifische Färbung zum Nachweis verwenden.

RÓKA:

Ich möchte auf das zurückkommen was Herr PFLEIDERER über die Ausscheidung von Enzymen durch die Niere gesagt hat. Wenn ich richtig verstanden habe, haben Sie erwähnt, daß es zwischen der enzymatischen Aktivität und dem immunologischen Nachweis mit der MANCINI-Technik Diskrepanzen gibt. Ich glaube, man sollte dem Punkt noch mehr Aufmerksamkeit schenken, daß möglicherweise noch Moleküle vorhanden sind, die immunologisch reagieren, ohne daß sie ihre volle enzymatische Aktivität haben. Es gibt ja eine ganze Reihe von Proteinen, die nicht in einem Reaktionsschritt synthetisiert werden. Ich denke an die Blutgerinnung. Wir wissen von den Enzymen, die in der Leber gebildet werden - z.B. Prothrombin oder die Faktoren VII, IX und X - daß zunächst ein inaktives Molekül synthetisiert und anschließend so modifiziert wird, daß es seine biologische Aktivität erhält. Das enzymatisch inaktive Molekül zeigt bereits volle immunologische Aktivität, so daß man durch Bestimmung beider Parameter ermitteln kann, wieviel von der Vorstufe neben dem fertigen Enzym vorhanden ist. Möglicherweise gibt es auch in anderen Systemen ähnliche Beziehungen, so daß man den Unterschieden zwischen enzymatischer Aktivität und immunologisch nachweisbaren Molekülen mehr Aufmerksamkeit schenken sollte. Möglicherweise können bei Erkrankungen Modifikationen auftreten, bei denen nur eine Eigenschaft und nicht beide gleichzeitig beeinflußt sind - im Unterschied zu dem, was Sie vorher von der CK gesagt haben, bei der offenbar beide Veränderungen parallel gehen.

PFLEIDERER:

Ich habe mit der alkalischen Darmphosphatase wahrscheinlich ein Beispiel in der Hand: Ich hatte angedeutet, daß bei Darmerkrankungen die Aktivitätserhöhung im Serum nicht auf Darmphosphatase zurückgeht, aber im Kot. Im Kot finden wir neuartige Phosphatase-Banden, die aber immunologisch noch voll aktiv sind. Ich vermute, daß hier angedaute Phosphatase-Moleküle vorliegen. Ähnliches gilt für die Aminopeptidase. die im Harn ein sehr viel niederes Molekulargewicht hat als in der Niere. Hier haben wir das Glück, daß die immunologische Aktivität trotz Verkleinerung des Moleküls noch vorhanden ist.

Ich habe noch ein anderes Beispiel, das nichts mit der Klinik zu tun hat: Bei Bienen werden je nach Kaste bestimmte Proteasen gebildet oder nicht gebildet. Das unterschiedliche Futter bei der Königin, der Larve oder der Arbeiterin bewirkt diesen Effekt. Wir hoffen, die stumme enzymatische Aktivität durch Cross Reacting Material nachweisen zu können. Ich erwarte fast sicher, daß die immunologische Reaktion noch vorhanden ist, aber keine enzymatische, denn anscheinend wird eine inaktive Protease produziert.

RÓKA:

Darf ich dazu noch etwas ergänzen? Ich glaube auch, daß man in der Lebensgeschichte eines Proteins die enzymatische Aktivität nur über eine bestimmte Strecke erfassen kann; davor und danach liegen Strecken, die man möglicherweise noch immunologisch erkennen kann.

Sie hatten gleich am Anfang Ihres Referates die multiplen Formen der
Enzyme gegenüber den Isoenzymen ausgeklammert. Steht bei diesen multiplen Formen der Enzyme eventuell eine Antigen-Verwandtschaft dahinter,
so daß man annehmen könnte, daß exogene Einflüsse bei ihrer Entstehung
eine Rolle spielen?

PFLEIDERER:
Dies ist ein Phänomen, das bisher niemand exakt deuten kann. Ich habe
mit vielen Molekularbiologen gesprochen, und mir scheint, daß es erste
Anzeichen einer Evolution eines Enzyms sind. Es scheint so zu sein,
daß oft eine Genverdopplung stattfindet. Wenn nur ein, zwei oder drei
Aminosäuren durch Mutation verändert sind, erkennt dies der Antikörper
kaum. Wir haben als Beispiel die Amylase: Ich habe sie bewußt nicht
erwähnt, denn sie kommt nach unseren neuesten Ergebnissen im Menschen nur in einer Form vor: in Speichel, Pankreas, Leber und Serum
gibt es nur eine Amylase. Wir haben aber acht multiple Formen, die
immunologisch fast identisch sind. Ursache sind wahrscheinlich Genver-
dopplungen; durch verschiedene Gene werden fast identische Enzyme gebildet, die der Antikörper meistens nicht unterscheiden kann, höchstens
in der Mikro-Komplement-Fixierung. Mit dieser Methode kann man sogar,
wenn man Glück hat, den Austausch einer Aminosäure erkennen.

KELLER:
Wir haben bisher von der LDH, Creatinkinase, Aldolase, Hexokinase und
alkalischen Phosphatase gehört; ich vermisse die saure Phosphatase. Es
gibt sehr viel gerichtsmedizinische Literatur über die verschiedenen
Isoenzyme der sauren Phosphatase bei Vaterschaftsuntersuchungen; aber
die saure Phosphatase ist das Enzym, das uns bei malignen Erkrankungen
eigentlich die größten Rätsel aufgibt. Ich erinnere nur daran, daß die
sogenannte Prostata-Phosphatase, bei der Mehrzahl aller Mammacarcinom-
Patienten erhöht ist. Hat sich noch niemand mit der sauren Phosphatase
auseinandergesetzt?

PFLEIDERER:
Herr KELLER, ich habe mich auf das Urteil einiger hier sitzender
Klinischer Chemiker gestützt und gehört, daß die alkalische Phosphatase
interessanter ist. Außerdem kommt bei der sauren Phosphatase nach den
Arbeiten von HARRIS wie bei den Blutgruppensubstanzen das Problem
verschiedener genetischer Typen in der Bevölkerung hinzu. Es wird also
mehr Komplikationen geben; aber es ist für uns kein Problem, diese
Frage zu bearbeiten.

Wir warten, das ist meine Bitte an Sie alle, auf neue Vorschläge. Im
Prinzip schwebt mir vor, Enzyme von verschiedenen Stoffwechselcyclen
zu untersuchen. Wir müssen von der Glykolyse weg, deswegen erhielten
wir auch mit der Creatinkinase sofort verblüffende Ergebnisse. Ich möchte
vor allem auch in den Aminosäure- und Nucleinsäure-Stoffwechsel ein-
dringen und suche mir die Enzyme aus, die mir typisch für einen spezifischen Stoffwechselweg oder Regulationsvorgang erscheinen. Meine Ein-
schränkung ist, daß wir genetisch determinierte Isoenzyme bearbeiten.

Wir haben z.B. auch bei der alkalischen Phosphatase viele multiple For-
men, die durch Allele determiniert und immunologisch identisch sind.
Viele dieser Formen haben nur einen unterschiedlichen Neuraminsäure-
Gehalt.

HEINTZ:
Ich habe zwei Fragen, die möglicherweise etwas hypothetisch sind, aber
doch an die Bemerkungen von Herrn PFLEIDERER anknüpfen. Meine
erste Frage: Sie sagten vorhin, daß das Hypernephrom reich an Aldolase A
ist.

PFLEIDERER:
Es enthält praktisch nur Aldolase A.

HEINTZ:
Gestern sagten Sie, daß Sie eventuell an den Enzymen der Tumoren die
Ontogenese ablesen könnten; ich weiß nicht, wieweit Sie das spekulativ
gemeint haben.

PFLEIDERER:
Nein, das sind Versuchsergebnisse.

HEINTZ:
Wieweit kann man beispielsweise mit Hilfe eines Enzymmusters eine
Identität zwischen dem Hypernephrom und einer Matrix herstellen, die
vielleicht durch die Ontogenese erklärt werden kann? Man wußte ja lange
nicht, welche Matrix das Hypernephrom hat, auch heute ist diese Frage
noch nicht ganz entschieden. Wenn während der embryonalen Genese ein
bestimmtes Organ oder eine bestimmte Zellformation - z.B. der Pro-
nephros, Mesonephros oder Metanephros - vornehmlich Aldolase A enthält, kann man aus der Enzymstruktur eines Tumors - z.B. einer Metastase, deren Ursprung wir nicht kennen - eventuell auf den Primärtumor
schließen?

PFLEIDERER:
Diese Frage würde ich verneinen. Wir sind der Meinung, daß alle Tumo-
ren gleichartig sind; ich hoffe, dies anhand der Creatinkinase beweisen
zu können. Wir haben die Vorstellung, daß CK-MM aus mesodermalem
Gewebe und CK-BB aus ektodermalem Gewebe stammt. Ich habe eine
Beziehung zur Humangenetik in Freiburg geknüpft; dort ist es möglich,
Oocyten zu implantieren und die erste Entwicklung zu verfolgen. Herr
ENGEL hofft, daß er in der befruchteten Eizelle die mesodermalen und
ektodermalen Gewebe einigermaßen sauber präparativ trennen kann. Damit
können wir vielleicht diese Frage entscheiden.

Zur Tumorgenese möchte ich noch einmal die Theorie von gestern wiederholen: Ich glaube, daß sowohl beim Foeten als auch beim Krebs einfach eine Repressor-Induktor-Regulation besteht, indem das eine Enzym
aus bisher unbekannten Gründen ausgeschaltet, das andere eingeschaltet
wird und daß beim Krebs der umgekehrte Vorgang abläuft. Diese Theorie
muß man aber in jahrelanger Arbeit beweisen.

C. G. SCHMIDT:

Ich würde gerne noch einmal auf Ihre Theorie der Verwandtschaft foetaler Muster und Tumormuster eingehen. Wenn sich diese bestätigen würde, hätte es weitreichende Konsequenzen für unser Verständnis. Ein Modellsystem, mit dem Sie dies vielleicht untermauern können, wäre das Verhalten von Hodentumoren. Dort können Sie unter Umständen das Umgekehrte dessen sehen, was Sie jetzt formuliert haben: eine Redifferenzierung. Ich spreche jetzt nicht von den Seminomen, sondern von den verschiedenen Klassen der Teratocarcinome: Embryonalcarcinome mit und ohne Seminom, solche mit chorialem Anteil, intermediäre Formen und reife Teratome. Erstens würde es mich interessieren, ob zwischen Testis-Gewebe und den Teratocarcinomen ein Unterschied im Enzymmuster besteht. Zweitens gibt es unter der Therapie dieser Tumoren Ausreifungsmuster in den Metastasen, die der Primärtumor kaum zeigt. Wahrscheinlich werden durch die Therapie Überlebenszeiten erreicht, die unbehandelt nicht erreichbar waren. Ein primitiver embryonaler Tumor produziert also in seinen Metastasen ein ganz reifes Tumormuster. Dieses reife Tumormuster ist später verantwortlich für die Tatsache, daß man bestimmte Metastasen nicht mehr behandeln kann, weil sie sich mit einer niedrigen Proliferationsrate im Vergleich zum Primärtumor der Therapie entziehen. Es wäre interessant zu erfahren, ob in den ausgereiften Metastasen eines solchen Tumors ein "reiferes" Enzymmuster vorhanden ist als im Primärtumor.

PFLEIDERER:

Ich kann zu dieser Frage im Augenblick keine Stellung nehmen. Es ist noch sehr viel experimentelle Arbeit zu leisten und hierfür benötigen wir Ihre Hilfe. Wir brauchen Gewebe und Tumormaterial, vor allem aus enzymatisch differenzierten Geweben, um die notwendigen Versuche durchführen zu können. Wenn jemand von Ihnen uns regelmäßig mit Untersuchungsmaterial unterstützen kann, wären wir sehr dankbar.

F. W. SCHMIDT:

Warum wollen Sie die Frage nicht jetzt schon mit "ja" beantworten?
Wir wissen doch, daß zwischen Differenzierung und Entdifferenzierung und dem Stoffwechsel, damit auch den Enzymmustern, enge Korrelationen bestehen; daß mit zunehmender Entdifferenzierung z. B. die Glykolyse-Rate zunimmt und sich das Enzymmuster dem foetalen Typ nähert. Zugleich fallen zunehmend spezifische Funktionen aus; z. B. findet man in Metastasen von entdifferenzierten Melanosarkomen keine Melanin-Bildung mehr.

C. G. SCHMIDT:

Dies ist aber das Umgekehrte dessen, was wir diskutiert haben! Ich weiß nicht, ob wir die These des Embryonalstadiums in Tumoren schon mit "ja" beantworten können.

PFLEIDERER:

Ich glaube, es herrscht Einigkeit, daß die Phänomene der Glykolyse nicht ausreichen, um die Tumorentstehung zu erklären. Damit ist zum Beispiel nicht zu erklären, warum das LDH-Muster in einem Tumor kaum eine Veränderung zeigt. Es gibt Arbeiten über das langsame Wachstum von Tumoren im Nervengewebe. Dabei treten nur minimale Verschiebungen zwischen H- und M-Typ der LDH auf. Wir wollen jetzt mit Hilfe der Aldolase-Antiseren untersuchen, ob bei der Tumorentstehung Aldolase C verschwindet - was wir eigentlich erwarten. Wir können wahrscheinlich schon aus dem Verhältnis Aldolase : LDH zeigen, daß es keine Beziehung von Tumorgenese und Glykolyse gibt.

Immunologische Bestimmung von
Isoenzymen im Serum

W. Prellwitz, W. Gempp-Friedrich und H. Lang

Dieses Referat faßt die Ergebnisse folgender Arbeitsgruppen auf dem
Stand von Januar 1975 zusammen: GOEDDE u. BENKMANN (Hamburg),
KNEDEL u. NEUMEIER (München), LANG, HENNRICH u. WÜRZBURG
(Darmstadt), LEHMANN (Marburg), MONDORF (Frankfurt), PFLEIDERER
(Bochum), PRELLWITZ u. GEMPP (Mainz), TRAUTSCHOLD, FREISE u.
BURKHARDT (Hannover).

Creatinkinase

Die Creatinkinase oder Creatin-Phosphotransferase (Abkürzung = CK)
kommt im menschlichen Organismus in Form der Isoenzyme MM und BB
und des Hybrids CK-MB vor. Diese unterscheiden sich in ihren katalytischen Eigenschaften, der elektrophoretischen Beweglichkeit und dem
isoelektrischen Punkt. Das Isoenzym CK-MM findet sich vorwiegend in
der quergestreiften Muskulatur, CK-BB im Gehirn, das Hybrid CK-MB
bis zu einem Anteil von 30% im Herzmuskel, in geringer Aktivität auch
im Pankreas, Zwerchfell, der Aorta, Lunge und dem Uterus. In Tab. 1
ist die Organverteilung der CK-Isoenzyme dargestellt. Das Pankreas
enthält 90% CK-BB; die Gesamtaktivität des Enzyms in der Bauchspei-
cheldrüse ist allerdings um den Faktor 100 geringer als im Herzpapillar-
muskel.

Im Serum werden die Isoenzyme der CK bislang durch die unterschiedliche elektrophoretische Beweglichkeit in Agarose, durch Isoelektrofokus-
sierung, durch chromatographische Methoden oder durch Aktivitätsmessungen bei unterschiedlichen pH-Werten differenziert. Der Arbeitsgruppe
LANG gelang es, nach der Isolierung reiner CK-MM und CK-BB aus
Human-Geweben präcipitierende, isoenzymspezifische Antisera gegen
beide Isoenzyme zu erzeugen. Die Kreuzreaktion der Antisera liegt unter
0,1%, gemessen mit der passiven Hämagglutinations-Inhibition. Damit
konnte eine Bestimmung der CK-Isoenzyme im Serum als Immunpräci-

pitations-Methode entwickelt werden, wobei die CK-Aktivität im Serum vor und nach Präcipitation mit den entsprechenden Antisera gemessen wird (Arbeitsgruppen KNEDEL, LANG und PRELLWITZ).

Tab. 1. Verteilung der Creatinkinase-Isoenzyme in menschlichen Geweben (TRAUTSCHOLD et al., 1974).

Gewebe	U/g Frischgewicht	Präcipitierbarer Anteil in %	
		Anti-CK-MM	Anti-CK-BB
Herz-Papillarmuskel	380	92,9	17,1
Vorhofmuskulatur	180	91,2	16,6
M. rectus abd.	1020	97,4	2,2
Pankreas	3,9	0	90,1
Gehirn	53	0	82,0

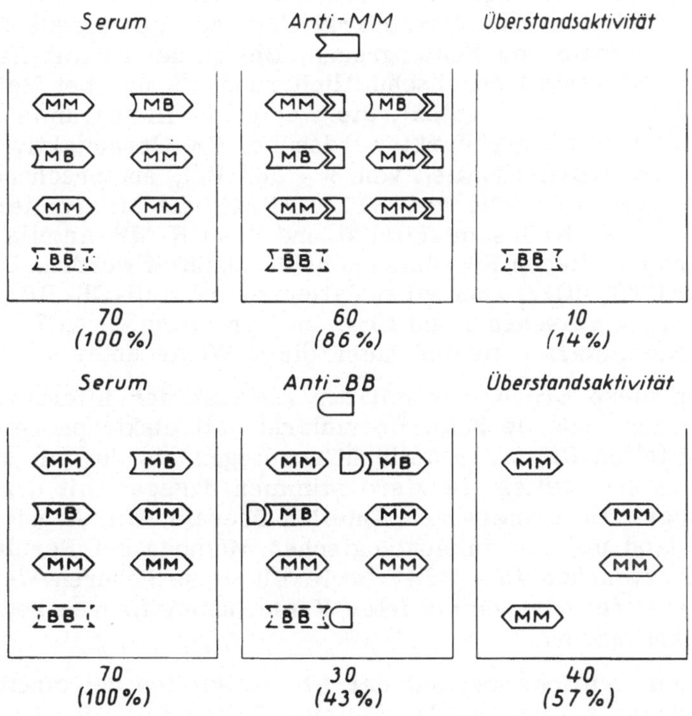

Abb. 1. Prinzip der Bestimmung der Creatinkinase-Isoenzyme mit Differenzmessung der CK-Aktivitäten vor und nach Immunpräcipitation.

In Abb. 1 ist das Prinzip der Bestimmung schematisch dargestellt. Mit
dem Anti-CK-MM-Serum werden die Isoenzyme CK-MM und CK-MB, mit
Anti-CK-BB-Serum die Isoenzyme CK-BB und CK-MB quantitativ gefällt.
Da das Isoenzym CK-BB bislang bei intakter Blut-Liquor-Schranke im
Serum nicht nachgewiesen werden konnte, ergibt die Differenz der im
unbehandelten Serum und der im Überstand der mit Anti-CK-BB präci-
pitierten Probe gemessenen CK-Aktivitäten die gesuchte CK-MB-Aktivität.

Tab. 2 enthält das Ansatzschema der Bestimmung und die Berechnung
der Isoenzym-Aktivitäten. Ansatz D dient zur Kontrolle der quantitativen
Präcipitation. Alle zu untersuchenden Seren werden so verdünnt, daß die
Gesamt-CK-Aktivität im Bereich von 70 - 90 U/l liegt. Bei Dreifachbestimmungen in diesem Aktivitätsbereich kann bei einer Standardabweichung
der als Differenz berechneten CK-MB-Aktivität von 1,66 U/l als kleinster
Wert 3,3 U/l CK-MB, entsprechend 4% der gemessenen CK-Gesamtaktivität von 80 U/l, auf dem 95%-Niveau signifikant von Null unterschieden
werden.

Mit Hilfe dieser Methode wurden von den Arbeitsgruppen KNEDEL,
PFLEIDERER und TRAUTSCHOLD Untersuchungen bei Patienten mit erhöhter CK-Gesamtaktivität bei gesichertem Herzinfarkt und anderen Erkrankungen vorgenommen. In Tab. 3 sind die Ergebnisse der Arbeitsgruppe KNEDEL in Form der Mittelwerte dargestellt: Bei Patienten mit
erhöhten CK-Aktivitäten ohne Herzinfarkt liegt der gemessene CK-MB-
Anteil (0,7%) innerhalb der Fehlergrenze. Bei Patienten mit Herzinfarkt
beträgt der CK-MB-Anteil durchschnittlich rund 8% und bei Reinfarkten
im Mittel rund 10%. Abb. 2 enthält die Werte als Histogramm aufgetragen. Bei Patienten mit Herzinfarkt wurden bei CK-Gesamtaktivitäten von
50 - 2 800 U/l CK-MB-Aktivitäten von 3 - 383 U/l, entsprechend 1 - 15%
CK-MB-Anteil, gemessen. Die von WITTEVEEN und Mitarbeitern gefun-
dene Korrelation der CK-Gesamtaktivität und des CK-MB-Anteils beim Myokardinfarkt kann aus diesen Ergebnissen nicht bestätigt werden. Die Arbeitsgruppe von TRAUTSCHOLD konnte bei Patienten mit Anti-CK-BB präcipitierbare CK-Aktivitäten zwischen 3 und 18%, im Durchschnitt von 7%, messen
(Tab. 4). Bei Nichtinfarktpatienten lagen diese Werte unter 4% (Tab. 5).

Vergleicht man diese Ergebnisse mit den Angaben der Literatur, muß
festgestellt werden, daß die beim Herzinfarkt mit elektrophoretischen
Methoden ermittelten CK-MB-Anteile höher liegen als die mit der Immunpräcipitation ermittelten. Letztere stimmen dagegen mit den durch
Säulenchromatographie gemessenen Anteilen überein. Die Arbeitsgruppe
PFLEIDERER fand mit der immunologischen Methode bei Herzinfarkten
CK-MB-Anteile zwischen 15 - 36%. Inwieweit diese höheren Werte durch
die von der Arbeitsgruppe verwendeten Kaninchen-Antiseren bedingt sind,
muß noch geklärt werden.

In Abb. 3 ist der zeitliche Verlauf der CK-Aktivitäten bei einem Patienten mit Herzinfarkt gezeigt. In den meisten Fällen liegt der Gipfel der
CK-MB-Aktivität etwa 10 - 20 Std nach dem Zeitpunkt des Infarktein-
trittes und somit kurz vor dem Gipfel der CK-Gesamtaktivität. Nach
50 - 65 Std ist praktisch keine CK-MB-Aktivität mehr nachweisbar.
TRAUTSCHOLD hat die Halbwertszeit von CK-MB - vorbehaltlich der
geringen Fallzahl - zu 6,5 ± 2 Std berechnet, während für die CK-Gesamtaktivität 13,5 ± 5 Std gefunden wurden.

Tab. 2. Bestimmung und Berechnung der Aktivitäten der Creatinkinase-Isoenzyme (PRELLWITZ und GEMPP-FRIEDRICH, 1974).

Ansatz	Probe	Antisera	Aktivierung und Präcipitation (120 g/l PEG + 40 mmol/l ME)	Überstandsaktivität
A	0,25 ml Serum	0,1 ml inakt. Serum	0,1 ml PEG-ME	CK-MM + CK-MB (CK-BB)
B	0,25 ml Serum	0,1 ml Anti-CK-MM	0,1 ml PEG-ME	(CK-BB)
C	0,25 ml Serum	0,1 ml Anti-CK-BB	0,1 ml PEG-ME	CK-MM
D	0,25 ml Serum	0,05 ml Anti-CK-MM 0,05 ml Anti-CK-BB	0,1 ml PEG-ME	

Endkonzentrationen im Test: ME = Mercaptoäthanol : 10 mmol/l. PEG = Polyäthylenglycol 6 000 : 3 g/100 ml.
Berechnung der Isoenzym-Aktivitäten aus den Überstandsaktivitäten: A .- C = CK-MB, C - B = CK-MM.

Tab. 3. Bestimmung der Aktivität von Creatinkinase-MB in Patientenseren (NEUMEIER et al. (2)).

Kollektiv	N	Gesamt-CK- Aktivität (U/1)	CK-MB-Aktivität			Anteil CK-MB		Signifikanz der Differenzen
			Aktivität (U/1)	V_k (%)	2 s-Bereich (U/1)	Anteil (% MB)	2 s-Bereich (% MB)	
A	18	432	3	>100	nicht sign.	0,7	nicht sign.	p < 0,001
B	48	485	38	28	17 - 59	7,8	4 - 12	p < 0,01
C	6	427	45	21	26 - 63	10,5	6 - 15	

Mittelwerte der Kollektive: A = Patienten mit erhöhten CK-Aktivitäten ohne Herzinfarkte, B = Patienten mit gesicherten Herzinfarkten, C = Patienten mit Reinfarkten.

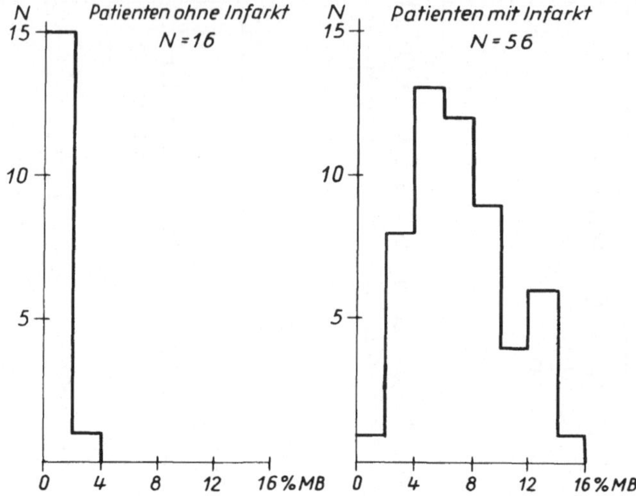

Abb. 2. Creatinkinase MB bei Patienten mit
und ohne Myokardinfarkt. Anteil CK-MB in
Prozenten der Gesamtaktivität (NEUMEIER
et al. (2)).

Tab. 4. Creatinkinase-Isoenzyme bei Patienten mit gesichertem Herzinfarkt (TRAUTSCHOLD et al., 1974)).

Gesamt-aktivität U/l	MM U/l	MM %	MB U/l	MB %	MM+MB U/l	MM+MB %
173	171	99,0	5,5	3,2	170	98,0
651	609	93,5	40,0	6,15	612	94,0
55	48	84,0	1,8	3,2	49	89,4
219	203	92,8	25,2	11,5	207	94,3
182	171	94,1	16,6	9,15	170	93,3
430	358	83,2	24,0	5,58	367	85,4
416	368	88,4	19,2	4,62	368	88,4
681	655	96,2	9,6	1,41	657	96,4
1230	1125	91,5	54,5	4,43	1144	93,0
907	870	95,9	88,0	9,70	867	95,6
974	943	96,8	100,3	10,3	941	96,6
894	857	95,9	81,6	9,13	853	95,4
200	186	92,9	4,8	2,4	191	95,4
139	135	97,4	6,7	4,83	138	98,9
185	175	94,9	33,5	18,1	181	98,0

Tab. 5. Creatinkinase-Isoenzyme bei Patienten ohne Herzinfarkt
(TRAUTSCHOLD et al., 1974).

	Gesamt-aktivität U/l	MM %	MB %	MM + MB gemessen %
Entgleister Diabetes mellitus	168	94,1	0	93,2
Pankreatitis	165	90,5	0	90,5
Herzinfarkt? EKG o.B.	57	91,1	0	99,1
Herzinfarkt? EKG o.B.	78,7	91,1	0	92,4
Entzugsdilirium, cerebrale Krampfleiden, Tabletten-Intoxikation	1675	96,2	1,15	94,8
Akute intermittierende Porphyrie	90,8	97,7	0	98,0
Offener Unterschenkelbruch	448	97,6	0	98,3
Thoraxprellung, Sprunggelenk-fraktur, multiple Schnitt-wunden im Gesicht	41,5	97,6	0	96,8
Tachyarrhythmia absoluta, Gangrän an der Hand	227	93,2	5,7	93,2
Unterarmfraktur	112	96,6	2,72	97,2
Tiefe Weichteilverletzung	584	97,4	0,55	96,6
Schädelhirntrauma	193	96,9	3,15	98,2

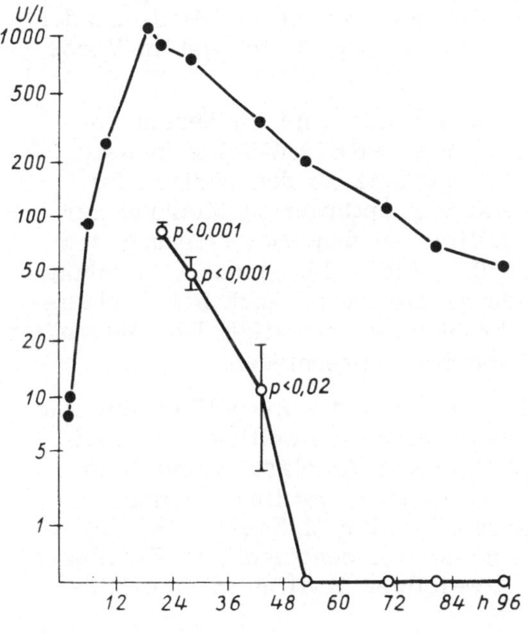

Abb. 3. Verlaufskontrolle der Aktivitäten der Gesamt-CK und des mit Anti-CK-BB präcipitier-baren CK-Anteils im Serum eines Patienten mit klinisch gesichertem Myokardinfarkt.
● ———— ● Gesamt-CK.
o ———— o Mit Anti-CK-BB präcipitierbarer CK-Anteil.
(TRAUTSCHOLD et al., 1974).

Meßbare Aktivitäten von CK-MB im Serum wurden bisher nur bei akutem Herzinfarkt, fortgeschrittener progressiver Muskeldystrophie, Dermato- myositis und Erkrankungen mit Myoglobinurie gefunden. In eigenen Unter- suchungen konnte bei Patienten mit exogenen Intoxikationen, die praktisch alle (abhängig vom Schweregrad der Vergiftung) erhöhte CK-Gesamtakti- vitäten im Serum aufweisen, keine CK-MB-Aktivität nachgewiesen werden.

Aldolase

Bei der Fructose-diphosphat-Aldolase kommen in menschlichen Geweben drei genetisch determinierte Isoenzyme, A, B und C vor. Sie unterschei- den sich in ihrer Aminosäuresequenz, der elektrophoretischen Wanderung und zum Teil in ihren katalytischen Eigenschaften. Aldolase A kommt vorwiegend in der quergestreiften Muskulatur, Aldolase B in der Leber und Aldolase C im Gehirn vor.

Aufbauend auf den Arbeiten von PFLEIDERER wurden von der Arbeits- gruppe LANG die reinen Antigene Aldolase A, B und C aus Humangeweben isoliert und gegen diese präcipitierende Antiseren hergestellt, die nach Immunadsorption isoenzymspezifisch sind und in der Geldiffusion keine Kreuzreaktion mehr zeigen. Mit Hilfe dieser Antiseren wurde von der gleichen Arbeitsgruppe eine Methode zur quantitativen Bestimmung der Aldolase entwickelt (3). Abb. 4 zeigt schematisch das Prinzip der Methode, bei der - wie bei der Creatinkinase - die Aktivitäten der einzelnen Iso- enzyme als Differenz einer Aktivitätsmessung mit und ohne Immunpräci- pitation bestimmt werden. Tab. 6 enthält die mit dieser Methode in Mainz gemessene Präzision bei der Bestimmung der Aldolase-Isoenzyme in einem Serum-Pool. Die Aktivitäten von Aldolase C sind nicht signifikant von Null verschieden. Eine optimierte Methode, welche die Messung der Aldolase-Aktivitäten mit höherer Empfindlichkeit gestattet, ist in Vorbe- reitung.

Die Verteilung der Aktivitäten der Aldolase-Isoenzyme im Serum von Normalpersonen wurde von der Arbeitsgruppe PRELLWITZ gemessen; Tab. 7 enthält die Ergebnisse, die (im Gegensatz zu den übrigen für Aldolase dargestellten Daten) bereits mit der optimierten Methode zur Bestimmung der Aldolase-Aktivität ermittelt wurden. Bei Messung der Aktivitäten der drei Isoenzyme werden 98% (96 - 100%) der Gesamtakti- vität wiedergefunden. Diese Wiederfindungsrate wurde auch bei Verlaufs- kontrollen von 80 Patienten mit Leberkrankheiten bestätigt. Die Aktivitäten von Aldolase C sind nicht signifikant von Null verschieden.

Die Arbeitsgruppe GOEDDE untersuchte, wieweit die Aktivitäten der Aldo- lase-Isoenzyme genetisch fixiert sind oder durch Umweltfaktoren beein- flußt werden. Hierzu wurden die Aktivitäten von Aldolase A und B im Serum von je 20 Paaren eineiiger und zweieiiger Zwillinge gemessen. In Abb. 5 sind die Ergebnisse als Korrelation der Meßwerte Zwilling a gegen Zwilling b dargestellt: die Ergebnisse bei den eineiigen Zwillingen sind oberhalb, die Ergebnisse bei den zweieiigen Zwillingen unterhalb

der Identitätsgeraden eingezeichnet. Bei eineiigen Zwillingen sind die
Aktivitäten von Aldolase A und Aldolase B innerhalb der Fehlergrenzen
identisch; bei zweieiigen Zwillingen sind signifikante Unterschiede zwischen den Isoenzym-Aktivitäten vorhanden.

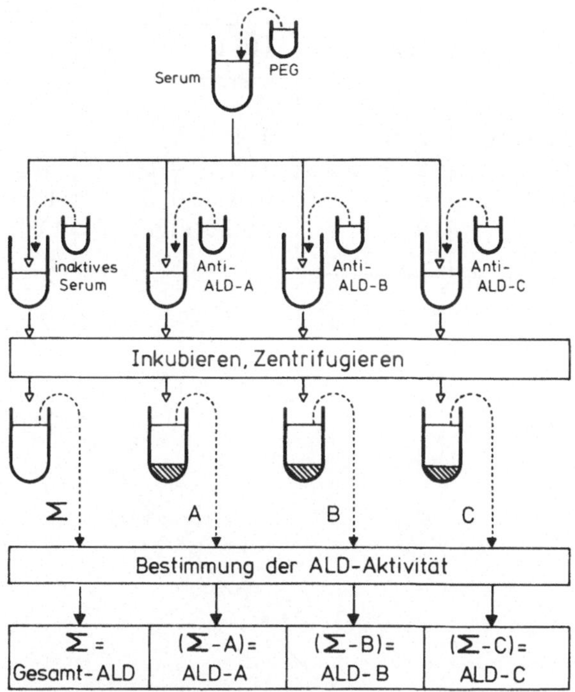

Abb. 4. Prinzip der Bestimmung der
Aldolase-Isoenzyme mit Differenzmessung
der ALD-Aktivitäten vor und nach Immunpräcipitation.

Tab. 6. Präzision der Aktivitätsbestimmung der Aldolase-Isoenzyme.
Präzision in der Serie und von Tag zu Tag, Werte in U/l (PRELLWITZ
und GEMPP-FRIEDRICH, 1974).

	Gesamtaldolase			Aldolase A			Aldolase B		
	$\bar{x}$	s	$V_K\%$	$\bar{x}$	s	$V_K\%$	$\bar{x}$	s	$V_K\%$
Serie N = 10	2,17	0,1	4,7	1,22	0,092	7,5	0,86	0,081	9,4
von Tag zu Tag N = 11	1,99	0,24	12,0	1,11	0,15	13,5	0,8	0,10	12,5

Tab. 7. Normbereiche der Aldolase-Isoenzyme im Serum.
Kollektiv: 40 Normalpersonen. Methode: Messung der Aldolase-Aktivitäten mit der optimierten Methode (PRELLWITZ
und GEMPP-FRIEDRICH, 1975).

	$\bar{x}$ (U/l)	2 s-Bereich (U/l)	Anteil (%)
Gesamt-Aldolase	3,5	1,9 - 5,1	
Aldolase A	2,8	1,6 - 4,0	80
Aldolase B	0,6	0,4 - 0,9	18
Aldolase C	0,1	nicht sign.	0

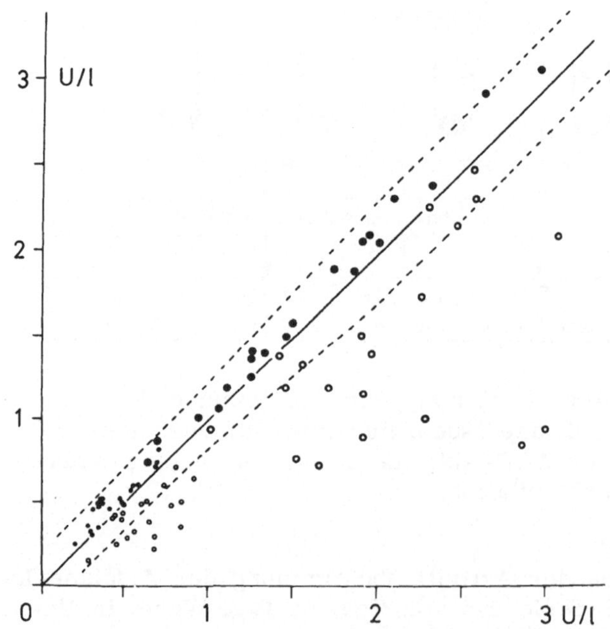

Abb. 5. Aktivitäten von Aldolase A und Aldo-
lase B bei Zwillingspaaren. Korrelation
Zwilling a / Zwilling b. ● ALD-A EZ.
O ALD-A ZZ. ● ALD-B EZ. o ALD-B ZZ.
(GOEDDE et al. (4)).

Die Untersuchung von 58 Seren von Patienten mit akuter Hepatitis durch
die Arbeitsgruppe PRELLWITZ ergab keine oder eine sehr geringe Erhöhung der Aktivität von Aldolase A gegenüber der Kontrollgruppe.

Der Korrelationsfaktor zwischen Gesamtaldolase- und Aldolase-A-Aktivität
betrug r = 0,445. Die Aktivität von Aldolase B war dagegen signifikant
gegenüber der Norm erhöht. Der Korrelationsfaktor zur Gesamtaktivität
betrug r = 0,993. Das bedeutet, daß bei der akuten Hepatitis die über die
Norm hinausgehende Aktivität im Serum fast ausschließlich durch Aldolase B bedingt ist. Der Vergleich der Histogramme zeigt, daß sich bei
Messung der Gesamtaldolase-Aktivität die Werte der Kollektive fast völlig
überschneiden (Abb. 6). Bei Messung der Aldolase B-Aktivität überschneiden sich die Werte von Gesunden und Patienten mit akuter Hepatitis praktisch nicht (Abb. 7). Untersuchungen über die Aktivität der Aldolase-Isoenzyme bei Patienten mit chronischen Hepatitiden werden zur Zeit durchgeführt.

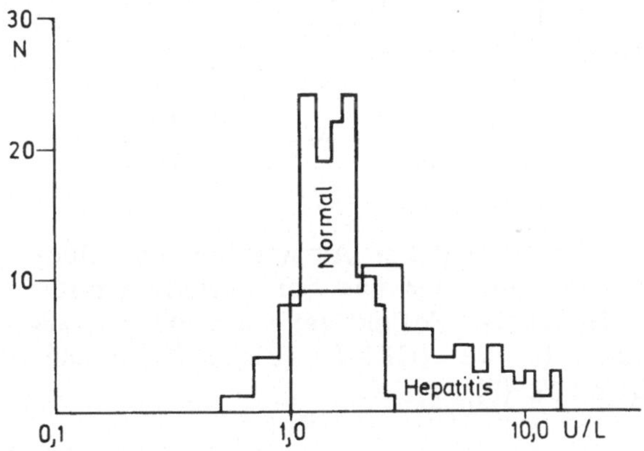

Abb. 6. Verteilung der Aktivitäten der
Gesamt-Aldolase bei Gesunden und Pa-
tienten mit akuter Hepatitis. Kollektive:
Gesunde N = 130, Patienten N = 58.
(PRELLWITZ und GEMPP-FRIEDRICH,
1974).

Interessant sind die Beobachtungen der Arbeitsgruppe LEHMANN, daß
bei Patienten mit Lebercirrhose, besonders im exogenen Koma und im
Delirium tremens, die Erhöhung der Aldolase-Aktivität vorwiegend durch
Muskelaldolase bedingt ist. Diese Befunde konnten auch durch Bestimmung
der CK bestätigt werden. Es ist zu diskutieren, ob die bei Lebercirrhosen
häufig beobachtete Aktivitätserhöhung der GOT gegenüber der GPT darauf
zurückzuführen ist, daß es sich um eine GOT der quergestreiften Muskulatur und nicht der Leber handelt.

Bei Leberzellcarcinomen konnte LEHMANN im maligne entarteten Gewebe
anstelle der Aldolase B Aldolase A nachweisen. Damit liegen im Carcinom
Verhältnisse wie in der foetalen Leber vor. Demgegenüber lassen sich im
Serum von Patienten mit primärem Leberzellcarcinom nicht die Verände-

rungen des Isoenzymmusters des malignen Gewebes nachweisen. In diesen
Fällen sind von der Isoenzymbestimmung im Serum keine zusätzlichen
diagnostischen Kriterien zu erwarten.

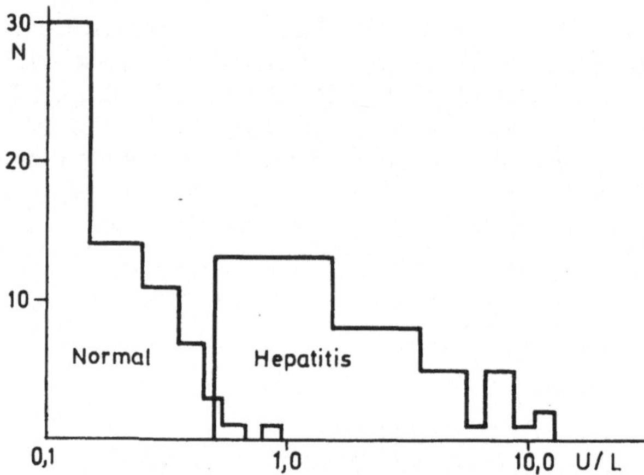

Abb. 7. Verteilung der Aktivitäten der Aldolase B bei Gesunden und bei Patienten mit
akuter Hepatitis. Kollektive: Gesunde N = 130,
Patienten N = 58. (GEMPP-FRIEDRICH und
PRELLWITZ (5)).

Alkalische Phosphatase

Die Isolierung von Isoenzymen der alkalischen Phosphatase (AP) und
Erzeugung von Antiseren gegen diese Antigene wird von den Arbeitsgruppen LEHMANN, PFLEIDERER und LANG bearbeitet. Bisher wurden alkalische Phosphatasen aus folgenden Humangeweben isoliert: Placenta,
Dünndarm, Leber. Knochen und Niere. Mit Hilfe präcipitierender Antikörper lassen sich diese Enzyme in zwei Gruppen trennen: 1. Placenta-
und Dünndarm-Phosphatasen, 2. Leber-, Knochen- und Nieren-Phospha-
tasen.

Zwischen Placenta- und Dünndarm-AP besteht eine immunologische Ver-
wandtschaft. Im OUCHTERLONY-Test kommt es zu einer deutlichen
Spornbildung (Abb. 8). Diese beiden Phosphatasen zeigen keine immuno-
logische Verwandtschaft mit den Phosphatasen aus Leber, Knochen und
Niere. Durch Immunadsorption mit Dünndarm-AP können aus dem Anti-
Placenta-AP-Serum die kreuzreagierenden Antikörper entfernt werden.
Dadurch ist es möglich, isoenzymspezifische Anti-Placenta-AP- und Anti-
Dünndarm-AP-Seren zu gewinnen, die mit den anderen Phosphatasen nicht
mehr reagieren.

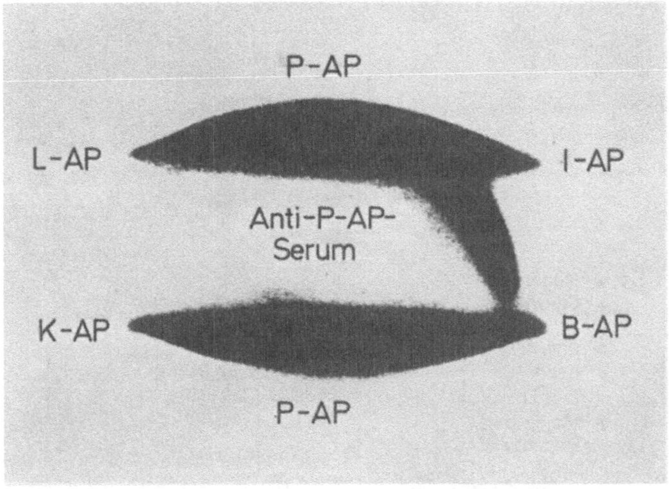

Abb. 8. Immunologische Kreuzreaktion zwischen
den alkalischen Phosphatasen aus Placenta und
Dünndarm (human). B = Knochen (Bone), I =
Dünndarm (Intestine), K = Niere (Kidney), L =
Leber, P = Placenta. (LEHMANN, 1974).

Erste Ergebnisse mit gereinigtem Anti-Placenta-AP-Serum liegen von
der Arbeitsgruppe LEHMANN vor: Im Vergleich zu Normalpersonen kommt
es im Verlaufe einer Schwangerschaft zu einem kontinuierlichen Anstieg
der Placenta-Phosphatasen (N = 120). Bei Patienten mit malignen Tumoren
ließ sich die Placenta-Phosphatase (das sogenannte "REGAN-Isoenzym")
in ca. 25% der Fälle nachweisen (Abb. 9).

Harnenzyme

Eine erhebliche Bedeutung könnte die immunologische Isoenzymbestimmung im Urin erlangen. Die bisherigen Aktivitätsmessungen sind schwer
zu standardisieren und werden von vielen Faktoren beeinflußt.

Die Arbeitsgruppen von MONDORF und PFLEIDERER konnten zeigen,
daß gegen eine Plasmamembran-Fraktion des proximalen Tubulus der
menschlichen Niere präcipitierende Antikörper zu erzeugen sind. Leitenzyme dieses Bürstensaumes sind eine alkalische Phosphatase, eine
Alanin-Aminopeptidase und eine gamma-Glutamyltransferase. Die Antiseren präcipitieren im eingeengten Urin bei verschiedenen Nierenerkran-
kungen ein Protein, das durch diese Leitenzyme charakterisiert ist. Mit
Hilfe dieser Methoden können Abstoßungskrisen bei Nierentransplanta-
tionen z. B. schon zwei Tage vor anderen klinisch-chemischen und klinischen Symptomen erkannt werden. Auch toxische Tubulusschädigungen
bei Chemotherapie konnten so frühzeitig diagnostiziert werden.

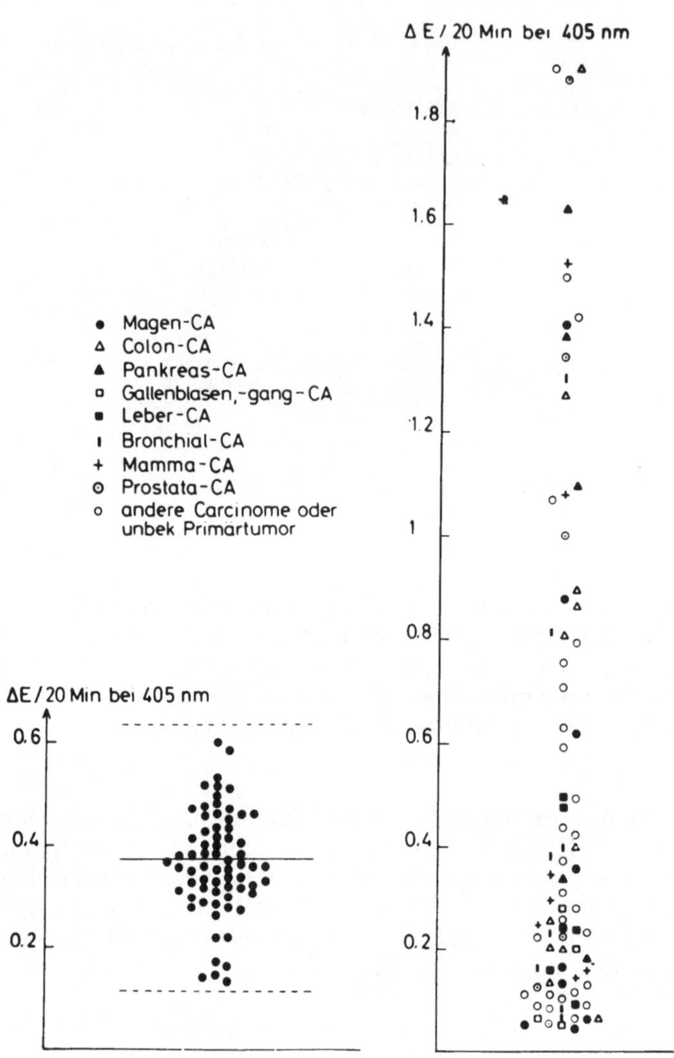

Abb. 9. "REGAN-Isoenzym" der alkalischen Phosphatase bei malignen Tumoren (LEHMANN (9)).

Ausblick

Aufgrund der in diesem Referat kurz zusammengefaßten ersten Ergebnisse ergeben sich für die bisher bearbeiteten Enzymsysteme Hinweise auf eine differentialdiagnostische Bedeutung der immunologischen Isoenzymbestimmung. Neben Creatinkinase, Aldolase und alkalischer Phosphatase sind sicher noch andere Enzymsysteme interessant, bei denen die Bestimmung der Isoenzyme diagnostische Vorteile bringen könnte. Zu denken ist beispielsweise an die Aspartat-Aminotransferase, die gamma-Glutamyltransferase, die saure Phosphatase und weitere Enzyme.

Im Gegensatz zu den bisher üblichen Methoden der Isoenzym-Differenzie-
rung wie Verwendung von verschiedenen Substraten oder Hemmstoffen,
Elektrophorese, Chromatographie oder Isoelektrofocussierung ist die immunologische Methode spezifischer, weniger arbeitsaufwendig und in der
Routine realisierbar. Vor einer breiten Anwendung dieser Methode sind
noch ausführliche Studien notwendig. Außerdem müssen die in Entwicklung
befindlichen, empfindlicheren Nachweismethoden zur Verfügung stehen.
Trotz dieser noch erforderlichen, sehr umfangreichen Arbeiten kann die
Voraussage gewagt werden, daß die immunologische Bestimmung genetisch determinierter Isoenzyme eine Bereicherung der Diagnostik darstellen wird.

Literatur

zum Abschnitt Creatinkinase

1. JOCKERS-WRETOU, E., GRABERT, K., und PFLEIDERER, G.:
   Quantitative immunologische Bestimmung der Isoenzyme der Creatinkinase im Serum. Z. Klin. Chem. Klin. Biochem. 13, 85 (1975).

2. NEUMEIER, D., KNEDEL, M., WÜRZBURG, U., HENNRICH, N., und
   LANG, H.: Immunologischer Nachweis von Creatinkinase-MB im Serum
   beim Myokardinfarkt. Klin. Wschr. 53, 329 (1975).

zum Abschnitt Aldolase

3. WÜRZBURG, U., WILZ, I., HENNRICH, N., und LANG, H.: Quantitative immunologische Bestimmung der Aldolase-Isoenzyme im Serum.
   Z. Klin. Chem. Klin. Biochem. 12, 176 (1974).

4. GOEDDE, H.W., BENKMANN, H.-G. HIRTH, L., LANG, H., und
   WÜRZBURG, U.: Aktivitätsmessungen der Aldolase-Isoenzyme in
   Zwillingen im Vergleich mit einer Stichprobe gesunder Personen.
   Z. Klin. Chem. Klin. Biochem. 12, 539 (1974).

5. GEMPP-FRIEDRICH, W., und PRELLWITZ, W.: Aktivitätsbestimmung
   der Isoenzyme der Aldolase im menschlichen Serum mit Hilfe präcipitierender Antikörper. Klin. Wschr. 53, 44 (1975).

6. KORNACHER, J., und LEHMANN, F.-G.: Immunologische Aldolase-
   Isoenzymbestimmung bei Lebererkrankungen. Verh. dtsch. Ges. inn.
   Med. 81 (1975), im Druck.

7. LEHMANN, F.-G., and KORNACHER, J.: Aldolase isoenzymes in
   liver cirrhosis and primary liver cell cancer. Digestion (1975), im
   Druck.

<u>zum Abschnitt Alkalische Phosphatase</u>

8. LEHMANN, F.-G.: Immunological methods for human placental alkaline phosphatase (Regan Isoenzyme). Clin. chim. Acta (1975), im Druck.

9. LEHMANN, F.-G.: Regan-Isoenzym der alkalischen Phosphatase im Serum bei malignen Tumoren. Klin. Wschr. (1975), im Druck.

Diskussion

BÜTTNER:
Ich möchte Herrn PRELLWITZ noch um einige Informationen zur Methodik bitten, um etwas besser abschätzen zu können, wie die Methoden
praktisch durchführbar sind. Eine Frage ist, wie groß die tatsächlich
gemessenen Extinktions-Differenzen pro Minute sind. Wir haben nur die
Prozentzahlen gesehen und man kann sich ein besseres Bild machen,
wenn Sie hierzu einige Zahlen nennen würden. Bei der Aldolase liegen
die gemessenen Aktivitäten etwa bei 1 U/l offenbar relativ niedrig. Die
zweite Frage ist, ob es schon Informationen über die Variation zwischen
den Laboratorien gibt, weil das ja immer ein Indiz dafür ist, wie gut
man mit einer Methode in der Praxis fertig wird. Die dritte Frage ist,
so glaube ich, schon von Herrn PFLEIDERER beantwortet worden: Wie
lange dauert die Bestimmung insgesamt? Man muß offenbar für eine
Bestimmung der CK-MB vier Ansätze machen. Herr PFLEIDERER meint,
daß dies in 2 Stunden erledigt ist, einschließlich der Inkubationszeit.
Ist das richtig?

PRELLWITZ:
Zur Frage nach der Meßempfindlichkeit: Bei einer Gesamt-Aldolaseaktivität
von ungefähr 5 U/l liegen die Extinktionsdifferenzen pro Minute etwa bei
0,0060. Nach Inkubation mit Anti-A beträgt die Extinktionsdifferenz pro Minute in der Überstandsmessung im Normalfall etwa 0,0015, nach Inkubation
mit Anti-B etwa 0,0045. Bei Verwendung der optimierten Methode werden
sich diese Werte etwa verdoppeln.

Zur Zeitdauer der Bestimmung: Wenn wir durch weitere Untersuchungen
sicher sind, daß Aktivitäten der CK-MB mit Sicherheit nur bei Patienten
mit akutem Myokardinfarkt nachweisbar sind und das Isoenzym CK-BB
bei intakter Blut-Liquorschranke nicht in das Serum übertritt, wäre nur
ein Ansatz mit Anti-CK-BB notwendig. Wenn wir diesen 1 Stunde bei
37 °C inkubieren, 1 Stunde abkühlen, dann zentrifugieren und die Überstandsaktivitäten messen, würde die Bestimmung etwas über 2 Stunden
dauern. Die Voraussetzung ist, daß wir bei der Durchuntersuchung vieler
Patienten nicht darauf stoßen, daß auch bei anderen Krankheitszuständen
CK-MB oder CK-BB im Serum auftreten.

Die von Ihnen angesprochene externe Kontrolle zwischen den Laboratorien
wird in den kommenden Wochen beginnen. Wir haben gerade gestern mit
Herrn TRAUTSCHOLD abgesprochen, daß wir unsere Methoden miteinander vergleichen wollen, um zu sehen, wie groß die Abweichungen zwischen
den Laboratorien sind.

KNEDEL:

Zur CK-BB ist noch zu sagen, daß bis auf die Publikation von ANIDO, der
bei Hyperthermie CK-BB im Serum gefunden hat, bisher kein Fall bekannt
ist, wo CK-BB im Serum nachweisbar ist. Das Postulat von Herrn PRELL-
WITZ, daß wir die Kontrolle auf CK-BB vernachlässigen dürfen, sobald wir
genügende Sicherheit haben, halte ich für realisierbar, so daß die verein-
fachte Untersuchungstechnik für eine eventuelle routinemäßige Anwendung
durchaus denkbar ist. Darüber hinaus meine ich, daß für die klinische Diagnose ein schneller Test zum qualitativen Nachweis von CK-MB oberhalb
einer festzulegenden Nachweisgrenze die wichtigste Forderung ist.

TRAUTSCHOLD:

Ich möchte noch einige ergänzende Bemerkungen zu unseren, im Referat
von Herrn PRELLWITZ dargestellten Ergebnissen machen:

Wir haben bei der Aldolase auch einige Untersuchungen gemacht und
können bestätigen, daß bei Hepatitis das Isoenzymmuster im Serum sich
nicht sehr vom normalen Muster unterscheidet. Vielleicht ist die Aktivität der Aldolase C erhöht, hier müssen wir noch weitere Untersuchungen
durchführen - wir haben bisher nur 20 Patienten untersucht -, ob sich
eine Signifikanz erzielen läßt. Beim Lebercarcinom ist sicherlich im
Serum keine Identität mit dem Muster des Gewebes zu erkennen.

Zur Creatinkinase ist zu sagen, daß die Bestimmung von CK-MB bei
Herzinfarkt tatsächlich zur Zeit einen der sichersten Parameter darstellt. Falsch negative Werte kommen nicht vor. Falsch positive Werte
schränken die Treffsicherheit gegenüber dem EKG etwas ein, aber wenn
wir bedenken, daß das EKG in vielen Fällen stumm sein kann, ist CK-MB
sicherlich ein Leitparameter, den wir in Zukunft nicht missen dürfen.
Die Empfindlichkeit ist sicherlich allen anderen Tests überlegen. Eingeschränkt wird der CK-MB-Nachweis beim Herzinfarkt vielleicht dadurch,
daß die Erhöhung der Aktivität dieses Enzyms im Blut nach dem Ereignis
relativ kurzfristig ist. Wenn wir die LDH-Isoenzyme 1 und 2 vergleichen,
haben wir 10 - 14 Tage lang die Möglichkeit, eine Erhöhung der Aktivitäten nachzuweisen. Bei der CK sind es Stunden oder im besten Fall
Tage. Deshalb ist mit dem Nachweis von CK-MB die frühere Diagnose
möglich und die Differenzierung beim stummen EKG, sonst ist die Bestimmung von CK-MB eben eine Verbesserung gegenüber der Treffsicherheit der LDH 1 und 2 und natürlich auch der Gesamt-CK.

Herr PRELLWITZ hat unsere Meßwerte für die Elimination von CK-MB
gezeigt. Wir haben bei der MM-Form, das hat Herr SCHMIDT schon
gezeigt, eine Halbwertszeit von etwa 12 - 13 Stunden. Für die MB-Form
haben wir 6,5 Stunden gemessen; es deutet sich an, daß die Elimination
der BB-Form noch viel rascher erfolgt. Leider haben wir keine Human-
CK-BB und können diese auch nicht in einen menschlichen Organismus
injizieren; es gibt auch keine Erkrankung, die einen plötzlichen Anstieg
von CK-BB erzeugt und die Messung der Eliminationskinetik ermöglichen
würde.

Interessant sind die Fälle, die eine extrem hohe CK-Aktivität haben ohne
Vorhandensein eines MB-Anteils, wie beispielsweise bei Intoxikationen.

Hier wird es interessant sein zu erforschen, wo dieses Enzym herkommt; aus der Muskulatur allein kann es nicht stammen.

C.G. SCHMIDT:
Darf ich fragen, welche Intoxikationen Sie ansprechen?

TRAUTSCHOLD:
Beispielsweise Schlafmittel-Intoxikationen, E 605-Vergiftungen, Arsen-Vergiftungen usw.; die CK-Erhöhung ist völlig unabhängig von der Substanz.

PRELLWITZ:
Auch wir konnten bei exogenen Intoxikationen bisher nur CK-MM nach-weisen. Die Schädigungen der Muskulatur bei allen Arten von Vergiftungen sind sicher nicht zu unterschätzen, besonders durch Unterkühlung, Minder-durchblutung und Decubitus.

DEUTSCH:
Ich glaube, daß der Kliniker bisher die Bedeutung der Traumatisierung der Muskulatur für den CK-Anstieg wesentlich unterschätzt hat. Es ist sehr wahrscheinlich, daß bei Patienten mit Vergiftungen die CK aus der Muskulatur dadurch freigesetzt wird, daß sie lange Zeit bewußtlos liegen und die Muskulatur dadurch traumatisiert wird. Es genügen oft ein oder zwei intramuskuläre Injektionen, um die CK beträchtlich zu erhöhen. Es wird sicher interessant sein, durch Messung der Isoenzyme festzu-stellen, wieweit der CK-Anstieg nach einer elektrischen Defibrillierung des Herzens aus der Muskulatur des Thorax und wieweit aus der Musku-latur des Herzens stammt.

RICK:
Ich glaube, es ist für die Aufnahmediagnose und für die Intensivstation entscheidend, daß man auf Grund des Isoenzymmusters unterscheiden kann, ob die CK-Erhöhung auf eine i.m.-Injektion oder einen Infarkt zurückzuführen ist.

DENGLER:
Ich sehe die Verhältnisse mit der CK bei den Vergiftungen nicht ganz so einfach, vielleicht gerade aus Kenntnis toxikologischer Daten in der tierexperimentellen Arzneimittelprüfung. Es ist ja immer wieder auffällig, daß bei anscheinend gleichschweren Vergiftungen, die auch gleichlang und unter gleichen Bedingungen in der Klinik lagen, einmal die CK marginal erhöht ist und bei anderen Werte von 4 000 - 5 000 U/l vorkommen kön-nen. Ich glaube, daß die Muskulatur sicherlich eine Rolle spielt, daß man sich aber das Problem zu sehr vereinfacht, wenn man nur auf die Mus-kulatur schaut.

NEUMEIER:
Ich möchte kurz auf die Frage von Herrn DEUTSCH eingehen: Wir hatten zwei Patienten, die reanimiert werden mußten; bei einem Patienten auf-grund einer Lungenembolie bei einer Pankreatitis, bei einem anderen Patienten 48 Stunden nach dem Infarkt-Ereignis - wo also zu erwarten

ist, daß der CK-MB-Anteil schon sehr weit abgefallen ist. Bei beiden Patienten konnten signifikante Aktivitäten von CK-MB gefunden werden; bei der Pankreatitis-Reanimation allerdings in einem geringen Verhältnis zur sehr hohen Gesamt-CK-Aktivität.

DENGLER:
Sowohl heute als auch gestern ist wiederholt der Begriff der Halbwerts- zeit eines Enzyms gefallen. Ich möchte die Experten gerne einmal fragen, wie sicher es eigentlich ist, daß es für ein Enzym eine Halbwertszeit gibt. Der Begriff der Halbwertszeit hat ja nur einen Sinn bei einer mono- exponentiellen Elimination. Ist dies in jedem Fall sichergestellt? Schon seit Jahren ist z. B. bekannt, daß der Diphtherie-Antikörper hyperbolisch eliminiert wird, so daß schon die Form der Elimination die Ermittlung einer Halbwertszeit nicht erlaubt.

F. W. SCHMIDT:
Wie Sie wissen, ergeben sich nach i. v.-Injektionen von Enzymen zwei sich überlagernde Eliminationskurven. Der erste schnelle Abfall ent- spricht der Verteilung, der folgende verzögerte Abfall der eigentlichen Elimination. Die genannten Halbwertszeiten wurden aus der Geschwindig- keit der Elimination berechnet. Die Streuungen liegen bei 10 - 20%.

Frau SCHMIDT:
Vielleicht sollte man doch sagen, daß wir bei den bisherigen Untersu- chungen eigentlich immer exponentielle Abnahmen bekommen haben. Es wurde sowohl die Abnahme der Enzymaktivität nach intravenöser und intraperitonealer Injektion von homologen und heterologen Reinenzymen als auch die Elimination von stabil radioaktiv markierten Enzymen im Serum gemessen. Man erhält im halblogarithmischen Maßstab bei den bisher untersuchten Enzymen immer eine Gerade, wobei Radioaktivität und Enzymaktivität völlig parallel abnehmen. Dies gilt sowohl für das Serum als auch für die Lymphe des Ductus thoracicus.

DENGLER:
Erlauben Sie mir, daß ich zu diesem Punkt noch weiter diskutiere: Sie berechnen für CK-MB eine Halbwertszeit von 6, 5 Std, die meines Erach- tens zu lang ist. Sie muß deswegen kürzer sein, weil Ihre schöne Kurve fast eine BATEMAN-Funktion darstellt. Nach theoretischen Überlegungen darf man dabei Halbwertszeiten nur jenseits von $2 \cdot t_{max}$ bestimmen, d. h. also aus dem Ende Ihrer Kurve. Man sieht deutlich, daß Ihre Kurve zum Schluß auch steiler wird, d. h. man wird annehmen dürfen, daß die Halb- wertszeit des einen Isoenzyms vielleicht in der Nähe von 3 Std liegt und bei dem anderen in der Nähe von 12. Nun wundere ich mich, warum man überhaupt erwartet, im Serum das Enzymmuster des Tumors oder eines Gewebes zu finden. Wenn ich - und in den folgenden Überlegungen kann ich formal auf die Gesetzmäßigkeiten der Fremdstoffkinetik zurückgreifen - zwei Substanzen mit den Halbwertszeiten von 3 bzw. 12 Stunden injiziere oder infundiere, so kann ich nicht erwarten, daß ich im Plasma die beiden Substanzen a und b in einem Konzentrationsverhältnis a/b vorfinde, wie es in der Infusionslösung - analog im Tumor oder im Gewebe - herrscht.

Unter der Annahme, daß beide Enzyme in gleicher Menge gleich schnell aus dem Tumor abgegeben werden, würden sich ihre Konzentrationen im Plasma im Steady State, gleiche Verteilungsvolumina vorausgesetzt, wie der Quotient ihrer Halbwertszeiten verhalten. Die diesen Verhältnissen zugrunde liegende Formel lautet: $y^+ = v \cdot \dfrac{1}{V \cdot k_2}$, wobei y^+ = Konzentration im Steady State im Plasma, v = Infusionsgeschwindigkeit in $g \cdot t^{-1}$, V = Verteilungsvolumen, k_2 = Eliminationskonstante, die über $t_{0,5} = \dfrac{\ln 2}{k_2}$ mit der Halbwertszeit verbunden ist.

TRAUTSCHOLD:
Wir haben 4 solche Eliminations-Kinetiken verfolgt, das ist ein recht aufwendiges Verfahren, auch vom Einsatz der Antikörper, die wir ja nicht in unbegrenzten Mengen zur Verfügung haben. Sie haben recht, man dürfte nur aus der Kinetik der Endausscheidung die echte Elimination ermitteln. Sie müssen aber bedenken, daß wir hier sicherlich kein einmaliges Ereignis haben, sondern eine über einen gewissen Zeitraum protrahierte Enzymausschüttung und daß wir deshalb aus diesen Daten allein die Kinetik nicht ermitteln können. Es ergeben sich nur approximative Werte und die realen Halbwertszeiten müssen kürzer sein. Das scheint mir logisch.

DENGLER:
Damit muß sich das Verhältnis von Steady State um so mehr ändern. Wenn Enzym aus dem traumatisierten oder erkrankten Gewebe über einen längeren Zeitraum hinweg abgegeben wird, dürfen Sie keine Proportionalität zwischen Serum- und Gewebskonzentrationen erwarten.

TRAUTSCHOLD:
Das ist richtig. Wir müssen bedenken, wieweit Durchblutungsstörungen, die beim Schock beispielsweise im Vordergrund stehen, auch diese Eliminationsgrößen ändern. Wir haben zwar Anhaltspunkte, daß die Halbwertszeiten von Serumenzymen bei pathophysiologischen Zuständen relativ unverändert sind, aber wir wissen nicht, ob dies für das Schockgeschehen auch zutrifft oder hier die gestörten Abflußverhältnisse, besonders der Lymphe, zu Veränderungen der Halbwertszeiten führen.

Frau SCHMIDT:
Ich wollte noch einmal auf das Problem eingehen, daß die Beteiligung der Skelettmuskulatur bei vielen akuten Zuständen sekundär immer in Betracht gezogen wird. Wir bestimmen das im Moment mit dem SZASZ-Quotienten, der recht zuverlässig funktioniert, wenn man die Ausschlußkriterien, die dafür gegeben sind, einhält. Der kardiogene Schock nach einem Infarkt ist ja kein so seltenes Ereignis, und ich denke, es müßte schnell möglich sein festzustellen, inwieweit die Bestimmung der CK-Isoenzyme den bisherigen Verfahren überlegen ist, ob man frühere oder ob man signifikantere Veränderungen findet, ob also die Methode empfindlicher und gleichzeitig sicherer ist.

Auf der anderen Seite sind auch das Delirium tremens und die akute Encephalopathie Zustände, die mit erheblicher Erregtheit des Patienten

und u.U. auch mit Krämpfen einhergehen, wo die Skelettmuskulatur eine
Rolle spielt. Die Frage ist, ob in solchen Fällen die Bestimmung der
CK-Isoenzyme überhaupt zur Klärung beiträgt und wie empfindlich; signifikanter als das, was wir schon haben? Ich möchte hier nicht defaiti-
stisch wirken, aber man muß ja vor Einführung einer neuen Methode in
die Routine überlegen, wie groß das Verhältnis von Aufwand zu diagno-
stischem Zuwachs ist.

PFLEIDERER:
Frau SCHMIDT möchte ich antworten: Man schaut ja immer kritisch,
was die anderen können. Die amerikanische Literatur überschlägt sich
im Moment mit einer Arbeit nach der anderen über die Bestimmung von
CK-MB. Die Amerikaner sind auf einfache moderne Methoden ausgerichtet.
Die besten Arbeiten, die ich am meisten gefürchtet habe, verwenden eine
chromatographische und eine elektrophoretische Methode. Die Nachweis-
grenzen liegen dort bei 300 U/l. Wenn Sie auf die Tabellen geschaut
haben, die Herr PRELLWITZ zeigte, können wir von CK-Aktivitäten von
40 - 50 U/l ab CK-MB erkennen. Wenn wir in 2 Stunden nachweisen
können, daß der Anteil von CK-MB größer als 4% ist, halte ich das für
eine schnelle Diagnose.

LANG:
Frau SCHMIDT hat die Begriffe diagnostische Signifikanz und Routine mit
einem Fragezeichen in die Diskussion gebracht; Herr PFLEIDERER
möchte zumindest die Bestimmung von CK-MB schon in der Diagnostik
verwendet sehen. Es gibt also eine recht unterschiedliche Bewertung.
Nach meiner Meinung sollten wir die bisher vorhandenen Verfahren noch
nicht für die Routine einsetzen. Es handelt sich um Forschungsprojekte,
die noch einer sorgfältigen Bearbeitung bedürfen, bevor eine Bewertung
möglich sein wird. Einmal ist die Frage der diagnostischen Signifikanz
zu klären; hier hoffe ich, daß sich möglichst viele von Ihnen an der Arbeit beteiligen. Zum anderen sind routinefähige Methoden auszuarbeiten;
das ist unsere Aufgabe.

Zu diesem Punkt möchte ich den Stand der Arbeiten kurz andeuten: Bei
der Creatinkinase wollen wir die Bestimmung via Aktivitätsdifferenz-
Messungen aufgeben; Herr WÜRZBURG arbeitet an einem Immunoassay
und einem Schnelltest für CK-MB, von denen wir eine Steigerung der
Empfindlichkeit bzw. eine Vereinfachung der Methode erwarten. Bei der
Aldolase werden wir vorläufig bei der differentiellen Enzymaktivitäts-
Bestimmung bleiben; wir optimieren zur Zeit die Aktivitätsbestimmung,
wodurch die Empfindlichkeit des Nachweises um einen Faktor von etwa 2
gesteigert wird. Falls sich bei den Aldolase-Isoenzymen Hinweise auf
eine diagnostische Anwendung ergeben sollten, wäre auch hier ein Immunoassay zu entwickeln. Bei der alkalischen Phosphatase arbeiten wir zur
Zeit noch an der Herstellung der Antiseren; meiner Meinung nach werden
wir mit der bekanntermaßen empfindlichen Enzymaktivitäts-Bestimmung
recht weit kommen. Für weitere Isoenzym-Systeme, deren Bearbeitung
diagnostisch sinnvoll sein könnte, erhoffen wir von Ihnen Anregungen und
Vorschläge.

TRAUTSCHOLD:
Herr LANG, es ist sicherlich richtig, daß man erstreben muß, die Empfindlichkeit der Tests noch zu steigern. Ich würde aber bei der CK soweit
gehen, daß allein der qualitative Nachweis von CK-MB beim Herzinfarkt
in Kombination mit anderen klinischen Daten schon ausreicht, und dazu
sind wir durchaus in der Lage. Unsere Meßwerte stimmen mit den Ergebnissen der chromatographischen Isoenzym-Trennmethode gut überein,
während bei den elektrophoretischen Methoden immer viel höhere Werte
publiziert werden mit CK-MB-Anteilen bis zu 50%. Das ist nicht ver-
wunderlich, denn wir sehen ja beim quantitativen Enzymnachweis nach
elektrophoretischer Trennung immer einen Trend zu unspezifischen Reaktionen.

PFLEIDERER:
Zur Elektrophorese: Wenn Sie die amerikanische Arbeit, die mit 1%
Genauigkeit arbeitet, genau lesen, dann wurden nie höhere Ausbeuten an
Gesamtaktivität als 82% gefunden.

TRAUTSCHOLD:
Die Empfindlichkeit der Methode geht aber bis auf 100 U/l herunter!

PFLEIDERER:
Wenn man nicht alles wiederfindet, kann man nicht sagen, zu welchem
Isoenzym die fehlende Aktivität gehört!

RICK:
Die Messung der Aktivitäten von Isoenzymen nach elektrophoretischer
Trennung ist ja sehr problematisch. Man läßt eine Enzymreaktion im
Gel ablaufen, die sicher bei hohen Aktivitäten im Lauf der Inkubationszeit langsamer wird; man findet also bei den Fraktionen, die einen hohen
Anteil der Gesamtaktivität darstellen, zu wenig Enzym. Diesen Fehler
kann man nach der Vorschrift von Herrn MATTENHEIMER korrigieren.
Ich könnte mir vorstellen, daß diese Korrektur einfach nicht gemacht
wird und daß dadurch die hohen Aktivitäten zu niedrig, die niedrigen
aber zu hoch gefunden werden, da man ja die Gesamtaktivität gleich
100% setzt. Vielleicht sind die Diskrepanzen zwischen der Elektrophorese
und den anderen Methoden so zu erklären.

SCHÖLMERICH:
Wenn ich als Kliniker einmal die Ansprüche an eine neue diagnostische
Methode formulieren darf, würde ich sagen, daß der Kliniker folgendes
erwartet: 1. einen Beitrag zur Sicherheit der Diagnose, 2. eine Informa-
tion zur Frage, wie ausgedehnt der pathologische Prozeß ist, 3. einen
Beitrag zur Differenzierung der Organbeteiligung und 4. einen Hinweis
zur Prognose, d. h. die Erfassung eines Trends. Daher also die Frage:
Welchen Beitrag zu diesen Problemen leisten die beschriebenen Methoden?

Wenn ich das vielleicht ein wenig differenzieren darf, so möchte ich
gerne wissen, ob es etwa möglich ist, im Ablauf eines Schocks, der durch
Volumenmangel oder durch Anaphylaxie erzeugt sein kann, mit diesen

Methoden die Beteiligungen verschiedener Organe zu erfassen, z. B. zu erfahren, wann die Lunge - die ja im Schockproblem eine große Rolle spielt - oder die Leberbeteiligung das klinische Bild bestimmt, welche Kriterien für eine überwiegende Nierenbeteiligung sprechen, wann der Hirnstoffwechsel am stärksten alteriert ist. Meine Frage ist, ob es durch die von Ihnen diskutierten Methoden gelingt, etwas zur Trenderfassung zu sagen, und zwar schon möglichst in der Frühphase, nicht erst, wenn die Symptomatologie klinisch manifest ist; dann läßt sie sich auch mit anderen Methoden erkennen. Wir müssen Initialsymptome erfassen, um prophylaktisch etwas tun zu können.

PRELLWITZ:
Die von Ihnen angesprochenen Fragen können heute natürlich noch nicht ausreichend beantwortet werden. Zur Frühdiagnose differenzierter Organbeteiligungen z. B. im Schock oder bei anderen akuten Erkrankungen müssen die hier vorgetragenen Untersuchungen in einem großen Rahmen durchgeführt werden. Wir haben bisher lediglich bei 2 Patienten im Schock (akute Pankreatitis) die CK-Isoenzyme im Verlauf gemessen und konnten dabei CK-MM nachweisen. Die Einbeziehung der Aldolase in diese Untersuchungen steht auf dem Programm. Bei Untersuchungen von Herrn LEHMANN zeigte sich, daß bei bestimmten Formen der Lebercirrhose, besonders im Leberausfallskoma und im Delirium tremens, Enzymaktivitäten, die wir bisher vorwiegend auf die Leber bezogen, auch aus der Muskulatur kommen, wie durch die Bestimmung der Aldolase- und der CK-Isoenzyme gezeigt werden konnte. Es besteht begründete Aussicht, durch die differenzierte Bestimmung von Isoenzymaktivitäten bei einer im Vordergrund stehenden schweren Erkrankung auch die Mitbeteiligung anderer Organe zu erfassen. Es muß jetzt die Aufgabe weiterer Untersuchungen sein zu klären, wie frühzeitig und in welchem Ausmaß die Isoenzym-Aktivitätsbestimmungen eine Verbesserung gegenüber den bisherigen Methoden bringen. Unsere Arbeitshypothese geht dahin, daß differenzierte Aussagen mit Hilfe der Isoenzym-Bestimmungen möglich sein werden.

KNEDEL:
Zur klinischen Fragestellung möchte ich folgendes sagen: Herzinfarkt ist nicht gleich Herzinfarkt im zeitlichen Verlauf des akuten Stadiums. Es kommen ja offensichtlich Herzinfarkte mit einem akuten Ereignis in einer eng begrenzten Zeit vor und Herzinfarkte, bei denen sich das akute Stadium über längere Zeit erstreckt. Der Austritt von CK-MB muß sicherlich zur Unterscheidung dieser Fälle kumulativ berechnet werden. Es wird unsere Aufgabe sein, genügend Material an definierten Fällen zu sammeln, damit wir uns in Korrelation zum klinischen Ablauf ein exaktes Bild machen können. In diesen Fällen werden wir uns an der Abklingzeit - wenn ich das so nennen darf, Herr DENGLER - orientieren müssen, welchen Typ von Infarkt wir vorliegen haben. Wir werden die Kinetik der CK-MB-Aktivität systematisch bei den verschiedenen Formen des Herzinfarktes untersuchen. Das wird eine langfristige Arbeit sein, und ich hoffe, daß Herr LANG genügende Mengen von Antiserum für uns zur Verfügung hat.

BLEIFELD:
Herr PRELLWITZ, bei der Beantwortung der Fragen von Herrn SCHÖL-
MERICH sind Sie vor allem auf die Organ-Manifestationen eingegangen.
Ich darf vielleicht noch einen interessanten Punkt hinzufügen, der den
Kliniker wahrscheinlich in Zukunft ebenfalls stark interessieren wird:
Es ist die Frage, wieweit die Isoenzyme helfen können, die Einwirkung
z. B. von pharmakologisch aktiven Substanzen auf die Ischämiegröße bzw.
die Infarktgröße zu bestimmen. Die Tendenz geht bei der Behandlung der
Ischämie, also der Coronarinsuffizienz und des Infarktes dahin, Pharmaka
zu finden, die die Infarktgröße reduzieren (BRAUNWALD, E., and MAROKO,
P. R.: Circulation 50, 206 (1974).

Ich möchte fragen, ob Sie noch mehr Verlaufsbeobachtungen, als gezeigt,
haben. Wir haben mit der normalen CK-Bestimmung, und zwar seriell
in den ersten sieben Stunden einstündlich, dann für zehn Stunden zwei-
stündlich und dann weiter vierstündlich, bis jetzt insgesamt 70 Patienten
untersucht. Bei Durchsicht von 42 dieser Kurven erkennt man unterschiedliche Kurvenverläufe. Man kann grob differenzieren in drei Typen
(MATHEY, D., BLEIFELD, W., HANRATH P., und EFFERT, S.: Brit.
Heart J. 36, 271 (1974)): Ein Typ, der das Maximum erreicht nach etwa
12 - 16 Stunden. Bei diesen Patienten denken wir - und haben auch patho-
logisch-anatomischen Anhalt dafür -, daß es sich um einen einseitigen
Verschluß etwa vergleichbar einer Coronarligatur handelt. Es gibt einen
zweiten Typ, bei dem die CK-Aktivitäten etwas flacher ansteigen, ihren
Spitzenwert nach etwa 20 Stunden erreichen und auch etwas flacher abfallen. Hier haben wir Anhaltspunkte, daß sich langsam ausdehnende In-
farkte vorliegen. Der dritte Typ zeigt Kurvenverläufe, die einen zweiten
oder sogar dritten Anstieg zeigen: hier findet man gehäuft erneute Infarkt-
ausdehnungen, nachgewiesen durch EKG oder entsprechende klinische Zeichen. Soviel ich verstanden habe, ist das Verschwinden der CK-MB nach
48 Stunden, das Herr TRAUTSCHOLD gemessen hat, nur ein Mittelwert.
Haben Sie Befunde, bei denen auch die CK-MB über 48 Stunden erhöht
bleibt, z. B. wenn eine Infarktausdehnung eintritt?

Die Frage von Herrn DEUTSCH bezüglich des Verhaltens der CK-Isoenzyme bei Traumatisierung der Herzmuskulatur wurde anhand des Beispiels
einer elektrischen Defibrillation beantwortet. Ich möchte differentialdiagnostisch erwägen, daß es sich in diesem Falle aber auch durchaus um
eine Infarktausdehnung gehandelt haben könnte.

Noch eine weitere Frage: Mir war aufgefallen, daß Sie bei den Reinfarkten mit 10,5% einen höheren Anteil von CK-MB hatten. Ich weiß nicht,
ob es sich bei diesem Wert um die Gesamtaktivität an CK oder den Maximalwert handelt. Wir haben bei den Reinfarkten eine kleinere Gesamtaktivität an CK und entsprechend einen kleineren Infarkt festgestellt
(BLEIFELD, W., MATHEY, D., HANRATH. P., BUSS, H., and EFFERT,
S.: Circulation 1975, im Druck). Unsere Vorstellung ist, daß nach einem
ersten größeren Verschluß im Mittel ein kleineres Gefäß zugeht.

TRAUTSCHOLD:
Zu Ihrer Bemerkung über den zeitlichen Verlauf der CK-MB-Aktivität:
Ich kann nur bestätigen, daß es unterschiedliche Kinetiken gibt. Der frü-

heste Maximalwert lag etwa bei 10 Stunden und der späteste bei 30 Stunden; in diesem Bereich kann also das Maximum erreicht werden. In allen Fällen verläuft der CK-MB-Anstieg parallel zu dem der Gesamtaktivität. Wie Sie richtig sagen, kann der Abfall nicht zeitlich exakt fixiert werden in bezug zum Ereignis. Es kann aber gesagt werden, daß CK-MB etwa 24 Stunden vor der Gesamtaktivität verschwindet. Das ist ein relativ exakt fixierter Zeitpunkt, aber die absolute Zeit, wann die MB verschwindet, hängt sicherlich von den Mikroprozessen ab, die noch nach dem eigentlichen Infarkt-Ereignis ablaufen.

BLEIFELD:
Nach Ihren Befunden verlaufen Gesamtaktivität der CK und CK-MB parallel. Sind in diesem Kollektiv Schockfälle dabei? Das würde bedeuten, daß die Gesamt-CK zumindest beim kardiogenen Schock wenig beeinflußt wird durch schockbedingte Veränderungen in anderen Organen als dem Herz. ROBERTS et al. (West Soc. Cardiol. 22, 197 (1974)) haben im Tierexperiment bei verschiedenen Schockzuständen (bilaterale Nierenarterienstenosen, erzeugt durch Tachykardie und Hypotonie) nachgewiesen daß unter diesen Umständen die Gesamt-CK wenig beeinflußt wird.

TRAUTSCHOLD:
Wir haben Fälle herausgesucht, die keine erkennbaren Sekundärschädigungen hatten.

DELBRÜCK:
Ich darf noch einmal auf die Angabe von Herrn LEHMANN zurückkommen, daß man beim Lebercarcinom - wenn ich es richtig verstanden habe - im Gewebe den foetalen Typ findet und im Serum nicht. Daran könnte eine ganze Reihe von Überlegungen angeschlossen werden. War im Serum die Aktivität der Aldolase insgesamt erhöht?

LEHMANN:
Die Veränderungen des Isoenzymmusters in Hepatomen sind ja von SCHAPIRA schon mit elektrophoretischen Methoden gemessen worden. Wir haben das mit der immunologischen Methode bestätigt. Meine Fragestellung war, ob man im Serum pathologische Isoenzymmuster findet. In den meisten Fällen findet man eine geringe Erhöhung von Aldolase A und B. Die Veränderungen sind aber so gering, daß man sie diagnostisch nicht auswerten kann. Bei diesen Tumoren wird offensichtlich erstens so wenig Material nekrotisch und zweitens geht ein Teil der Leberzellen um den Tumor herum auch zugrunde (und verliert das Isoenzym B), so daß man aus der Summationskurve, die man dann im Serum findet, differentialdiagnostisch nichts aussagen kann.

F. W. SCHMIDT:
Ein großes Handicap der Enzymdiagnostik ist die Tatsache, daß keineswegs bei allen Zellschädigungen oder Veränderungen der Zellfunktionen - wir hörten es gerade von den Hepatomen - Zellenzyme in den extracellulären Raum austreten. Damit entziehen sie sich der Diagnostik. Es wäre ein großer Fortschritt, wenn es gelänge, den schon veränderten Zellstoffwechsel kurzfristig so zu schädigen, daß es zu einem Enzymaustritt kommt.

Da wir hier berühmte Onkologen haben, möchte ich fragen, ob man Tumorgewebe kurzfristig so alterieren kann, daß dies zu einem Enzym-Austritt führt?

C.G. SCHMIDT:
Da Sie offenbar mich meinen, möchte ich die Frage so beantworten: Wenn ein Tumor vorliegt, denn Sie sprechen ja davon, daß ein Tumor geschädigt werden soll, dann benötige ich auch das Enzymmuster nicht. Wenn Sie eine einigermaßen frühe Diagnose stellen wollen, müßten Sie Mikromengen eines Tumors so nekrotisieren, daß genügende Mengen von Enzymen freigesetzt werden. Wenn es sich um größere Gewebsmengen handelt, ist die Diagnose schon gestellt. Ist das nicht der Sinn Ihrer Frage? Sie wollen doch die Enzymdiagnostik als Differentialdiagnosticum verwenden bei unklaren und bei okkulten Prozessen und nicht bei schon nachgewiesenen. Ich würde sehr vorsichtig sein.

F.W. SCHMIDT:
Das war eine sehr elegante, aber keine befriedigende Antwort. Die klinische Problematik liegt doch darin, daß wir viele Patienten erst sehen, wenn die Tumormasse schon relativ groß ist und daß wir trotzdem gar nicht selten erhebliche Schwierigkeiten haben, das Vorliegen eines Tumors nachzuweisen. Meine Frage zielte daher gar nicht so sehr auf die Früherfassung von noch sehr kleinen Tumoren - obwohl das natürlich das erstrebenswerte Ziel ist - , wir wären schon sehr glücklich, wenn wir sichere Hinweise auf das Vorliegen auch größerer Tumoren hätten.

Darf ich daher meine Frage wiederholen: Wie kann man alterierte Gewebe - der Tumor ist sicher das klinisch interessanteste Beispiel - zu einem Enzymaustritt provozieren? Oder wenn Sie meinen, daß der Tumor ein zu differenziertes Objekt wäre: Wie könnte man z.B. erkrankte Muskulatur zu einem Enzymaustritt provozieren?

C.G. SCHMIDT:
Mechanisch!

Frau SCHMIDT:
Dazu müssen wir wissen, wo die Läsion ist!

HILLMANN:
Bei der alkalischen Phosphatase haben Sie die Knochen-Phosphatase nicht erwähnt. Dies ist ja ein Enzym, von dem die Internisten offensichtlich Großes erhoffen.

LEHMANN:
Wir haben mit Herrn PFLEIDERER die Bearbeitung der alkalischen Phosphatase geteilt; ich bearbeite Leber- und Placenta-Phosphatase und die Arbeitsgruppe von Herrn PFLEIDERER hat sich der Dünndarm- und Knochen-Phosphatase angenommen. Das erste Problem, das wir klären müssen - und wir sind noch mitten drin - ist, wie die verschiedenen molekularen Formen der alkalischen Phosphatasen überhaupt zusammen-

hängen. Immerhin ist die erste Phase abgeschlossen, und durch unseren
Reagentienaustausch sind wir so weit, daß wir in absehbarer Zeit reines
Anti-Dünndarm-Phosphatase-Serum und reines Anti-Placenta-Phosphatase-
Serum haben. An der Herstellung dieser beiden Antiseren arbeitet, soweit
ich weiß, auch Herr WÜRZBURG bereits in größerem Maßstab. Inwieweit
wir reine Anti-Leber-Phosphatase und Anti-Knochen-Phosphatase erhalten
werden, an denen ich natürlich besonders interessiert bin, wird im Laufe
dieses Jahres geklärt sein. Wenn es uns gelingt, müßte es in absehbarer
Zeit möglich sein, ein 4-Komponenten-System aufzubauen, mit dem man
die alkalische Phosphatase nach diesen 4 Herkunftssorten eindeutig differenzieren kann. Unklar ist noch das Problem der alkalischen Leukocyten-
Phosphatase; dies muß noch nachträglich geprüft werden. Es scheint so
zu sein, daß sie zumindest bei Leukämien mit der Placenta-Phosphatase
identisch sein könnte.

Frau SCHMIDT:
Ich bin natürlich auch besonders an der alkalischen Phosphatase interessiert. Ich habe dazu zwei Fragen: Gibt es heute irgendeinen Anhalt,
daß es in der Leber nicht nur ein Isoenzym gibt, sondern daß man eventuell Leberzell-Phosphatase und Gallengangs-Phosphatase unterscheiden
kann? Das wäre von größtem Interesse für die Hepatologie. Ferner hat
Herr PFLEIDERER gesagt, daß Sie bei den chronischen Darmentzündun-
gen, wo man ja sehr häufig eine erhöhte alkalische Phosphatase hat,
niemals Dünndarmphosphatase gefunden haben. Dies ist schon verständlich, denn der Enzymaustritt aus der Darmschleimhaut geht sicher in den
allermeisten Fällen in den transcellulären Raum. Welche Phosphatasen
finden Sie im Serum?

PFLEIDERER:
Sie gehören zur Lebergruppe. Herr LEHMANN hat ganz richtig gesagt,
daß bei der alkalischen Phosphatase noch große Probleme bestehen. Die
publizierten Daten sind nicht verwendbar; das System ist wesentlich komplizierter, als bisher dargestellt wurde. Wir haben noch Hoffnung, Nieren-
und Leber-Phosphatase unterscheiden zu können. Herr KHATAB bearbeitet
bei mir dieses Problem, aber er hat bei den reinen Antigenen auch nach
Neuraminidase-Behandlung noch mehrere Banden. Bei der Knochen-Phosphatase ist das Hauptproblem die Beschaffung des Ausgangsmaterials,
wie Herr GEMPP, der auf diesem Gebiet Pionierarbeit geleistet hat,
bemerkt hat - das wird auch Herrn LANG noch hart treffen.

Aber es lohnt sich, an der alkalischen Phosphatase weiter zu arbeiten,
denn es gibt sicher noch ganz neue, unerwartete Aspekte.

Immunologische Bestimmung von Gerinnungsenzymen

N. Heimburger und H. Karges

20 Faktoren sind an den Prozessen beteiligt, die mit der Gerinnung zusammenhängen. Diese Zahl schließt auch die Faktoren des fibrinolytischen Systems und die Inhibitoren ein, die Gerinnung und Fibrinolyse kontrollieren. Dazu zählt nach neueren Befunden auch das Plasma-Kallikrein, das die Startreaktionen beider Systeme katalysiert (Tab. 1).

Die meisten Faktoren sind Proteasen, die als inaktive Vorstufen zirkulieren und beim Kontakt des Blutes mit unphysiologischen Oberflächen aktiviert werden. Die Aktivierung der Proenzyme erfolgt vorwiegend über eine limitierte Proteolyse. Die aktivierten Enzyme können ihrerseits andere Faktoren aktivieren oder mit Substraten oder Inhibitoren weiterreagieren.

Ihrem chemischen Aufbau nach sind die Gerinnungsfaktoren Proteine, und zwar vorwiegend Glykoproteine. Die Herstellung spezifischer Antiseren ist lange an der Isolierung der Faktoren gescheitert, die zum Teil in Konzentrationen unter 1 mg/100 ml Plasma vorkommen und bei der Isolierung sehr denaturierungsempfindlich sind. Mit der Entwicklung moderner und schonender Methoden ist es in den letzten Jahren gelungen, gegen nahezu alle Gerinnungsfaktoren Antiseren im Labormaßstab herzustellen. Kommerziell erhältlich sind z. Zt. Antiseren gegen die Faktoren I, II, VIII, XIII, Plasminogen, Antithrombin III, α_2-Makroglobulin, C $\bar{1}$-Inaktivator und α_1-Antitrypsin. Der Zeitpunkt ist jedoch abzusehen, an dem alle Faktoren einer immunologischen Bestimmung zugänglich sein werden.

Methodik

Während der vergangenen 10 Jahre wurden qualitative und quantitative Methoden in die Forschung und Routine der Gerinnungsanalytik eingeführt. Für qualitative Untersuchungen werden verschiedene Geldiffusionstests sowie ein- und zweidimensionale Immunelektrophorese verwendet.

Tab. 1. Gerinnungsfaktoren.

Protein		MG	Elektro- phoret. Beweglichk.	Konzentr.* mg/100 ml	**
1.	Plasma-Kallikrein	96 000	γ -Glob.		
2. F XII	HAGEMAN-Faktor	120 000			
3. F XI	Plasma-Thrombo- plastin-Antecedent	185 000			
4. F VII	Proconvertin	56 000		ca. 0,1	
5. F III	Gewebsthromboplastin			–	
6. F VIII	Antihämophiles Globu- lin A (F VIII-assozi- iertes Antigen)	2 Mio	β -Glob.	0,5 - 1,0	+
7. F IX	Antihämophiles Globu- lin B	72 000	α_1 -Glob.		
8. F X	STUART-PROWER- Faktor	72 000	α_1 -Glob.		
9. F V	Accelerin	300 000	β -Glob.		
10. F II	Prothrombin	72 000	α_1 -Glob.	6 - 10	+
11. F I	Fibrinogen	341 000	β -Glob.	170 - 410	+
12. F XIII	Fibrinstabilisierender F.	300 000	β -Glob.	1,5 - 3,0	+
13.	Plasminogen-Aktivatoren		β -Glob.		
14.	Plasminogen	87 000	β -Glob.	10 - 15	+
15.	Antithrombin III	65 000	α_2 -Glob.	17 - 30	+
16.	α_2 -Makroglobulin	725 000	α_2 -Glob.	150 - 350 ♂ 175 - 410 ♀	+
17.	C $\bar{1}$-Inaktivator	104 000	Inter- α -Glob.	15 - 35	+
18.	α_1 -Antitrypsin	54 000	α_1 -Glob.	130 - 250	+
19./20.	Inhibitoren der Plasmi- nogen-Aktivierung	75 000 Makrogl.	α_2 -Glob.		

* Normalbereiche im Plasma gesunder Erwachsener.
** Quantitativ immunologisch bestimmbar.

Tab. 2. Empfindlichkeit immunologischer Methoden (nach
BAUDNER und BONACKER (1)).

Methode	μ g Protein/ml	
Doppeldiffusion (OUCHTERLONY)		40
Präcipitatanalyse (HEIDELBERGER)	12,5	- 20
Lineare Immundiffusion		12,5
Radiale Immundiffusion	1	- 10
Elektroimmundiffusion	0,5	- 2
Überwanderungselektrophorese	1	- 4
Flockungstest	1,3	- 3,0
Ringtest	0,2	- 0,4
Komplementbindungsreaktion		0,1
Indirekte Hämagglutination	0,02	- 0,04
Hämagglutinationshemmtest	0,006	- 0,01
Radioimmunoassay	0,00004-	0,005

Die wichtigsten quantitativen immunologischen Methoden sind in Tab. 2
nach steigender Empfindlichkeit zusammengestellt. Bevorzugt werden die
radiale Immundiffusion nach MANCINI et al. (2), die Elektroimmundiffusion nach LAURELL (3) und nephelometrische Methoden (4), die sich
für automatische Meßvorgänge gut eignen. Wesentlich empfindlicher, aber
auch arbeits- und zeitaufwendiger sind die Radioimmunoassays. Daneben
haben sich einige sehr empfindliche, aber nur halbquantitative Methoden
eingeführt: Die Komplementbindungsreaktion und Hämagglutinationstests.
Schließlich werden für Schnellbestimmungen auch häufig Latextests verwendet.

Die verschiedenen Methoden lassen sich nicht wahllos für die Bestimmung
einzelner Proteine verwenden und im besonderen nicht für Bestimmung
der Gerinnungsfaktoren. Die Auswahl der Methode muß jeweils die Konzentration des Antigens, Stabilität, Molekulargewicht, elektrophoretische
Beweglichkeit und andere charakteristische Eigenschaften berücksichtigen.

Tab. 3 enthält die Gerinnungsfaktoren, die bereits routinemäßig immunologisch bestimmt werden können, zusammen mit den geeigneten Methoden
und den Normalbereichen.

Tab. 3. Methoden und Normalbereiche für Gerinnungsfaktoren.

Protein	Methode*	Normalbereiche % der Norm**	Bemerkungen
F I, Fibrinogen	RID, ED, RIA	59 - 141	
FSP	ED, UEE, TRCHII, LAT		ED mit Anti-"D"-Serum Normalwert: 0-5 µg Fibrinogenäquivalent/ml
fpA	RIA		
F II, Prothrombin	RID, ED		
F VIII-assoziiertes Antigen	ED	47 - 194 (5)	Hohe Spannungen und Puffer hoher Ionenstärke ungeeignet
F XIII, fibrinstabilisierender Faktor	ED, AKN	50 - 140 (6)	
Antithrombin III	RID, ED	72 - 128	Bestimmungen im Serum mit ED nur in heparinhaltiger Agarose
Plasminogen	RID, ED	75 - 125	
α_2-Makroglobulin	RID, ED	62 - 145	
$\overline{C1}$-Inaktivator	RID, ED	62 - 145	
α_1-Antitrypsin	RID, ED	69 - 138	

* Abkürzungen für Methoden:
  RID - Radiale Immundiffusion, ED - Elektroimmundiffusion,
  RIA - Radioimmunoassay, UEE - Überwanderungselektrophorese,
  TRCHII - Hämagglutinationsinhibitionstest,
  LAT - Latexagglutinationstest, AKN - Antikörperneutralisationstest.

**Bezogen auf ein Kollektiv gesunder Erwachsener

Fehlerquellen

Die Blutentnahme muß unter den gleichen Bedingungen wie für die Bestimmung des Gerinnungsstatus erfolgen. Bewährt hat sich Citratplasma von Nüchternpatienten. Nur bei Einhaltung dieser Bedingungen ist eine gute

Reproduzierbarkeit und Vergleichbarkeit der Ergebnisse gewährleistet,
vor allem auch beim Vergleich von immunologisch und funktionell ermittelten Werten.

Die Analyse einer Zufallsprobe kann sinnvoll sein, jedoch muß der Untersucher sich der begrenzten Aussagekraft bewußt sein, die durch die In-
stabilität der Gerinnungsfaktoren gegeben ist. Einzelbestimmungen können
bei konstanten Defekten diagnostisch relevant sein, z. B. bei der Identifizierung von erworbenen und angeborenen Mangel- und Defekt-Protein-
ämien.

Wie bei allen klinisch-chemischen Analysen können Fehler bei der Blutentnahme, Kennzeichnung und dem Transport der Proben vorkommen, die
sich durch eine Wiederholung der Bestimmungen aufklären lassen. Fehler
bei der Analyse lassen sich durch Doppelbestimmungen und die routinemäßige Verwendung eines Standards erkennen. Als Standard eignet sich
ein Plasmapool von gesunden Erwachsenen.

Reinantigene sind als Bezugssubstanzen aus mehreren Gründen nicht zu
empfehlen: Viele Proteine werden während der Aufarbeitung denaturiert,
sind instabil und bilden Aggregate, die falsche Bezugskurven geben.
Normalbereiche für die immunologisch bestimmbaren Faktoren sind aus
Tab. 3 ersichtlich. Sie sind in Prozent der Norm, bezogen auf einen
Plasmapool, angegeben.

DIAGNOSTISCHE SIGNIFIKANZ DER METHODEN

In der Gerinnung gibt es viele Anwendungsmöglichkeiten für immunologische Techniken.

Qualitative Methoden

Qualitative Methoden sind zur Klärung vieler wichtiger Fragestellungen
geeignet, wie Tab. 4 zeigt. An einigen Beispielen sei dies näher erläutert.

Untersuchungen auf Identität, Einheitlichkeit, Polymorphismus,
Untereinheiten, Antigenverwandtschaft

Mit einem Antiserum gegen Plasma-Präkallikrein läßt sich im Doppel-
diffusionstest der Nachweis führen, daß dieses mit dem FLETCHER-
Faktor identisch ist (7). Mit Antiseren gegen die einzelnen Faktoren des
Prothrombinkomplexes konnten wir zeigen, daß die 4 Faktoren II, VII,
IX und X nicht antigenverwandt sind: Die Immunpräcipitate kreuzen sich
im Geldiffusionstest, und nach Zugabe der einzelnen Antiseren zum Plasma wird nur die Funktion des homologen Faktors gelöscht.

Tab. 4. Beispiele für die Anwendung qualitativer immunologischer Methoden.

1. Untersuchung von Gerinnungsfaktoren auf Identität, Antigen-Verwandtschaft, Einheitlichkeit, Polymorphismus, Untereinheiten.

2. Diagnose von Mangel- und Defektproteinämien.

3. Wechselwirkungen zwischen Gerinnungsfaktoren und Arzneimitteln.

4. Wirkung von Arzneimitteln auf die Synthese von Faktoren: PIVKA's (Protein induced by vitamin K absence or antagonists).

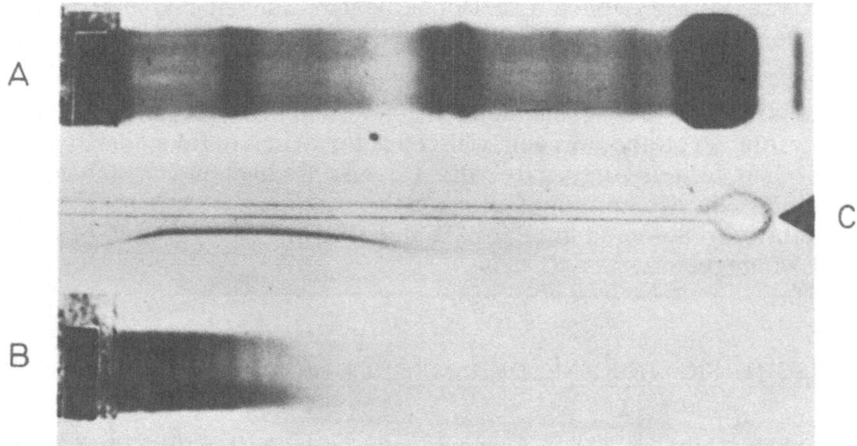

Abb. 1. Polyacrylamidgel-Elektrophorese von Humanserum und hochgereinigtem Plasminogen mit Immunreaktion nach Überschichten des Gels mit Agarose. A = Humanserum. B = Plasminogen. C = Antiplasminogen-Serum vom Kaninchen.

Humanplasminogen wandert in der Papier- und Immunoelektrophorese einheitlich, im Polyacrylamidgel jedoch in mehreren Zonen (Abb. 1). Durch Überschichten des Gels mit Agarose und nach Eindiffundieren der Proteine läßt sich mit einem Anti-Plasminogen-Serum der Nachweis führen, daß alle Zonen Plasminogen-Spezifität besitzen. Die Heterogenität ist durch Ladungsunterschiede bedingt, die einer Variation des isoelektrischen Punktes von pH 6,4 - 8,3 entsprechen (8).

α_1-Antitrypsin ist der wichtigste Proteinase-Inhibitor im Humanplasma. Es wird in mehreren genetischen Varianten codominant vererbt. 20 verschiedene Phänotypen sind bekannt und werden unter dem Begriff PI-System zusammengefaßt (9). Eine Differenzierung der Varianten war bisher nur mit der Stärkegelelektrophorese möglich. Diese Technik ist nicht

nur zeitaufwendig, sondern erfordert auch Erfahrung und Geschick. Daher
war die Einführung der zweidimensionalen Immunoelektrophorese für die
Typisierung durch LAURELL und PERSSON (10) ein echter methodischer
Fortschritt. Die Trennung in der ersten Dimension erfolgt in Polyacryl-
amid-haltiger Agarose bei pH 5,1, in der zweiten Dimension in Agarose,
die Antikörper gegen α_1-Antitrypsin enthält.

Faktor XIII aus Plasma besteht aus 3 Untereinheiten, von denen zwei
identisch sind und das aktive Zentrum bilden. Daraus resultiert die Mole-
kularformel A_2S, in der "S" das den fibrinstabilisierenden Faktor bindende
Globulin darstellt (11). Die Untereinheiten "A" und "S" lassen sich in der
LAURELL-Elektrophorese mit Vordiffusion nachweisen, wenn man im
zweiten Gel Antiseren gegen "A" und "S" verwendet (12). Aus Abb. 2 ist
ersichtlich, daß Humanplasma im Gegensatz zu Humanserum beide Untereinheiten enthält. Bei heterozygoten Mangelvarianten ist die Untereinheit
"A" vermindert und bei Homozygoten fehlt sie ganz, während "S" noch
in der Größenordnung von 20 - 50% der Norm gefunden wird. Dem Befund, daß "A" im Serum nicht mehr nachweisbar ist, kann man entnehmen,
daß es nach Aktivierung durch Thrombin zerfällt. Mit Antiseren gegen
"A" läßt sich zeigen, daß diese Untereinheit auch in Thrombocyten und
Placenten gebildet wird und ebenso wie der Plasmafaktor mit der Untereinheit "S" den kompletten fibrinstabilisierenden Faktor (A_2S) bildet (13).

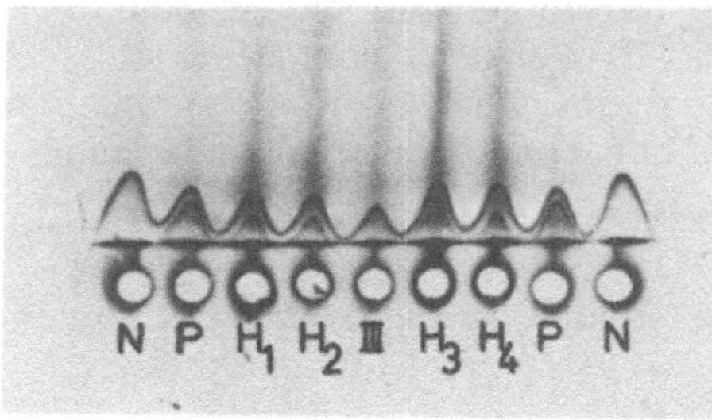

Abb. 2

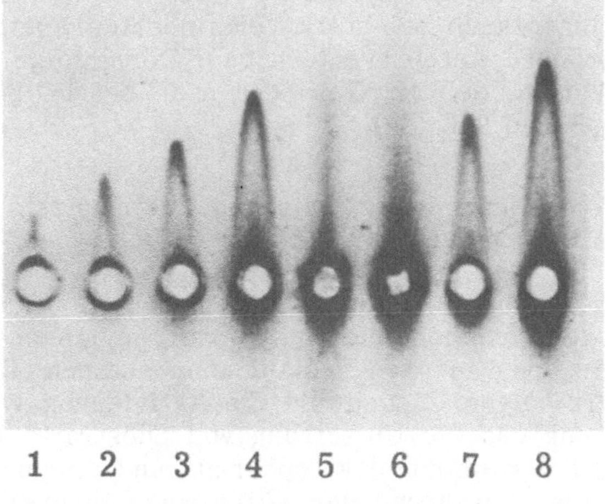

Abb. 3

Abb. 2. Untersuchung von Plasmen auf Faktor XIII. N = normales Misch-
serum. P = Mischplasma. H_1 - H_4 = heterozygote Mangelplasmen.
III = homozygotes Mangelplasma.

Abb. 3. Elektroimmundiffusion nach LAURELL in Agarose mit Antiserum
gegen F VIII-assoziiertes Antigen. 1 - 4: Eichkurve: Standard-Human-
plasma, Verdünnungen 1 : 8, 1 : 4, 1 : 2 bzw. unverdünnt. 5 u. 6:
v. WILLEBRAND-JÜRGENS-Plasmen. 7 u. 8: Hämophilie A-Plasma,
Verdünnungen 1 : 2 bzw. unverdünnt.

Diagnose von Mangel- und Defektproteinämien

Hier sind qualitative Methoden nur für ein Screening geeignet und quantitative Bestimmungen die Methode der Wahl, und diese führen häufig auch nur in Verbindung mit funktionellen Tests zu einer gesicherten Aussage. Das gilt zum Beipiel für die Diagnose des v. WILLEBRAND-Syndroms und die Identifizierung von Konduktorinnen der Hämophilie. In diesem Sonderfall erfaßt man offenbar mit der immunologischen Bestimmung das Antigen bzw. den Träger und weniger die Funktion: Ein Antiserum, das durch Immunisierung mit einem hochgereinigten und funktionell aktiven F VIII-Präparat gewonnen wurde, gibt bei der Untersuchung von Normalplasma in der LAURELL-Elektrophorese Immunpräcipitat-Gipfel, deren Höhen in guter Korrelation zur Funktion stehen (Abb. 3). Unter identischen Bedingungen findet man bei v. WILLEBRAND-Patienten kleinere oder gar keine Präcipitatgipfel, jeweils auch in einem direkten Verhältnis zur Faktor VIII-Funktion. Hämophilie A-Plasmen hingegen bilden selbst bei einer biologischen Restaktivität von nur 1% Präcipitat-gipfel mit Normalplasma vergleichbar und häufig auch höhere (14). Da man aufgrund dieser Befunde nicht annehmen konnte, daß das durch das Antiserum dargestellte Antigen mit dem Faktor VIII identisch ist, hat man für das Protein den Terminus Faktor VIII-assoziiertes Antigen eingeführt. Die vergleichende Bestimmung von Antigen und Funktion hat die Identifizierung von Konduktorinnen zwar wesentlich verbessert, wenn auch noch nicht gelöst. Das Prinzip der Methode beruht darauf, daß Konduktorinnen auch bei stark verminderter Faktor VIII-Funktion normale bis größere Antigenwerte haben. Demzufolge liegt der Quotient aus beiden Werten, der bei Gesunden nahe bei 1 liegt, bei Konduktorinnen zwischen 0,3 und 0,6 (14).

Wechselwirkungen zwischen Gerinnungsfaktoren und von Gerinnungsfaktoren mit Arzneimitteln

Schon mit so einfachen Methoden wie Geldiffusionstests und der ein- und zweidimensionalen Elektrophorese lassen sich Reaktionsschritte erfassen, die den Gerinnungsablauf kennzeichnen. Das gilt z.B. für die limitierte Proteolyse, die sowohl die Aktivierung von Faktoren als auch ihre Hemmung und die Umsetzung von Substraten charakterisiert. So findet man mit der Immunelektrophorese und einem Anti-Prothrombinserum, daß das Molekül während der Aktivierung in mehrere unterschiedlich wandernde Bruchstücke zerfällt. Analog läßt sich die Hydrolyse des Fibrinogens durch Plasmin darstellen, bei der als Reaktionsendprodukte zwei völlig verschiedene Antigendeterminanten entstehen: die späten Spaltprodukte "D" und "E" (Abb. 4). Auch die Neutralisation von Thrombin und Plasmin gekennzeichnet durch die Bildung von inaktiven Enzym-Inhibitorkomplexen, läßt sich mit der ein- und zweidimensionalen Elektrophorese verfolgen (15).

Ähnliches gilt für die Wechselwirkung von Gerinnungsfaktoren mit Arzneimitteln. So fanden wir mit der Immunelektrophorese, daß das Antithrombin III mit dem Heparincofaktor bzw. Antithrombin II proteinchemisch identisch ist (15): Das Antithrombin wandert in Gegenwart von

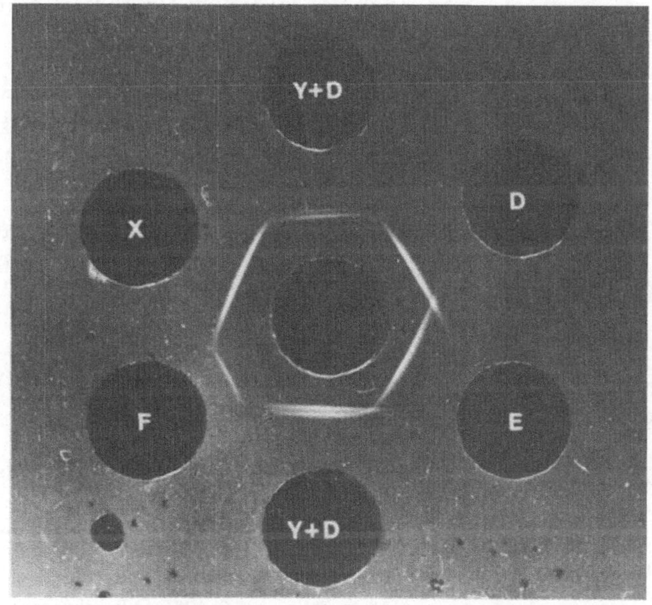

Abb. 4. Geldiffusions-Analyse von Humanfibrinogen (F) und seinen durch Plasmin freigesetzten Spaltstücken X, Y, D und E. Mitte: Antifibrinogen-Serum.

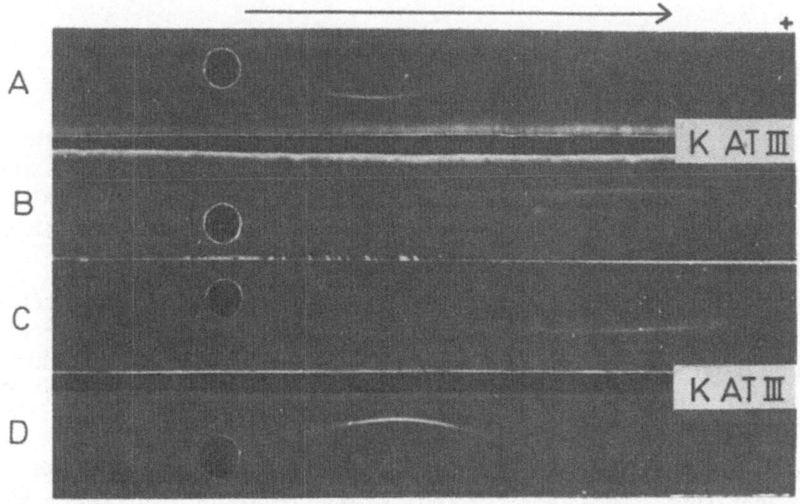

Abb. 5. Zur Identität von Antithrombin III und Heparin-Cofaktor. Immunelektrophorese von Humanplasma (a), nach Zusatz von 0,5 mg Heparin/ml (b) und Neutralisation des Heparins durch 0,5 mg Protaminsulfat/ml (c). In den Rillen Antiserum gegen Antithrombin III.

Heparin schneller, gewinnt aber nach Zusatz von Protamin seine ursprüng-
liche elektrophoretische Beweglichkeit wieder zurück (Abb. 5). Auch über
eine Änderung der elektrophoretischen Beweglichkeit läßt sich zeigen, daß
die synthetischen Inhibitoren der Plasminogen-Aktivierung, ε -Aminocapron-
säure und ihre Strukturanaloga, direkt am Plasminogen angreifen und demzufolge offenbar mit den Aktivatoren um die gleichen Bindungsstellen konkurrieren (16).

Der Vorteil der immunologischen Methoden bei derartigen Untersuchungen
ist, daß sie in Plasma und damit unter weitgehend physiologischen Bedingungen durchgeführt werden können.

Wirkung von Arzneimitteln auf die Synthese von Faktoren: PIVKA's
(Protein induced by vitamin K absence or antagonists)

Nach neueren Ergebnissen werden die Faktoren des Prothrombinkomplexes
auch unter oralen Anticoagulantien weiter synthetisiert, jedoch mit einem
molekularen Defekt: sie binden kein Ca^{2+} und sind daher unter physiologischen Bedingungen nicht aktivierbar*.

Auf Basis dieser Befunde haben NILÉHN und GANROT die zweidimensionale Elektrophorese so modifiziert, daß sie eine Trennung von nativem
und Marcumar-Prothrombin erlaubt (18): Der Immunpräcipitation geht
eine Trennung in Ca^{2+}-haltigem Medium voraus; dabei wird das native
Molekül durch die Bindung von Ca^{2+} im α_2-Globulinbereich zurückgehal-
ten, während das Marcumar-Derivat bis in den α_1-Globulin-Bereich wandert.

Quantitative Methoden

Am häufigsten verwendet werden die radiale Immundiffusion und die Elektroimmundiffusion. Abb. 6 zeigt die Bestimmung von 6 Gerinnungsfaktoren
mit der LAURELL-Elektrophorese. Die ersten 4 Löcher jeder Platte
enthalten jeweils ein Referenzplasma in verschiedenen Verdünnungsstufen.
Nach der Höhe der Gipfel wird die Eichkurve erstellt.

Die immunologischen Bestimmungen führen zu den gleichen diagnostischen
Aussagen wie die funktionellen Tests (Tab. 5). Sie eignen sich für die
Identifizierung von erworbenen und angeborenen Mangel- und Defektproteinämien, die Diagnose intravasaler Verbrauchsreaktionen und die The-
rapieüberwachung.

Folgende kongenitalen Mangelvarianten wurden mit immunologischen Methoden gefunden: Das FLETCHER-Faktor- bzw. Plasma-Kallikrein-Mangel-
Syndrom, Dysfibrinogenämien, Hypoprothrombinämien, Veränderungen des

---

* Nach STENFLO (17) sind γ -Carboxy-glutaminsäure-Reste die Bindungsstellen für Ca^{2+}. Im Marcumar-Prothrombin steht in den gleichen Sequen-
zen die gewöhnliche Glutaminsäure.

Faktor VIII-assoziierten Antigens, z. B. beim v. WILLEBRAND-Syndrom,
Faktor XIII-Mangel, C $\overline{1}$ Inaktivator-Defekte und die verschiedenen Phänotypen des α_1-Antitrypsins.

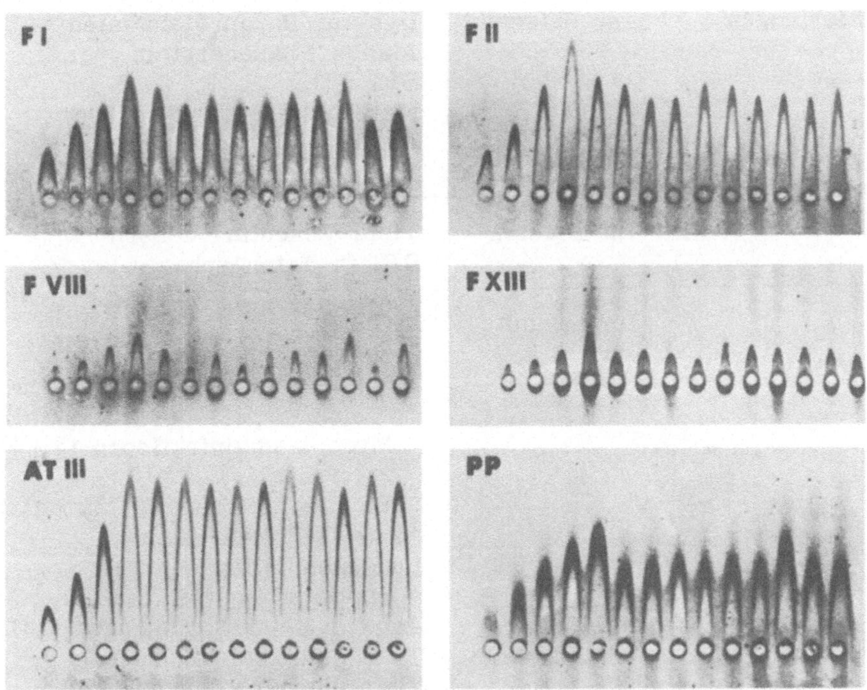

Abb. 6. Bestimmung von Fibrinogen (F I), Prothrombin (F II),
antihämophilem Globulin A (F VIII), fibrinstabilisierendem Faktor (F XIII), Antithrombin III (AT III) und Plasminogen (PP)
durch Elektroimmundiffusion. Jeweils die ersten 4 Proben von
links sind Verdünnungen von Standardhumanplasma zur Erstellung der Eichkurve; dann folgen 10 Plasmen von Normalpersonen.

Die quantitative immunologische Bestimmung von Mangelerkrankungen
ist dadurch erschwert, daß die meisten Gerinnungsfaktoren in einer relativ großen Variationsbreite vorkommen. Eine Ausnahme bildet das
Antithrombin III (Abb. 6), das in einem ausgewogenen Verhältnis zum
Thrombin im Blut zirkuliert. Geringfügige Verminderungen können daher
bereits eine Hypercoagulabilität bewirken, im besonderen, wenn sie zusammen mit einer Erhöhung plasmatischer Gerinnungsfaktoren auftreten.
So wurde bei rezidivierenden Beinvenenthrombosen eine Erhöhung von
F VIII bei gleichzeitiger Verminderung des Antithrombin III beobachtet
(19).

Tab. 5. Zur klinischen Relevanz der Faktoren-Bestimmungen.

Protein		Relevanz
F I, Fibrinogen	im Plasma	Dys- u. Paraproteinämien * Akutes Phasenprotein DIG Metastasierende Tumoren Primäre Hyperfibrinolyse Therapieüberwachung
fpA	im Plasma	Tiefe Venenthrombosen DIG in Anfangsphase

FSP	im Serum
	
	 im Urin
		DIG bei:
		    Bakterieninfektionen (25)
		     mit Sepsis (5 - 450 μg/ml)
		     ohne Sepsis (5 - 75 μg/ml)
		    Mycoplasmainfektionen (5 - 30
		     μg/ml)
		    Virusinfektionen (5 - 25 μg/ml)
		 Akute Gefäßokklusionen
		 Lungenembolien
		 Abruptio placentae
		 Akute Nierenerkrankungen (26)
		 Transplantatabstoßung (27)
		 Therapieüberwachung

F II, Prothrombin	im Plasma	Differenzierung genetischer Varianten* DIG Lebererkrankungen

F VIII-assoziiertes
 Antigen
	im Plasma	Identifizierung von Konduktorinnen
		 Differentialdiagnose des
		    v. WILLEBRAND-Syndroms
		 Hämatologische Krankheiten
		 Rezidiv. Beinvenenthrombosen
		 Nierenerkrankungen mit Urämie
		 Akute Lebererkrankungen
		 Gewebszerfall und Reparations-
		    prozesse (5):
		    Metastasierende Tumoren
		    Operationen
		    Verbrennungen
		 Therapieüberwachung

Fortsetzung s. nächste Seite

Tab. 5 (Fortsetzung)

Protein		Relevanz
F XIII, fibrinstabili- sierender F.	im Plasma	Identifizierung von genetischen Mangelvarianten Wundheilungsstörungen DIG Akute Leukosen Akute Lebererkrankungen Therapieüberwachung
Antithrombin III	im Plasma	Identifizierung von genetischen Mangelvarianten (28) Hypercoagulabilität DIG Rezidiv. Beinvenenthrombosen Lungenembolie
	im Serum	Kontraceptiva (mit Oestrogenen)
Plasminogen	im Serum	Atemnotsyndrom bei Neugeborenen Therapieüberwachung
α_2-Makroglobulin	im Serum	Diabetes mellitus Nierenerkrankungen Lebercirrhose Tumoren Therapieüberwachung
α_1-Antitrypsin	im Serum	Typisierung genetischer Varianten Lungenemphysem Akutphasenprotein
C $\overline{1}$-Inaktivator	im Serum	Identifizierung von genetischen Mangelvarianten* Angioneurotisches Syndrom

*Funktionelle Bestimmung notwendig

Erschwert ist die Identifizierung von Mangelsyndromen, wenn die Faktoren
aus Untereinheiten mit unterschiedlichen Antigendeterminanten bestehen
wie z.B. der F XIII (Abb. 2). Hier kann man zwischen dem aktiven Enzym
und Trägerprotein unterscheiden. Beim F VIII ist das komplizierter, da
der funktionelle Molekül-Anteil im Gegensatz zum assoziierten Antigen
noch nicht näher charakterisiert ist. Daher ist es notwendig, für die

Identifizierung von Konduktorinnen der Hämophilie A neben der immunologischen auch die funktionelle Bestimmung zu verwenden. Man nutzt
dabei die Beobachtung von ZIMMERMANN und RATNOFF (14), daß der
Quotient aus Faktor VIII-Funktion und Antigen bei Gesunden zwischen
0,84 und 1,48 liegt, bei Konduktorinnen aber auf Werte zwischen 0,12
- 1,04 abfällt. Wie die Überschneidung der Werte verdeutlicht, konnte
die Identifizierung von Konduktorinnen damit zwar verbessert, aber noch
nicht optimiert werden. Das gelang bisher mit Hilfe anderer technischer
Kniffe auch nicht, z. B. durch die Verwendung von nichtpräcipitierenden
Isoantikörpern, die man bei polytransfundierten Hämophilien findet, die
gegen den funktionellen Molekülanteil gerichtet sind und diesen neutralisieren (20). Auch die Bestimmung des Ristocetin-Cofaktors, der F VIII-
Molekülspezifität hat, und bei der Aggregation in Wechselwirkung mit den
Plättchen tritt, verbesserte die Erkennung von v. WILLEBRAND-Patienten
nicht (21). Im Gegenteil, die neueren Befunde zeigen erst, wie schwer
eine immunologische Klassifizierung ist. Der F VIII ist bei vielen Erkrankungen erhöht, im besonderen bei Gewebszerfall und Reparationsprozessen
(5, 19). Dabei kommt besondere Bedeutung den Krankheitsbildern zu, bei
denen Faktor VIII-Funktion und -Antigen sich in unterschiedlicher Weise
ändern. Bei Nierenversagen mit Urämie und beim Herzinfarkt ist die
Konzentration des Antigens signifikant stärker erhöht als die biologische
Aktivität (5).

Defektproteinämien, die durch die Synthese eines immunologisch voll
identischen, aber biologisch inaktiven Faktors charakterisiert sind, lassen sich selbstverständlich nur durch Kombination mit funktionellen Methoden erfassen. Das gilt z. B. für den C $\overline{\text{I}}$-Inaktivator-Mangel, der das
angioneurotische Syndrom kennzeichnet (22).

Die methodischen Möglichkeiten für die Diagnose einer disseminierten
intravasalen Gerinnung (DIG) sind durch die Einführung immunologischer
Techniken vereinfacht und verbessert worden. Durch die Bestimmung des
Fibrinopeptids A mit Hilfe des Radioimmunoassays ist eine Hypercoagulabilität bereits im Ansatz erkennbar (23). Der Abfall von F XIII - der
schon frühzeitig durch Thrombin ausgelöst wird -, der Verbrauch von
Antithrombin III, der Abfall von Fibrinogen und die gleichzeitige Freisetzung von Fibrinspaltprodukten, ausgelöst durch die reaktive Fibrinolyse, liefern ein geschlossenes Bild des Krankheitsverlaufs.

Besondere Fortschritte wurden auf dem Gebiet des Nachweises der Fi-
brinspaltprodukte gemacht. Wie Tab. 3 ausweist, gibt es eine ganze Reihe
von Methoden dafür. Obwohl nicht zu den immunologischen Methoden ge-
hörend, wäre hier noch der Staphylokokken-Clumpingtest zu nennen (24),
der ein Schnelltest ist wie die Latex-Agglutination.

Selbstverständlich eignen sich die immunologischen Methoden auch für
Verlaufsstudien und die Therapie-Überwachung. Während der Fibrinolyse-
therapie kann man z. B. den Verbrauch von Plasminogen messen, die
Elimination des Plasmins als Komplex mit α_2-Makroglobulin (Plasmin-
Inhibitor), den Abfall von Fibrinogen und die Entstehung der Spaltprodukte.
Dadurch erkennt man den Zeitpunkt für den Übergang auf Anticoagulantien.

Die Angaben in dieser Übersicht in Verbindung mit den tabellarischen Zusammenstellungen (Tab. 1 - 5) dürften die Verwendung von immunologischen Methoden in der Gerinnungsdiagnostik indiziert erscheinen lassen. Die immunologischen Techniken sind hochempfindlich; sie haben vielfältige Anwendungsmöglichkeiten und liefern wichtige diagnostische Informationen. Natürlich werden sie die funktionellen Methoden nie ersetzen, jedoch in wertvoller Weise ergänzen.

Literatur

1. BAUDNER, S., und BONACKER, L.: Mitt. Dtsch. Ges. Klin. Chem. 1971/4, 78.

2. MANCINI, G., CARBONARA, A.O., and HEREMANS, J.F.: Immunochem. 2, 235 (1965).

3. LAURELL, C.-B.: Analyt. Biochem. 15, 45 (1966).

4. SCHWICK, H.G., und SCHULTZE, H.E.: Clin. chim. Acta 4, 26 (1959).

5. HOLENBERG, L., and NILSSON, I.M.: Scand. J. Haemat. 12, 221 (1974).

6. GIERHAKE, F.W., VOLKMANN, W., BECKER, W., SCHWARZ, H., und SCHWICK, H.G.: Dtsch. med. Wschr. 95, 1472 (1970).

7. WUEPPER, K.D.: J. exp. Med. 138, 1345 (1973).

8. SUMMARIA, L., ARZADON L., BERNABE, P., and ROBBINS, K.C.: J. biol. Chem. 247, 4691 (1972).

9. FAGERHOL, M.K., and LAURELL, C.-B.: Clin. chim. Acta 16, 199 (1967).

10. LAURELL, C.-B., and PERSSON, U.: Biochim. Biophys. Acta 310, 500 (1973).

11. BOHN, H., HAUPT, H., und KRANZ, Th.: Blut 25, 235 (1972).

12. BOHN, H., BECKER, W., und TROBISCH, H.: Blut 26, 303 (1973).

13. BOHN, H.: Blut 28, 81 (1974).

14. ZIMMERMAN, T.S., RATNOFF, O.D., and LITTELL, A.S.: J. clin. Invest. 50, 255 (1971).

15. HEIMBURGER, N., HAUPT. H., and SCHWICK, H.G.: In: FRITZ, H., und TSCHESCHE, H. (Eds.), Proceedings of the International Research Conference on Proteinase Inhibitors, pp. 1-21. Berlin: De Gruyter 1971.

16. HEIMBURGER, N., und SCHWICK, H.G.: Thrombos. Diathes. Haemorrh. 7, 444 (1962).

17. STENFLO, J.: J. biol. Chem. 248, 6325 (1973).

18. NILEHN, J.E., and GANROT, P.O.: Scand. J. clin. Lab. Invest. 22, 17 (1968).

19. LECHNER, K., in: Probleme der Angiologie. Bern: Huber, im Druck.

20. LECHNER, K.: Acta Haemat. 48, 257 (1972).

21. WEISS, H.J., ROGERS, J., and BRAND, H.: Blood 40, 939 (1972).

22. LANDERMANN, N.S., WEBSTER, M.E., BECKER, E.L., and RATCLIFFE, H.E.: J. Allergy 33, 330 (1962).

23. GERRITS, W.B.J., FLIER, O.Th.N., and VAN DER MEER, J.: Thrombos. Res. 5, 197 (1974).

24. HAWIGER, J., NIEWIAROWSKI, S., GUREWICH, V., and THOMAS D.P.: J. Lab. clin. Med. 75, 93 (1970).

25. SKANSBERG, P., CRONBERG, S., and NILSSON, I.M.: Scand J. Infect. Dis. 6, 197 (1974).

26. NILSSON, I.M.: Scand. J. Haemat., Suppl. 13, 317 (1971).

27. CASH, J.D., and CLARKSON, A.R.: Scand. J. Haemat., Suppl. 13, 331 (1971).

28. EGEBERG, O.: Thrombos. Diathes. Haemorrh. 13, 516 (1965).

Diskussion

PRELLWITZ:
Haben Sie Informationen darüber, in welcher Weise Vitamin K-Antagonisten
die Synthese anderer Vitamin K-abhängiger Faktoren in der Leber beeinflussen, z. B. speziell den Faktor X?

HEIMBURGER:
Ich habe keine eigenen Befunde dazu, aber nach einem Symposium, das im
letzten Jahr in den Niederlanden veranstaltet wurde (BOERHAAVE course
on synthesis and conversion of prothrombin and related coagulation factors, Leiden, 10. - 11. 5. 1974), würde ich annehmen, daß die Synthese
der restlichen Faktoren des Prothrombin-Komplexes, einschließlich Faktor X, vergleichbar mit der von Faktor II gestört ist. Dafür spricht, daß
die Bindungsstellen für Ca^{2+} und auch ihre Anzahl beim Faktor X und
Prothrombin-Molekül identisch sind.

DEUTSCH:
Es ist mir aufgefallen, daß Sie bei der Besprechung des Faktor VIII-
assoziierten Antigens nur die Elektrodiffusionsmethode angeführt haben.
Der Faktor VIII-Antikörper blockiert auch die biologische (Gerinnungs-)
Aktivität, so daß man auch in solchen Systemen die Faktor VIII-Aktivität
durch Antikörper neutralisieren und dadurch die Menge des Faktor VIII
bestimmen kann. Mit Faktor VIII-Präparaten kann natürlich auch ein
eventuell im zirkulierenden Blut vorhandener Antikörper erfaßt werden.
Vielleicht ist es ganz interessant, darauf hinzuweisen, daß bei Patienten,
die mit Faktor VIII-Präparaten behandelt werden, also bei Blutern, ein
Antikörper gegen Faktor VIII entstehen kann. Dieser Antikörper unterscheidet sich in der Reaktion mit Faktor VIII von einem bei Kaninchen
erzeugten Antikörper wesentlich. Wenn man von einem humanen Antifaktor VIII bei Blutern Faktor VIII-Bestimmungen durchführt, findet man,
daß nur ein kleiner Teil der Bluter - etwa 10% - ein gerinnungsinaktives
Faktor VIII-Molekül besitzt, das den humanen Antikörper neutralisiert,
während die Mehrzahl der Hämophilen den humanen Antifaktor VIII nicht
neutralisieren. Bei Verwendung eines Kaninchen-Antifaktor VIII findet man
hingegen bei allen Blutern ein inaktives Faktor VIII-Molekül.

Ferner möchte ich darauf hinweisen, daß unsere Arbeitsgruppe gefunden
hat, daß auch bei Tumoren mit Gewebszerfall ein hoher Serumspiegel
von Faktor VIII vorhanden ist; daß bei Patienten, die zu rezidivierenden
Thrombosen neigen, eine große Menge immunologisch nachweisbarer
Faktor VIII (Faktor VIII-assoziiertes Antigen) vorhanden ist, ohne gestei-

gerte biologische Faktor VIII-Aktivität. Man findet hier also eine interessante Diskrepanz, von der wir noch nicht wissen, was sie zu bedeuten hat.

Zum Nachweis der Konduktorinnen durch Bestimmung des Faktor VIII-assoziierten Antigens möchte ich etwas hinzufügen: Dieser Nachweis funktioniert nicht so ausgezeichnet, wie es aufgrund Ihres Vortrages erscheint. Man kann zwar bei den Konduktorinnen sehr gut die biologische und die immunologische Faktor VIII-Aktivität bestimmen. Bildet man einen Quotienten aus der immunologischen und der biologischen Aktivität, so ist dieser im Idealfall 2, aber es gibt eine große Streuung der biologischen Faktor VIII-Aktivität bei Konduktorinnen, die theoretisch von 0 bis 100% reichen kann. Dadurch kann dieser Quotient bei einzelnen Konduktorinnen bis auf 1 absinken. Auch diese Methode versagt daher dort, wo man sie zur Erkennung der Konduktorin am notwendigsten braucht.

HEIMBURGER:
Die immunologische Faktor VIII-Bestimmung erweitert mit Sicherheit die diagnostische Aussage, wenn auch nicht in dem Maß, wie man ursprünglich angenommen hat. Der Optimismus wurde dadurch gedämpft, daß I. M. NILSSON et al. (Scand. J. Haemat. 12, 221 (1974)) und K. LECHNER (Bern: Huber, im Druck) fanden, daß es bei verschiedenen Krankheitsbildern zu Faktor VIII-Erhöhungen kommt, vorwiegend bei Gewebsreparationen und malignem Wachstum.

DEUTSCH:
Gut, aber das sind zwei Dinge, die man eigentlich nicht vermischen sollte: die Veränderungen beim Tumor sowie der Venenthrombose und die Erkennung von Konduktorinnen.

HEIMBURGER:
Sie bringen aber doch Faktor VIII-Anstiege, die über einen Faktor von 2 - 3 hinausgehen, und damit wird der Quotient, den man für die Diagnose heranzieht, verfälscht.

DEUTSCH:
Das ist sicher richtig.

RÓKA:
Der Vergleich zwischen der immunologisch nachgewiesenen Anzahl von Molekülen und ihrer biologischen Aktivität läßt sich auch für Prothrombin diagnostisch auswerten. Bei Vitamin K-Mangel und bei Therapie mit Vitamin K-Inhibitoren sinkt die Aktivität viel stärker ab als die Konzentration, so daß der Quotient Aktivität zu Konzentration von einem normalen Wert von 1 auf Werte um 0,3 absinkt. Bei Leberkranken, Neugeborenen und Frühgeborenen ist neben der Aktivität auch die Konzentration abgesunken, hier finden wir Quotienten um 0,75.

Der immunologische Nachweis der Prothrombin-Moleküle kann - ebenso wie es Herr DEUTSCH für den Faktor VIII bereits erwähnt hat - über präcipitierende Antigen-Antikörper Komplexe mit der Elektrodiffusion,

aber auch über neutralisierende Antikörper mit Blockade der Aktivität
erfolgen. Bei Paralleluntersuchungen haben wir gefunden, daß mit präcipitierenden und neutralisierenden Antikörpern bei Gesunden, Leberpatien-
ten, Neu- und Frühgeborenen übereinstimmende Werte gefunden werden.
Dagegen finden wir bei Patienten, die mit Vitamin K-Antagonisten behandelt sind, mit präcipitierenden Antikörpern immer höhere Konzentrationen
als mit neutralisierenden Antikörpern. Möglicherweise ist diese Diskrepanz auf die Hemmwirkung von PIVKA bei der Aktivitätsbestimmung mit
neutralisierenden Antikörpern zurückzuführen.

C. G. SCHMIDT:
Eine Frage an Herrn DEUTSCH: Würden Sie die Faktor VIII-Erhöhungen
in einen ursächlichen Zusammenhang mit dem Symptom der Hypercoagulabilität bei vielen Tumoren und der Thrombose stellen? Dies ist ein
Phänomen, dessen Deutung noch große Schwierigkeiten macht.

DEUTSCH:
Ich glaube nicht, daß man diese Frage mit Sicherheit mit "ja" beantworten
kann. Vor allen Dingen ist es eine Frage, was man als Hypercoagulabilität definiert. Es gibt sicherlich Erhöhungen der Aktivität von Gerinnungsfaktoren, die funktionell nicht zur Thrombosebildung und zu einer klinisch
relevanten Hypercoagulabilität führen.

C. G. SCHMIDT:
Woher kommt die Faktor VIII-Erhöhung bei metastasierenden Tumoren?
Gibt es Vorstellungen über den Mechanismus?

DEUTSCH:
Ich weiß nicht, ob bekannt ist, daß Tumoren Faktor VIII bilden.

HEIMBURGER:
Aber man weiß, daß das Faktor VIII-assoziierte Antigen ubiquitär verbreitet ist.

SCHLEBUSCH:
Auf Ihrer letzten Abbildung sah ich, daß beim Atemnotsyndrom von Neugeborenen eine Plasminogen-Bestimmung sinnvoll sein könnte. Man kann
heute das Atemnotsyndrom durch Analyse von Phospholipiden im Fruchtwasser mit guter Wahrscheinlichkeit voraussagen. Gibt es Untersuchungen
über Plasminogen-Bestimmungen im Fruchtwasser und ihre Bedeutung?

HEIMBURGER:
Wenn es solche Untersuchungen gibt, dann von der Gruppe um AMBRUS
(AMBRUS, C.M., et al.: Pediatr. 32, 10 (1963), 35, 91 (1965)). Diese
Gruppe fand, daß Kinder mit Atemnotsyndrom mit einem Defizit an Plasminogen geboren werden, welches im Verlauf der ersten Lebenstage noch
weiter zunimmt, während bei gesunden Neugeborenen die Konzentration
ansteigt. Bei Frühgeborenen findet man gehäuft tiefe Titer.

SCHLEBUSCH:
Durch diese Beobachtung ist noch nicht bewiesen, daß die niedrigen Plas-
minogen-Spiegel die Ursache für das Atemnotsyndrom darstellen. Die
Befunde von GLUCK und anderen sprechen vielmehr dafür, daß die Ursa-
che ein relativer Mangel an Phospholipiden ist, die normalerweise die
Alveolen der Lunge auskleiden und als "Anti-Atelektase-Faktor" wirken.
Die Änderung der Konzentrationen der Plasminogen- und anderen Gerin-
nungs-Faktoren scheint ein sekundärer Vorgang zu sein.

RÓKA:
Für die Klinik ist der Nachweis der intravasalen Gerinnung von großer
Bedeutung. Die dabei am Fibrinogen ablaufende Reaktion ist die Abspaltung der Peptide A und B durch Thrombin. Wie weit kann man heute
nachweisen, ob und in welchem Umfang diese Reaktion abgelaufen ist?

HEIMBURGER:
H. L. NOSSEL et al.(Proc. natl. Acad. Sci. US 68, 2350 (1971)) haben einen
Immunoassay für das Fibrinopeptid A entwickelt; einen entsprechenden
Nachweis für das Fibrinopeptid B gibt es noch nicht. Der Immunoassay
für Fibrinopeptid A ist sehr empfindlich und weitgehend spezifisch, Fibrinogen zeigt er nur schwach an. Für die Gewinnung des Antikörpers mußte
das Antigen an einen Träger gekoppelt werden, da es nur ein Molekulargewicht von 3 000 hat.Abhängig von der Methode, mit der das Fibrinopeptid am Träger fixiert wird - NOSSEL et al. verwendeten dafür Albumin - erhält man Antikörper unterschiedlicher Spezifität. Die Kopplung
mit der Carbodiimid-Methode liefert ein besseres Immunogen als die
Glutaraldehyd-Methode. Mit Hilfe dieses Radioimmunoassays hat NOSSEL
bei Gesunden einen Plasmaspiegel von 0,1 bis 0,8 ng Fibrinopeptid A/ml
ermittelt. Bei intravasaler Gerinnung steigt die Konzentration bis auf
80 ng/ml an. Bei einer Halbwertszeit von nur 3 Minuten für das Peptid A
zeigt ein solcher Spiegel an, wieviel Fibrinogen durch Thrombin umgesetzt wird. Diese Ergebnisse wurden inzwischen von GERRITS et al.
(Thromb. Res. 5, 197 (1974)) bestätigt. Ein Antiserum ist noch nicht im
Handel.

RÓKA:
Beim Nachweis der intravasalen Gerinnung wird im Gegensatz zu einer
genauen Lokalisation eines angeborenen Gerinnungsdefektes eine rasche
Diagnostik notwendig sein. Beim Radioimmunoassay dauert es in der
Regel mindestens einen Tag, bis das Ergebnis vorliegt. Wird dadurch
der Einsatz eines Radioimmunoassays für den Nachweis der intravasalen
Gerinnung nicht grundsätzlich verhindert, oder gibt es bereits Anhaltspunkte, daß auch ein Radioimmunoassay rascher durchgeführt werden
kann?

HEIMBURGER:
Zunächst glaube ich, daß auch die nachträgliche Bestätigung einer vorläufigen Diagnose "intravasale Gerinnung" für den Kliniker wichtig und
ein spezifischer radioimmunologischer Nachweis von Bedeutung ist. Der
Zeitaufwand radioimmunologischer Methoden ist allerdings relativ groß,

weil Antigen-Antikörper-Reaktionen zeitabhängige Gleichgewichtsreaktionen sind. Dabei ist die Reaktionsdauer umso länger, je verdünnter ein Ansatz ist. In hochkonzentrierten Lösungen, z.B. durch Verwendung extrem geringer Testvolumina, läßt sich die Reaktionszeit wesentlich verkürzen. Das würde aber auch ein hochmarkiertes Referenzantigen voraussetzen, und dafür kommen meiner Ansicht nach strahlende Isotope nicht mehr in Frage. Möglicherweise läßt sich das durch andere Marker, z.B. Enzyme. erreichen.

Zusammenfassung

L. RÓKA

Die Klinische Chemie benutzt die Antigen-Antikörper-Reaktion - ebenso wie den radioaktiven Zerfall beim Radioimmunoassay - als Werkzeug, ohne sich mit der Theorie der Immunreaktionen oder des radioaktiven Zerfalls zu beschäftigen. Wir verwenden diese Antigen-Antikörper-Reaktion entweder zum Nachweis des Antigens oder zum Nachweis des Antikörpers. Beim Radioimmunoassay wird das Antigen nachgewiesen, aber in der Klinik gibt es auch Probleme, bei denen es interessant ist, die in unserem Körper vorhandenen Antikörper zu erkennen. Dazu gehört nicht nur die heute schon routinemäßig durchgeführte quantitative Bestimmung von IgG, IgM und IgA, vielmehr sucht man nach Methoden, um Antigen-spezifische Antikörper nachzuweisen und zu quantifizieren. Dabei interessieren nicht nur die im Serum gelösten, sondern besonders auch die an Zelloberflächen fixierten Antikörper.

Ob darüber hinaus die im Körper entstehenden Antigen-Antikörper-Komplexe für die klinisch-chemische Diagnostik von Bedeutung sein werden, kann man, so glaube ich, heute noch nicht entscheiden. Ebenso wenig wissen wir, ob die Folgereaktionen der Bildung von Antigen-Antikörper-Komplexen, etwa die Komplement-Aktivierung oder die Phagocytose-Aktivierung, für die routinemäßige klinisch-chemische Diagnostik einmal von Bedeutung sein werden.

Als Grundlage für die Diskussion der verschiedenen Modelle wurden an den Beginn des Symposiums zwei zusammenfassende Referate gestellt:

Immunologische Methoden in der Diagnostik

Herr KRÜSKEMPER gab einen kritischen Überblick aus der Sicht des Klinikers, bei welchen diagnostischen Fragestellungen heute immunologische Methoden angewendet werden und wie diese in ihrer Aussagekraft zu bewerten sind. Grundsätzlich - und das ging als roter Faden durch die Diskussion aller Referate - wird gefordert, daß die Klinische Chemie der Klinik Methoden erst dann anbietet, wenn sie standardisiert oder zumindest gut kontrollierbar sind. Das bedeutet, daß der Nachweis von Antikörpern gegen schlecht definierte Antigene - z.B. das "Herzantigen" - nicht zu den Methoden der Klinischen Chemie gehören, wie Herr DENGLER betonte. Andererseits dürfen wir durch überkritische Einstellung nicht die Erprobung neuer Methoden und damit den Fortschritt behindern (KNEDEL).

Radioimmunoassay

Die heute wichtigste Methode der analytischen Immunologie, der Radioimmunoassay (RIA), wurde durch Herrn BREUER mit ihren wesentlichen Merkmalen und Problemen dargestellt, wobei er auch auf Varianten der Methode, wie Enzym-Immunoassay und Spin Label-Technik einging.

Beim RIA sollte das Antigen möglichst einheitlich, der Antikörper möglichst monospezifisch sein. Zur Einheitlichkeit des Antigens ergab sich die Frage, wieweit die Antigenstruktur durch die Markierung verändert wird, und ob anstelle der bisher üblichen "Eintopf"-Markierung von Peptid- und Protein-Antigenen eine spezifische chemische Reaktion an einer definierten Stelle des Moleküls von Vorteil sein wird (PFLEIDERER). Bei der Spezifität des Antikörpers muß berücksichtigt werden, daß von Protein- und Peptid-Antigenen im Körper verschiedene Varianten vorkommen können, etwa Gastrin als Gastrin-34, -17 und -13, oder Insulin als Proinsulin und Insulin-Assoziate. Man sollte entweder gegen jede dieser einzelnen Moleküle spezifische Antikörper gewinnen oder - wo das nicht möglich ist - prüfen, wieweit trotz Kreuzreaktionen z.B. aufgrund unterschiedlicher Affinitäten zwischen den einzelnen Antigenen unterschieden werden kann. Erst wenn es Antikörper absoluter Spezifität gibt, können Radioimmunoassays Referenzmethoden werden (BREUER).

Zur Auswertung von RIAs sind heute vor allem zwei Verfahren in Gebrauch, die Logit-Log-Transformation und die nach Herrn SCRIBA empfehlenswerte Spline-Approximation. Grundsätzlich ist zu fordern, daß die RIA-Methoden standardisiert werden müssen. Jeder Beitrag zu einer Standardisierung ist daher zu begrüßen, allerdings - und das wurde auch hier gewünscht - sollte ein internationales Vorgehen einer nationalen Planung vorgezogen werden (NIESCHLAG). Ich würde mich freuen, wenn die Gesellschaft für Klinische Chemie sich um einen solchen Anschluß an die internationale Standardisierung bemühen würde.

Nach Vorbereitung durch diese allgemeine Diskussion haben wir an den folgenden drei Modellen Einzelheiten der immunologischen Methodik und deren Relevanz für die Diagnostik besprochen: Bestimmung von Tumorantigenen, Bestimmung von Hormonen und Bestimmung von Enzymen.

Tumorantigene

Die bisher bekannt gewordenen, sogenannten Tumorantigene scheinen sämtlich foetale Antigene und damit nicht für die Carcinomzelle, sondern für jede sich teilende, nicht ausdifferenzierte Zelle typisch zu sein, wie Herr GALLMEIER in seinem kritischen Überblick berichtet hat. Interessanterweise scheint bei einzelnen Patienten mit Tumoren, welche prinzipiell Tumorantigene produzieren können, die Bildung dieser Antigene im Tumor zu fehlen. Kann man daraus schließen, daß eine Normalzelle auch ohne Derepression der Gene für solche foetalen Antigene in eine Carcinomzelle transformiert werden kann und das Auftreten von "Tumorantigenen" nur ein Epiphänomen ist, das auch fehlen kann? Es wäre wichtig zu wissen, ob solche foetalen Antigene obligatorisch zur Charakterisierung embryonaler Zellen gehören oder dort auch fehlen können.

Faßt man die klinische Bedeutung des Nachweises von Tumorantigenen zusammen, insbesondere für die "Earlier Diagnosis" (C.G. SCHMIDT), dann kann man mit Herrn BÜTTNER zu dem 'sehr pessimistischen Er-

gebnis kommen, daß der Nachweis der Tumorantigene für die Tumordiagnostik heute nicht viel mehr bringt als die Blutsenkungsreaktion, abgesehen von einigen Ausnahmen, z.B. der Bestimmung von α_1-Fetoprotein
beim primären Lebercarcinom und der postoperativen Verlaufskontrolle
nach Entfernung von Darmtumoren mit der CEA-Bestimmung (LEHMANN).

Renin

Beim Nachweis von Renin wurde aus dem Referat von Herrn BECKER-
HOFF klar, daß das Enzym Renin unter optimalen Bedingungen gemessen
werden muß, nämlich bei optimalem pH und konstanter oder noch besser
Sättigungs-Substratkonzentration. Diese Sättigung des Enzyms mit Substrat
wird offenbar bei Verwendung von Patienten-Plasma nicht erreicht, daher
sollte ein Renin-Substrat zur Verfügung stehen, das man im Überschuß
einsetzen kann. Problematisch ist der Einfluß von Medikamenten, vor
allem von Antihypertensiva, auf die Ergebnisse der Renin-Bestimmung
(BLEYL). Da Antihypertensiva oft nicht abgesetzt werden können, müssen
die möglichen Interferenzen bei der Interpretation der Ergebnisse berücksichtigt werden.

Die Frage, ob man die Renin-Bestimmung durch die Bestimmung von
Angiotensin ersetzen soll, wirft grundsätzliche Probleme auf: Wir wollen
wissen, ob der Körper die verschiedenen Stellgrößen der Blutdruckregu-
lation richtig einsetzen kann; genügt es dazu festzustellen, wieviel Angiotensin im Blut zirkuliert, oder ist zur Beurteilung des erkrankten Organs
Niere der direkte Nachweis von Renin als Stellgröße möglicherweise
wichtiger als die Bestimmung des sekundären Angiotensin-Spiegels?
Gehört zur Analyse des Blutdruckreglers auch, daß man die Konzentration an Renin-Substrat ermittelt, um eine mögliche, der Niere vorge-
schaltete Störung in der Steuerung des Blutdruckes zu erkennen?

Aldosteron

Welche Bedeutung die Gewinnung spezifischer und hochtitriger Antikörper
für den Aufbau einer radioimmunologischen Hormonbestimmung haben,
wurde von Herrn VETTER bei der Aldosteron-Bestimmung besonders
eindringlich dargestellt. Man muß aus den vorgelegten Daten zum Schluß
kommen, daß bisher nur wenige Laboratorien in der Lage sein dürften,
exakte Aldosteron-Bestimmungen durchzuführen. Auch bei der Analyse
dieses Hormons muß die Störung durch Arzneimittel beachtet werden;
hier spielen die systemischen Interferenzen durch Kontraceptiva und
Aldactone eine besondere Rolle (BREUER).

Zur Regulation des Aldosteron-Spiegels gibt es noch offene Fragen: Für
die Erklärung der zusätzlich zum Tagesrhythmus auftretenden, kurzzeitigen Sekretions-Episoden müssen wir offenbar neue, bisher nicht beachtete
Faktoren - vermutlich hypothalamischen Ursprungs - verantwortlich machen.

Bei der diagnostischen Anwendung steht der Nachweis von Aldosteronproduzierenden Adenomen bzw. die Differentialdiagnose zwischen Adenom
und NNR-Hyperplasie ganz im Vordergrund. Die Möglichkeit der direkten
Seitenlokalisation von Adenomen durch Aldosteron-Bestimmung im Blut
aus den beiden Nierenvenen ist hier ein besonders schönes Beispiel.

Gastrin

Während bei den bisher besprochenen Hormonen jeweils nur eine einzige
Substanz gemessen wird, treten beim Gastrin durch das Vorkommen
unterschiedlich großer Moleküle zusätzliche Schwierigkeiten sowohl bei
der Bestimmung selbst als auch bei der Interpretation der Ergebnisse
auf. Herr HAUSAMEN hat die Problematik klar dargestellt und Herr
CREUTZFELDT an eindrücklichen Beispielen aus der Klinik gezeigt,
wie weitgehend die Relation der einzelnen Gastrine nicht nur von Patient
zu Patient, sondern auch zwischen Serum und Geweben verschoben sein
kann. Ob die routinemäßige Unterscheidung zwischen den verschiedenen
Gastrin-Formen diagnostische Signifikanz erlangen wird, ist noch ganz
offen.

Zur Frage der Benutzung von Testpackungen zur Gastrin-Bestimmung
(NOCKE-FINCK) liegen sehr unterschiedliche Erfahrungen verschiedener
Laboratorien vor, so daß die Diskussion keine einheitliche Meinung über
die Anwendbarkeit dieser Kits ergab. Wichtig ist - und das gilt analog
für die Methoden zur Bestimmung aller anderen Hormone -, daß verbind-
liche Kriterien für die Beurteilung solcher Testpackungen festgelegt
werden (RICK).

Insulin

Die Diskussion des Referates Insulin (LÖFFLER) konzentrierte sich auf
die Frage nach der Indikation der Insulin-Bestimmung, wobei keine ernst-
haften Argumente gegen die kritische Haltung von Herrn CREUTZFELDT
- daß die Insulin-Bestimmung heute keine Methode der Routinediagnostik
ist - vorgebracht wurden. Diese kritische Haltung ist auch aus methodischen Gründen berechtigt, da bei der routinemäßigen Anwendung der
Insulin-Bestimmung die notwendige Exaktheit und Reproduzierbarkeit
offenbar noch nicht erreicht werden (RICK).

Auch beim Insulin müssen wir uns die grundlegende Frage vorlegen, ob
wir überhaupt schon die richtigen Größen im Steuersystem des Organismus bestimmen (DENGLER, TRAUTSCHOLD): Wir messen die Hormone
im Blut meist unter der Fragestellung: Werden sie überhaupt produziert?
- oder höchstens noch: Werden sie den Anforderungen entsprechend produziert? Mit Provokationstests versuchen wir, das Reglersystem zu
stören und prüfen dann, ob die Stellgröße Hormon richtig eingesetzt wird,
um die Störung wieder zu beseitigen. Um aber ein Reglersystem richtig

beurteilen zu können, muß man außer den Stellgliedern noch den Fühler,
den Sollwertgeber und den Regler selbst kennen. So liegt zum Beispiel
beim Übergewichtigen die Störung womöglich nicht in der überschießenden
Insulin-Ausschüttung, sondern in einem unempfindlich gewordenen Fühler.

Herr SIEGENTHALER hat die Bedeutung der Hormonbestimmungen für
die Klinik bereits zusammengefaßt. Danach sieht es so aus, daß die Indikationen zur Bestimmung von Renin und Angiotensin selten sind, die Indikationen zur Bestimmung von Gastrin seltener und daß die Indikation zur
Insulin-Bestimmung eine Ausnahme darstellt.

Isoenzyme

Die Stagnation in der Enzymdiagnostik will Herr PFLEIDERER dadurch
überwinden, daß er das Auflösungsvermögen der Methodik verbessert.
Wenn man beispielsweise bei der Strukturanalyse eines Proteinmoleküls
das Auflösungsvermögen erhöht, wird das Bild nicht nur schärfer, sondern
es kommen Einzelheiten zum Vorschein, die man vorher nicht geahnt hat.
Analog wollen Herr PFLEIDERER und Herr LANG Feinstrukturen von
Isoenzymmustern erkennbar machen, die wir bisher nicht gesehen haben.
Es wurden Isoenzymmuster gesunder und bereits einiger erkrankter Organe gezeigt, z.B. von Carcinomen. Es sind viele Untersuchungen durchzuführen, und Herr PFLEIDERER hat zur Mitarbeit aufgerufen, die Verteilung von Isoenzymen bei Krankheitsprozessen zu analysieren. Um hinsichtlich pathophysiologischer Zusammenhänge interpretierbare Daten zu
erhalten, muß man bei diesen Arbeiten nicht nur Organe, sondern die
Funktionseinheiten der Organe untersuchen (DUBACH).

Zwei Fragen zu diesem Thema sind allerdings noch ungeklärt. Einmal
sagen die Messungen nichts über die Enzymaktivität in den Organen selbst
aus, denn wir messen die Enzymaktivitäten nach Extraktion aus dem Organ unter optimalen Bedingungen. Mit welchen Aktivitäten die Enzyme
tatsächlich in normalen und kranken Geweben funktionieren, können wir
leider noch nicht sagen. Andererseits ist die Frage zu beantworten, inwieweit die Unterscheidung zwischen der am Substratumsatz gemessenen
Enzym aktivität und der immunologisch bestimmten Enzym konzen -
tration wichtige Aufschlüsse geben kann.

Isoenzyme im Serum

Bei der Beurteilung der nach Austritt aus den Organen im Serum er-
scheinenden Isoenzymmuster erhalten wir durch die immunologische
Bestimmungsmethode zusätzliche Informationen; Herr PRELLWITZ hat
die Ergebnisse der bisher auf diesem Gebiet tätigen Arbeitsgruppen
zusammengefaßt. Klar scheint bereits die Bedeutung einer immunologischen Bestimmung von Creatinkinase MB zur Differentialdiagnose des
Herzinfarkts, wie die Daten der Arbeitsgruppen KNEDEL, LANG und

TRAUTSCHOLD zeigen. Eine weitere, interessante Anwendungsmöglichkeit
kann die Kontrolle der Arzneimittelwirkung auf die Ischämiegröße bzw.
die Infarktgröße sein (BLEIFELD).

An der immunologischen Differenzierung weiterer Isoenzym-Systeme wird
gearbeitet, z.B. bei den alkalischen Phosphatasen (PFLEIDERER, LEH-
MANN). Bei diesen wäre es nach Meinung von Frau E. SCHMIDT für die
Hepatologie von besonderem Interesse, wenn zwischen den Enzymen aus
Leberzellen und aus Gallengangsepithelien unterschieden werden könnte.
Es wäre ein großer Fortschritt, wenn es gelänge, erkrankte Gewebe durch
eine gezielte Provokation kurzfristig so zu schädigen, daß im Serum pathologisch veränderte Isoenzymmuster meßbar werden (F. W. SCHMIDT).
Die richtige Wahl der zukünftig zu bearbeitenden Enzymsysteme ist eine
wichtige Aufgabe; hier wurde zur Mitwirkung aller Fachleute aus Klinik
und Klinischer Chemie aufgerufen.

Die bisher angewendeten Nachweismethoden mittels Messung der Enzymaktivitäten sind jedoch noch zu verbessern; erst mit empfindlicheren Verfahren wird eine routinemäßige Anwendung der immunologischen Isoenzym-
Bestimmung möglich werden (LANG). Wir haben noch sehr viel zu tun,
um die von Herrn SCHÖLMERICH gestellten Anforderungen zu erfüllen:
Dazu gehört beim Herzinfarkt die Unterscheidung zwischen einem räum-
lich und zeitlich punktuellen Ereignis und einem progredienten Ereignis,
oder die Beurteilung der Beteiligung verschiedener Organe bei Allgemein-
erkrankungen des Organismus, etwa beim Schock oder bei Intoxikationen,
vor allen Dingen aber Aussagen über die Prognose, welche uns in der
Klinik natürlich am allermeisten interessieren.

Gerinnungsenzyme

Zum Schluß hat uns Herr HEIMBURGER gezeigt, daß wir für 20 Gerinnungsfaktoren - wobei einige bis zu 20 Varianten und viele davon wieder
mehrere Untereinheiten haben - heute noch in der Regel mit einem relativ groben immunologischen Raster, der Elektroimmundiffusion auskom-
men. Damit können wir Veränderungen qualitativer oder quantitativer Art
im Mikrogrammbereich erfassen. Wir wissen noch gar nichts darüber,
wie es im Nanogramm- oder im Pikogramm-Bereich aussieht.

Bei der Gerinnung kommt es nicht - wie bei der übrigen klinischen Enzymologie - darauf an zu lokalisieren, aus welchen Organen Enzyme ins
Blut abgegeben werden, vielmehr möchte man wissen, ob obligate Enzyme
jeweils in der richtigen Menge und in der richtigen Aktivität vorhanden
sind. Gerade der Quotient Aktivität zu Konzentration hat in der Gerinnung
zur Differentialdiagnostik und zur Lokalisation der Störungen wesentlich
Neues beigetragen (DEUTSCH). Möglicherweise wird man über einen
solchen Quotienten auch in der übrigen klinischen Enzymologie neue Informationen gewinnen können.

Die Zeichnung futurologischer Aspekte möchte ich mir verbieten; ich möchte nur sagen, daß sich die 12 Stunden Diskussion gestern und heute dann gelohnt haben, wenn Sie daraus Anregungen für die kommenden 12 Monate Arbeit mitnehmen.

Zusammenarbeit von Klinik und Klinischer Chemie
Optimierung der Diagnostik
Herausgeber: H. Lang, W. Rick, L. Róka
Merck-Symposium der Deutschen Gesellschaft
für Klinische Chemie Mainz, 18.-20. Januar 1973
Leitung: L. Róka
1973. 50 Abbildungen, 53 Tabellen
XV, 275 Seiten. DM 28,—; US $11.50
ISBN 3-540-06462-1

Mit Beiträgen von H. Büttner, H. Lang, L. Róka,
R. Gross, W. Rick, H.J. Dengler, W. Vahlensieck,
W. Prellwitz, W. Künzer, E. Deutsch, N. Zöllner,
K. Oette, C. Maurer, W. Siegenthaler, W. Appel,
F.H. Kreutz, G. Szasz, D. Stamm, F.W. Schmidt,
U. Ludwig, K. Rommel

Dieses Buch hilft dem Arzt bei der Deutung der
klinisch-chemischen Befunde, die im allgemeinen
zunächst nur phaenomenologische Informationen
darstellen. Erst wenn sie in Beziehung zur Krank-
heitsablauf gebracht werden können, ermöglichen
sie eine Diagnose und einen gezielten Therapieplan.
Ein wertvoller Ratgeber für niedergelassene Ärzte
und Kliniker aller Fachrichtungen.

W. RICK
Klinische Chemie und Mikroskopie
Eine Einführung. 3. überarbeitete Auflage. 1974
56 Abbildungen (davon 13 Farbtafeln)
XVI, 426 Seiten. DM 24,80; US $10.20
ISBN 3-540-06988-7

Innerhalb von 3 Jahren wurde die 3. Auflage dieses
Buches erforderlich. Ursprünglich vorwiegend als
Lehrbuch für Studenten gedacht, ist es in kurzer
Zeit zu einem unentbehrlichen Ratgeber auch für
medizinisch-technische Assistentinnen und prakti-
zierende Ärzte mit eigenem Labor geworden.
Bewährte methodische Verbesserungen, vor allem
in der Enzymdiagnostik, wurden in der Neuauf-
lage berücksichtigt.

Springer-Verlag
Berlin
Heidelberg
New York

Preisänderungen vorbehalten